做自己的
心理压力调节师

王凤华 石统昆 著

ZHEJIANG UNIVERSITY PRESS
浙江大学出版社

前　言

编写本书的想法由来已久了。2008 年刚刚硕士毕业的时候回到学校工作,承担的授课量达不到学校的课时量要求,所以除全日制的课程之外,还要开设公共选修课。公选课的申请条件是:教师自己熟悉,并且是学生需要的内容。那时候哈佛大学的积极心理学已经成为最受欢迎的公共选修课,我想要不开一个幸福课堂? 同事问我,如果听了你的课不幸福咋办? 也对,不能叫幸福课堂,积极心理学自己不擅长,那开什么课好呢? 想到时下的流行语"鸭梨山大",似乎各个年龄段和各种职业的人群都在谈压力,于是和石统昆老师商定课程名字就叫"心理减压技术"。终于定好了名字,接下来就是选教材了,图书馆、新华书店和网上书城,没有找到一本教材的内容包括自己想讲的所有内容,想着如果自己能写一本书就好了。虽然一学期只有十次课,每一次是 3 节课的时间,共 135 分钟,但还是希望可以讲得精致一些,毕竟公共选修课是大家有了兴趣才选的。前后共买了四五十本书回来,开始挑哪些内容是需要的,哪些内容是需要自己学习的,然后开始在平时的咨询中积累案例,根据同学们的课堂情况来调整下一学期的授课内容。如果说刚开始费这么多心思只是为了上好这门课,为了完成教学任务,那么到了后来,该课却变成自己最喜欢讲的一门课了。每一次上课,也是对自己的一个调整和减压的过程。偶尔会因内容受欢迎而在下课前得到掌声,也会有一些社会上工作的人来听课,都给了自己莫大的鼓舞。公共选修课的性质决定了同学们来自形形色色的专业,所以也认识了很多同学。在课程结束的时候来一张合照,送一个自己栽培的绿色植物,送一个小手工,让我觉得自己的工作特别有意义。

现在我已经不需要通过开公共选修课来完成教学任务量了,也不必晚上跑出来上课,感觉轻松了很多,但也有些遗憾。目前,每周在学校的心理咨询中心值班一次,每次晚上两个小时,接待两位同学。由于条件所限,个体咨询的时间是非常有限的,目前还不能做到随时可以为有需要的同学做心理咨询。于是决心把自己积累的减压方法、咨询的案例、同学们的实践写出来,做成一本科普读物,希望可以帮助更多的同学有幸成为自己的心理咨询师。

"不管这本书是否可以帮助到你,都请你不要对心理学失望,尝试在自己的生活中应用一些心理学知识,陪伴你度过你需要它的时光!"

王凤华

2016 年 11 月 28 日

目　录

第一章　心理学角度看压力

"鸭梨山大"虽然是一句网络用语，但它已成为现代人生活的一个真实写照。"压力"一词已经成为很多人的口头禅，被用来描述人们在面对工作、人际关系、个人责任等的要求时所感受到的心理和精神上的紧张状态。

21世纪，社会进入了快速多变的时代，生活和工作节奏加快，竞争越来越激烈，压力充斥在各个行业的工作者身上。很多工作一定要在规定的时间内完成，但往往单位所提供的资源并不足以完成给定的任务，给人造成了巨大的压力，甚至有人每天早晨醒来都为要去上班而苦恼，而每天晚上又因为工作而失眠。

压力不单单出现在上班一族身上，大学生的学习生活也充满着各种压力。没有高考的压力，他们的生活很轻松吗？考各种证书、拿奖学金、兼职打工、参加各种竞赛、考研……可见没有高考的压力，并没有让他们的生活更轻松。有一次，我想找班级的一个同学谈话，竟然约了两个星期才约好，让我感慨万千！

压力不仅闯入了貌似轻松的大学生活，也蔓延到了学龄前儿童的生活。"不能让孩子输在人生的起跑线上"理念的广泛流传，使现代的小宝宝们从出生后就很"忙"。从0～3岁的早教，到幼儿园开始的各种特长班、考级班；小学、初中、高中则是参加各种补习班；到了大学则是参加各种考证、考研辅导班。脑海里出现2014年新年带女儿去看的喜羊羊与灰太狼的电影《飞马奇遇记》里的镜头，小羊们要建游乐场，可是飞马城的小朋友们并不知道游乐场是干什么的，也不知道"玩"是什么，每天只是看书、上培训班、参加比赛。虽然现实生活并没有电影描述得那么夸张，但多少代表了现代社会学生们的状态。

是什么心态，让家长们"乐此不疲"地把孩子们送到各个辅导班呢？听到最多的家长心声是"没办法呀，人家都这样"，言语中充满着无奈。时间、经济、精力的投入，让原本工作繁忙的家长们也疲惫不堪。

是不是退休了，没有了工作和养育小孩责任的老年人就没有压力了？年轻人都盼着退休，然而一旦真正离开工作岗位，随之出现的价值感丧失及身体健康下降等现实问题，并没有让老年人的生活更轻松。研究表明，退休带来的价值缺失、疾病的侵袭、自身健康状况的每况愈下，以及配偶、朋友的相继去世等，都会加剧退休人群的心理压力。

不难看出，压力在现代生活中是不可避免的，给我们的生活带来很多消极影响，也威胁着人类的身心健康。研究表明，70%～80%的疾病与压力有关，人们熟知的有失眠、高血压、冠心病、癌症等。

那么到底什么才是压力？压力是如何产生的？我们该如何减少压力对我们的负面影响？

一、压力的定义

"压力"最早是物理学中的术语,本意是指压在物体上的力量。"压力"一词成为描述人类状态的流行语始于著名的生理学家汉斯·塞利的《生活中的压力》一书,它阐述了人在慢性压力下的生理反应及其与疾病的关系。在当代,"压力"一词有多种含义和界定。东方哲学中,压力被认为是内心平和的缺失;西方文化中,压力是一种失控的表现。生理学角度来说,压力是身体的疲惫和受折磨程度;心理学的角度上来说,压力是事件和责任超出个人应对能力范围时所产生的焦虑状态。如果把这个定义从心理学的角度进行一个简单的解读,我想用3条线来表示(见图1.1)。

图 1.1

按图 1.1 所示,以 1 号线的高度代表我们自己的实际能力,2 号线和 3 号线的高度代表我们要应对的事情的难易程度,线条高度越高,代表难度越大。如果我们要面对的事情对我们自己来说难度是 3 号线,即远低于我们的能力,压力感就会小很多;如果我们要面对的事情对我们自己来说难度是 2 号线,即远高于我们的能力,压力感就会大很多。以考试为例,如果夸张地说,你要参加的考试只是在一张考卷上把自己的名字和联系方式写完整,考试内容是 10 以内的加减法,那么这场考试对我们来说都不会有压力,因为难度远低于我们的能力。但是,如果这张考卷是一张综合试卷,自然、地理、历史等内容包罗万象,那么对任何人来说都是有压力的,因为很难做得好。由此可见,改善压力应对能力有两个努力的方向:一个是将 1 号线提高,增强自我能力;另一个是降低 2 号线的高度,降低预期效果值。

先说第一个方向,其有两种方式,一个是依靠自己;另一个是借助外力。遇到困难,应首先看看自己有没有尽到最大的努力,若尽了全力仍然做不到,可以想想其他办法,借助外力的帮助提高自己的应对能力。例如,我要参加一个重要的考试,一个方向是我努力复习,另一个方向是找考过同类考试的人咨询,可以更加有侧重地去准备,最终提高自己应对考试的能力,让自己面对这个考试的时候更有信心。

再说第二个方向还是以考试为例,如果你的定位是要考第一名,那么无形中给自己增加了很多的压力。而通过对自己的能力评估,发现考到前 10 名是可以做到的。如果定位为考前 10 名,那么压力就会小很多。谈到这里,大家可能会误解,认为这样的做法会让自己感觉不求上进。其实,我们并不是无限地降低目标,只是通过这样的调整,缓解压力过大所带来的焦虑感。从心理学的角度解读,压力会让人的内心失去平和,处于焦虑状态。焦虑状态下人的注意力很难集中,工作效率会下降,从而使自我效能下降,如此反复,形成恶性循环。适当降低目标的高度,是为了调整到平和的心态。

那么高度调整到什么状态是适当的呢? 试想一下,你是羽毛球"发烧友",球技也不错,如果一直跟一个初学者打球,就体验不到打球的乐趣,如果和一个国际高手打球,自己的技术就变成了"小儿科",打球的过程也不会体验到太多的乐趣。但如果你和一个比自己水平稍高一点的人一起打球,技术上有进步,偶尔也能体会到战胜对方带给自己的喜悦感,那么他(她)就是一个恰到好处的球友。这个状态,也可以理解成我们所需要的适宜的压力状态,即既可以督促我们前进,又不至于被压力击垮,如图 1.2 所示。

图 1.2

二、心理学名家看压力

虽然压力的概念由来已久,但对于压力的理解,不同流派的心理学家也有不同的解读。

1. 弗洛伊德和防御机制

弗洛伊德是精神分析流派的创始人,他的很多理论研究对心理学发展产生了深远的影响。他认为人的心理是非常脆弱的,压力也是与生俱来的。他用了鸡蛋做比喻,鸡蛋有一层外壳可以保护鸡蛋不受外界的影响,人的心理也是如此,需要一个自我保护系统,把感受到的压力最小化。这套自我保护系统被称为防御机制,如同士兵为上战场穿盔甲一样,你的盔甲质量越好,越可以保护自己不受伤害。如果我们采用的防御越积极、越充分、越有效,我们应对压力的能力也会越强。常用的防御机制如下:

(1)否认。否认是最常用的防御机制,如同中国古代的掩耳盗铃的故事。在医院里,患者做完检查,结果为恶性肿瘤或不治之症的时候,患者或家属通常第一反应是"不可能""结果弄错了吧",这就是在使用否认防御机制。否认可以暂缓内心受到的威胁,但不能改变最终事实,相对来说是消极的防御机制,所以否认又被称作"鸵鸟政策"。鸵鸟在猎人捕猎的时候，会把自己的头埋在沙堆里，以为自己看不见，猎人也就看不见了，但实际上是猎人更容易抓到它。在一个大二的班级做班主任时，第一天开班会时我问大家："你们认为什么样的班主任是好班主任？"同学开心地说："允许我们挂红灯的老师！"我说："好的，可不可以告诉我你们现在有'红灯'吗？"大家回答："有的。"我问回答最积极的一个男同学："你有几门'红灯'？""没查过。"这就是在用否认的方式，似乎不去理会就不用去面对'红灯'科目的重修了。

（2）合理化。合理化是对某个人的行为或环境真实性的重新解读。合理化像一个过滤镜，使情绪上的痛苦变得容易接受。狐狸吃不到葡萄，就说葡萄酸，不吃也没什么大不了。其实就是将内心受到的威胁重新解释为合理的、可接受的事物。比如，我们错过了一个机会，会解释成本来自己也没有这个打算或者自己目前的时间安排不过来等。相对于否认，合理化是更高一级的防御机制，可以降低威胁带来的伤害。但如果过度使用，则会让自己在精神上愉悦，而行动上退缩，成为一个"抱怨者"。来咨询的一个大一新生，刚入学的第一学期就担心自己期末的时候都挂科。我问他怎么知道自己会都挂科。他的回答是因为平时成绩很低，所以担心。那平时成绩如何低的呢？"因为要加入一个班级 QQ 群的，没有人告诉我 QQ 群号，所以通知我都不知道。很多课都是要网上听的、注册的，我也不知道。课堂发言我也不行，胆子很小的，不敢发言。还有平时作业，有一些我不会做，也就那样交上去了。"听起来有很多合理化的理由支撑着他不及格。另外，一个大四的同学向我抱怨说："老师，嘉兴学院学习氛围实在是太差了，如果我周围的人都学习，那我的成绩肯定也会挺好的，不至于到了大四英语四级还没有通过。大家都在忙着找工作了，我还要重修。我们寝室的都是不看书的，整天玩电脑、看韩剧，我也就荒废了。"听起来合理化的理由，有一个潜在的语言是"不怪我"。最终的结果是自己只能一直抱怨下去了。如果可以做到不抱怨，就可以正视自己的问题。嘉兴学院梁林校区是 2002 年投入使用的，那时只有医学院 2002 级的新生，整个学校很空旷，周边也没有公交车可以搭乘，条件很艰苦。学校的图书馆可以借阅的大部分是与医学相关的书。所以同学们会有很多的抱怨："这个大学和自己理想中的差距太大了。"在一次班会上我问大家："如果用一个词来形容我们的学校，你们会用什么词呢？"答案各式各样：空旷、鬼城、大草坪、地广人稀……有一个同学的回答，让我很震惊，也很受启发，她用了四个字"我的大学"。的确如此，这个大学是属于你自己的，不管别的学校有多好，都不能为你所用。想想刚来到学校工作的时候，学校还在老校区。第一感觉是这里好小，5 分钟随便转转就可以环校一周了。这也是我的大学，我工作的大学。不管有多小，它都是属于我的，是我可以工作的地方，可以学习的地方，可以安身立命的地方。只有在这里，我才是教师的角色。

（3）升华。升华是积极的防御机制，积极应对挫折事件，并将其转化成对他人有利的事。看过一期李亚鹏的专访，他谈到自己的女儿李嫣患先天性兔唇，在她一个多月的时候就送去美国手术，当时国内还没有这个技术。等在手术室门外，他想到了那些没有条件进行早期手术的孩子们。为了不让孩子们因为自己的先天性缺陷而自卑，李亚鹏建立了嫣然天使基金，在他每一次出行时都会带着很多关于嫣然天使基金的介绍，发给周围的人，让更多的人加入这个公益行动，目前已帮助上千名儿童接受了手术治疗。

防御机制的解读让我想到小时候看过的一个动画片——《圣斗士星矢》，圣斗士的铠甲随着他（她）的过关会不断地得到升级，从铁到铜，再到银和金。我们需要去提升自己的

"铠甲"，即自我保护的能力，当它升级到积极、高层级的防御机制，就可以有效地保护自己的内心不受伤害，处于平和的状态中。下面借用一个"18只狐狸吃葡萄"的故事来诠释一下防御机制，希望可以帮助你更好地理解：自己常用的防御机制有什么，如何将自己的防御机制升级。

18 只狐狸吃葡萄

在一位农夫的果园里，紫红色的葡萄挂满了枝头，令人垂涎三尺，住在附近的狐狸也想享受一下葡萄的美味。

第一只狐狸来到了葡萄架下，它发现葡萄架这么高，已经远远超出了它的身高范围，但又不愿就此放弃。于是，它站在下面想了一会儿，想到了葡萄架旁边的梯子，想起来农夫曾经用过它。因此，它也学着农夫的样子爬上去，顺利地摘到了葡萄。（这只狐狸采用的就是问题解决方式，它直接面对问题，想办法解决，最后解决了问题。）这个防御机制对抱怨者最有效，改变抱怨的方式，是告诉自己如何做得到。我和咨询的学生分享：看来你成绩这么糟糕都不怪你，是周边的同学都不爱学习，但是挂科的结果是你想要的吗？如果不是，怎么解决它呢？

第二只狐狸来到了葡萄架下，它也发现以它的身高这辈子是无法吃到葡萄的。因此，它心里想，这个葡萄肯定是酸的，吃到了也很难受，还不如不吃。于是，它心情愉快地离开了。（这只狐狸运用的是我们上边提到的"合理化"，以能够满足个人需要的理由来解释不能实现自我目标的现象。）我们有时候丢了钱包，周围的人经常安慰我们"破财免灾"，也是一样的道理，有了一个合理的解释，你心想也有道理，总比我的身体出问题强吧，丢点钱算什么呢！

第三只狐狸来到了葡萄架下，它刚刚读过《钢铁是怎样炼成的》，深深地被主人公的精神打动。它看到高高的葡萄架并没有气馁，它想：我可以向上跳，只要我努力，我就一定能够得到。"有志者事竟成"的信念支撑着它，可是事与愿违，它跳得越来越低，最后累死在了葡萄架下。（这只狐狸的行为，在心理学上我们称为"固执"，即反复重复某种无效的行为。这说明，不是任何事情的最佳方案都是解决问题，要看自己的能力、当时的环境等多种因素。）这样的固执方式并不少见，虽为无效的行为，却未曾改变过。经常有同学说，自己试过的方法，没有用，但还是坚持用，因为这个方法熟悉。我女儿早上起来很磨蹭，经常迟到。我意识到这是一个问题，就经常催她。后来发现她基本可以听而不闻了，我说："快点，要迟到了。"她还是这看看那看看的，我很着急，但是没有用。想想自己也是固着的行为，于是改变。和她商量，怎么样可以快一点呢？她告诉我，让她做什么就打一个响指，她会立即去做。原来这么简单，枉费我催了那么多遍。后来发现真的好用，我叫她"洗脸了"，打好响指后她就乖乖地去洗了。又如一个统计学专业的同学很喜欢心理学，她想考心理学专业的研究生，在网上查到北京师范大学的心理系最好，于是决定考北京师范大学的心理研究生。但是她的英语成绩不好，心理学的专业课也没有看过，从大三结束的时候开始复习，我觉得难度还是很大的，希望她可以多参考几个学校。她非常坚定地告诉我，高考已经失利了，只有通过考研，才可以弥补当初的遗憾，坚决不改目标，相信自己通过努力可以考上。一味地坚持，也未见得是一个优秀的品质。如果南辕北辙，那么走得越快，离目标就越远。

第四只狐狸来到了葡萄架下，一看到葡萄架比自己高，愿望落空了，便破口大骂，撕咬自己能够碰到的藤，正巧被农夫发现，一铁锹拍死了。（这只狐狸的行为，我们称为"攻击"，这是一种不可取的应对方式，于人于已都是有害无利的。）从福建有人闯入幼儿园砍杀小朋友之后，国内陆续有好几起案件是砍杀幼儿的。甚至网上有一张照片，一个幼儿园大门口挂了一张横幅"有事情找政府，右转 200 米"。其实，这些砍杀小朋友的人的行为可以理解为攻击，通过伤害他人的方式宣泄自己的不满。

第五只狐狸来到了葡萄架下，它一看自己的身高在葡萄架下显得如此的渺小，便伤心地哭起来了。它伤心为什么自己如此矮小，如果像大象那样，不就是想吃什么就吃什么吗？它伤心为什么葡萄架如此高，自己辛辛苦苦等了一年，本以为能吃到，没想到是这种结果。（这只狐狸的表现我们在心理学上称为"倒退"，指个体在遇到挫折时，从人格发展的较高阶段退到人格发展的较低阶段。）在 2008 年汶川地震的时候，有很多课程开始培训危机干预，希望可以让汶川地震的同胞们多一些心理关爱，少一些心理创伤。其中，有一项培训的内容就是要防止我们的过度帮助让那些地震中受伤的孩子们"退行"。那些在地震中失去了父母的孩子很容易让人们同情，人们会给予过度的关怀和照顾，但过度的照顾会导致他们停留在孩子的角色，变得不独立。

第六只狐狸来到了葡萄架下，它仰望着葡萄架，心想，既然我吃不到葡萄，别的狐狸肯定也吃不到，如果这样的话，我也没什么好遗憾的了，反正大家都一样。（这只狐狸的行为在心理学中称之为"投射"，即把自己的愿望与动机归于他人，断言他人有此动机和愿望，这些东西往往都是超越自己能力范围的。）举个例子，你是否有这样的经历，在你选择买一个手机之前，你不太会关注有多少人用的手机是你想买的，等你买了这个手机，你会特别容易发现和你用一样手机的人。我们眼中看到的世界其实是自己，都是和自己有关的。而大家都一样，这样的均衡心理会让人内心更加平和和舒服，所以相信别人和自己一样，会让我们暂时舒服一些。

第七只狐狸来到了葡萄架下，它站在高高的葡萄架下，心情非常不好，它在想为什么我吃不到呢，我的命运怎么这么悲惨啊，想吃个葡萄的愿望都满足不了，我的运气怎么这么差啊？它越想越冏，最后郁郁而终。（这只狐狸是持久的心境低落状态。）在心理测试课上给同学们做人格测试，一个同学的测试结果是"抑郁质"气质类型，她告诉我说："老师，我就是这样的人，别人看到的是还有半杯水，我看到的就是，怎么剩半杯水了。"抑郁的防御方式，带给自己往往是消极的影响，一旦意识到了，就需要有意识地提醒自己去关注事物的积极面。

第八只狐狸来到了葡萄架下，它尝试着跳起来去够葡萄但没有成功，它试图让自己不再去想葡萄，可是它抵抗不了，于是它又试了一些其他的办法，也没有见效。它听说有别的狐狸吃到了葡萄，心情更加不好，最后一头撞死在葡萄架下。（这只狐狸的下场是由于心理不平衡造成的，在现实生活中我们经常会遇到类似的"不患无、患不均"的现象。）

第九只狐狸来到了葡萄架下，同样是够不到葡萄。它心想，听别的狐狸说，柠檬的味道似乎和葡萄差不多，既然我吃不到葡萄，何不尝一尝柠檬呢，总不能在一棵树上吊死吧！因此，它心满意足地离开去寻找柠檬了。（这只狐狸的行为在心理学上我们称之为"替代"，即以一种自己可以达到的方式来代替自己不能满足的愿望。）有一个咨询的同学她一直觉得自己长得不够漂亮，因此觉得很多机会自己都掌握不了，比如竞选、参加学生会、做兼职等。她觉得自己的相貌给自己带来了很大的困扰。经过很长时间的咨询，她终于发现了自己的一个优势是很有销售能力。开学的时候，她做新生的手机卡业务，是业务量做得最好的。于是她开始了自己的小创业，在四六级等级考试前买考试辅导书卖给需要的同学，还有经营考研指导书。慢慢地，她开始对自己有信心了：我为什么只盯着自己的相貌呢，口才好一样也可以做好事情啊。

第十只狐狸来到了葡萄架下，它看到自己的能力与高高的葡萄架之间的差距，认识到以现在的水平和能力想吃到葡萄是不可能的了，因此它决定利用时间给自己充下电，报了一个进修班，学习采摘葡萄的技术，最后当然是如愿以偿了。（这只狐狸采用的是问题指向应对策略，它能够正确分析自己和问题的关系与性质，找到最佳的解决方案。）问题指向是积极的防御机制，通过学习不断地提升自己内在能力。

第十一只狐狸来到了葡萄架下，它同样也面临着相同的问题。它转了一下眼睛，把几个同伴骗了来，然后趁它们不注意，用铁锹将它们拍昏，将同伴垒起来，踩着同伴的身体，如愿以偿地吃到了葡萄。（这只狐狸虽然最后也解决了问题，但它是在损害他人利益的基础上来解决的，不可取。）

第十二只狐狸来到了葡萄架下，它是一只漂亮的狐狸小姐。它想：我一个弱女子无论如何也够不到葡萄了，我何不利用别人的力量呢？因此，它找了一个男朋友，这只狐狸先生借助梯子给了狐狸小姐最好的礼物。（这在心理学上称为"补偿原则"，即利用自己另一方面的优势或是别人的优势来弥补自己的不足。）喜爱体育运动的朋友大概都知道桑兰吧，她是一名跳马运动员，在一次比赛中发生了意外，颈部以下截瘫。她在没有办法支配自己的身体时，她开始学习播音，利用自己唯一可以利用的资源——说话，最终在2008年北京奥运会时主持了一个节目《桑兰2008》。所以，换一个角度，这只狐狸不是忽略自己不好，而是取长补短，也不失为一个好办法。

第十三只狐狸来到了葡萄架下，它对葡萄架的高度非常不满，这导致了它不能尝到甜美的葡萄。于是它就怪罪起葡萄藤来，说："葡萄藤好高耸远，爬那么高。"又说："葡萄其实也没那么好吃。"发泄完后，它平静地离开了。（这只狐狸的行为在心理学上我们可以称之为"宣泄"，也可以理解成为鲁迅笔下阿Q的精神胜利法。）在不影响他人的情况下，通过这样的方式宣泄压抑自己的情绪，也是比较好的减压方式。

第十四只狐狸来到了葡萄架下，发现自己无法吃到自己向往已久的葡萄，看到地上落下来已经腐烂的葡萄和其他狐狸吃剩下的葡萄皮，它轻蔑地看着这些，作呕吐状，嘴上说："真让人恶心，谁吃这些东西啊。"（这只狐狸的行为在心理学上我们称之为"反向作用"，即行为与动机完全相反的一种心理防御机制。）曾有一个同学告诉我："老师，我之前很鄙视那些不排队的人。中午放学食堂通常很挤，如果大家不排队，就乱了。这时候有同学插队时，我就特别生气。这次回家的时候去取火车票，没想到取票排那么长的队。本来我的时间就快到了，还有人跑到前面说他的车快到了，要插个队取票。我很生气，但是也很羡慕，我就不敢跑到前面去问'插队行不行'。"当我们可以指责蔑视那些插队的人，也就可以让自己接受那个不敢插队的自己了。

第十五只狐狸来到了葡萄架下，它既没有破口大骂，也没有坚持不懈地往上跳，而是发出了感叹，美好的事物有时候总是离我们那么远，这样的一段距离，让自己留有一点幻想又有什么不好的呢？于是它诗兴大发，一本诗集从此诞生了。（这只狐狸的行为在心理学上我们称之为"置换作用",即用一种精神宣泄去代替另一种精神宣泄。)

第十六只狐狸来到了葡萄架下,它发现想吃葡萄的愿望不能实现后,不久便产生了胃痛、消化不良的情况。这只狐狸一直不明白一向很注意饮食的它,消化系统怎么会出现问题。(这只狐狸发生的情况在心理学中我们称之为"转化",即个体将心理上的痛苦转换成躯体上的疾病。)

第十七只狐狸来到了葡萄架下,它发现了同样的问题。它嘴一撇,说:"这有什么了不起的,我们狐狸中已经有人吃过了,谁说只有猴子才能吃到果子,狐狸也一样行!"(这只狐狸所表现出的言行是一种情绪取向的应对方式,在心理学中我们称之为"傍同作用",即当自我价值低于他人价值时,寻找与自己有关系的人来实现自我价值。)

第十八只狐狸来到了葡萄架下,它心想,我自己吃不到葡萄,别的狐狸来了也吃不到葡萄,为什么我们不学习猴子捞月的合作精神呢?前有猴子捞月,现有狐狸摘葡萄,说不定也会传为千古佳话呢!于是它动员所有想吃葡萄的狐狸合作,搭成狐狸梯,这样大家都吃到了甜甜的葡萄。(这只狐狸采取的是问题取向的应对方式,它懂得合作的道理,最终的结果是既利于自己,又利于大家。)

压力应对策略:防御机制是自我保护,但若保护过度,也会造成"温室效应",导致内心脆弱,不堪一击。防御机制的使用是无意识的,只有我们进一步了解到自己的防御机制,才可以将低等级、消极、不恰当的防御机制转换成高等级、积极、适当的防御机制,才是真正的自我保护。

2. 荣格和无意识

荣格是弗洛伊德的学生,但他并不完全遵从弗洛伊德的观点,在弗洛伊德不再把重点放在无意识上的时候,荣格致力于无意识的建构。无意识是指什么?如果把人的心理比作一座冰山,意识是水平面以上的部分,是我们可以看到的部分,即个体意识到的想法、感觉、记忆、思考等。如你此刻正坐在椅子上看书,你准备周末外出旅行,总之你能在现实生活中清晰地知道自己的意识。而无意识是指水平面以下的部分,并不能被清晰地意识到的想法、感觉、记忆、思考等,其通过梦境可以生动地表现出来。虽然未必意识到,但无意识对意识层面的思维和行为会产生作用。这也是老百姓常说的"我下意识地做了什么""莫名其妙地做了什么""我也不知道自己为什么会这样做"。

荣格将日常的压力与内部的紧张状态联系在一起,这种紧张状态由上面两种看起来相互矛盾的意识和无意识的思维进程引发。因为无意识扮演了意识的导航者,如果两种意识不能够有效沟通,内部紧张就会产生。而缓解这种紧张的方法是训练。意识可以解释无意识的信息,尝试对梦境解读。荣格根据多年的经验提出一些观点,如梦有一定的目的和主题,当深入了解之后会发现,梦是有意义的;不断重复的梦也许是被压抑的某种生活创伤;没有一个梦的符号独立于做这个梦的人……

荣格确信自我反思的重要性,当个体对自我进行深入剖析时,能够更多感受到意识和无意识的和谐。练习的方法包括梦的解析、心理想象、写作、意识治疗等。通过各种内省的方法,了解无意识,观察焦虑和压力。一旦意识能够被看穿,焦虑源就会被发现并且在意识水平上被处理,从而缓解压力。

我曾经给一个三年级的小男孩做过沙盘治疗,他在学校的主要表现是打架,同学们都不愿意理他。他摆的第一个沙盘令我至今记忆犹新,用光所有的士兵、坦克车、机关枪等,在沙盘上呈现两个队伍互相对攻的场面。每周1次,差不多有8个星期的主题都是各种形式的战斗、两军对垒。经过一段时间沙盘治疗后,看到他的沙盘开始不再摆战斗的画面了,有学校、有家,也有他喜欢的风景区,也出现了同学和朋友。他开始不用打架的方式处理自己的情绪,如果白天心情特别不好,他会回到家里打枕头,觉得枕头比较软,不会打疼自己,也不会伤害到同学。我会给一些同学建议,如果你不愿意来做心理咨询,也不愿意通过别人的帮助来缓解自己的压力,那么可以在白纸上涂鸦,通过你的随意的勾画来释放潜意识和意识的冲突。最近很流行的《秘密花园》,使大家都在朋友圈晒自己的涂色花园,这也是不错的减压方法。

3. 伊丽莎白·库柏勒和丧失

伊丽莎白·库柏勒是一名精神科医生,主要工作是对癌症晚期患者进行心理治疗以及对死亡压力应对进行研究。研究针对死亡和濒死过程带来的大量情感上的影响,如内疚、羞愧、害怕、愤怒等。她提出癌症患者或是临终病人经历的五个阶段:第一阶段为否认期,患者在被诊断为癌症初期,往往不承认自己患癌症,怀疑诊断错了。第二阶段是愤怒期,随着诊断的进一步明确及病情的进展,患者会产生愤怒,这源自于患者内心的恐惧和绝望。他们会怨恨医生治疗无效,怨恨亲友照顾不周,也会怨恨命运对自己不公平,也可能因造成家庭负担等怨恨自己。第三阶段是商讨期,患者试图采用积极的态度,期待更好的治疗效果。患者经常会说"如果能活下来,再也不生闷气了""如果可以治好,我一定注意休息"等。第四阶段是抑郁期,患者意识到癌症引起的相关丧失(包括手术造成的身体器官丧失、行动自由的丧失、工作能力的丧失,甚至是生命的丧失),从而引发抑郁情绪,甚至感到绝望,带来心理上的无所适从以及孤独感。第五阶段是接受期,患者经历了前几个阶段,最终接受已经不能改变的现实。接受并不是放弃或是屈服,而是在接受现实的前提下继续生活,继续前行。

癌症患者经历的五个阶段,也是人们面对丧失东西所经历的阶段,只是每个人的程度不同,阶段不同而已。以我自己丢东西的经历来看,有一次在大巴车上睡着了,醒来发现放在行李架上的笔记本电脑不见了,第一反应是不觉得丢了,在车上到处找,当找遍了所有的地方都找不到的时候,会对小偷比较愤怒,内心的想法就是"该死的小偷,不但偷走了我的电脑,还让我丢失了很多的资料"。之后就是期待,如果我找到了,那么下次一定不会放在行李架上。还幻想可以怎样发个通知让小偷看到,让他把电脑里的资料还给自己。如同有人丢了钱包,小偷只是把钱拿走了,把身份证、银行卡等证件丢在一个地方。随着幻想的破灭,只好自认倒霉,电脑的确丢了,自己精心收集的很多资料也没有了,当时的心情是极度沮丧的。但最终也只能接受这一事实,尽可能地再次收集原有的资料。从这个意义上说,人生要经历无数次丧失,可能是一个钱包、可能是一个朋友、可能是一个机会……在经历了无数次丧失之后,我们才有勇气去接受人生最大的丧失(失去生命)。

压力应对策略:"无条件接受",可以使自己从怨恨和抑郁中解放出来。从否认期到无条件接受,经历的时间越短,可以越快地让自己恢复到内心的平和状态。

4. 弗兰克尔与悲惨的乐观

弗兰克尔的代表作《寻找生命的意义》,描述了自己在奥斯维辛集中营的遭遇,并提出一个观点:"找到并坚持自己生存意义的人,能够在任何条件下生存。"弗兰克尔提出生命中的痛苦是不可避免的,如生病、亲人离世、失败等,痛苦是生活的一部分,"如果生命有意义,那么感受痛苦就有意义"。弗兰克尔主张将生命过程中感受到的痛苦转化成为有意义的生活经验,并学会用积极的态度去面对,即"悲惨的乐观"。弗兰克尔发展的心理分析方法使他成为存在主义心理治疗的创始人,他的主要观点是"过去发生了什么? 未来你将要去做什么?"通过建立目标来明确一个人生命的意义。

　　压力产生于无意义感,很多时候我们不确定自己做的事情是否有意义,或者找不到有意义的事情。回忆过去总有一个感慨,那个时候很辛苦,但是不觉得累,因为感觉有希望、有目标,一直会为自己的目标而努力。有一次学生和我描述她的苦恼,非常有画面感:"下课了,不知道去哪里,于是我回到寝室打开电脑。但是开了电脑,我也不知道要干什么,算了还是关上吧。关机以后,还是没事干,只好开机看看视频,也不觉得很有意思。"这样的无聊状态算是生命无意义感的真实写照吧。

　　压力应对策略:为自己树立一个目标,追求生命的意义感。

5. 韦恩·戴尔和《误区》

　　韦恩·戴尔在他的代表作《误区》中写道:"我们在过去和未来想要占有的东西压制了我们对此时此刻的欣赏。"现实生活中不乏这样的现象,一方面我们经常会对过去后悔,另一方面我们也经常会对未来担忧。我所工作的学校并不是一流的大学,每年入学的新生中都不乏高考失利者。经常听到学生的声音是"如果我不是太紧张,那么我一定考得上第一志愿的","如果我再多对一个选择题,我就上一本了"。一个经常和我交流的大三的学生,他的口头语就是:"老师,就差两分,两分是什么概念,如果再对一个选择题,我就不会来这里了,我的人生一定不一样了。"两年过去了,他仍然会对自己的高考失利耿耿于怀,以至于在大学里也表现平平。而对未来的担忧,我经常听到的声音是:"老师,现在毕业就是失业,一想到这一点我就看不进去书。"由此可以看到对过去的后悔和对未来的担忧占据了我们大量的精力,也消耗了我们大量的能量,反而忽略了现在才是我们可以掌握的。现代减压的方式之一是旅游,到各地都不免要拍照留念,似乎只有照片才能证明自己去过了这里。后来,电脑、相机和移动硬盘都丢了,很长一段时间没有拍照片。发现没有了拍照的需求和忙碌,反而能静静地欣赏景色了。

　　压力应对策略:意识到后悔和担忧的无效性,并转移注意力到当下可以做的事上。

6. 亚伯拉罕·马斯洛和去除成长的障碍

　　人本主义心理学家马斯洛提出自我实现的概念,并认为自我实现是一个人发挥潜力和能力的最高境界。他观察了数百位事业成功、生活健康、内心充实的人(即实现自我实现的人),发现他们的生活同样充满压力,只是他们都能有效地去释放压力。他们身上具有一些共同的品质,如对现实的高度感知(能够对自己及他人有客观的认识);充分了解自己的优势和不足,并不断去完善不足;一直持有以解决问题为中心的态度,具有责任感;能体会和朋友在一起的快乐,独处时并不觉得孤独,并把它看成是一种思考的机会;保持对生活的新鲜感;具有一定的创造性;不惧怕失败等。很少有人能同时具备所有这些优秀品质,总会有这样那样的缺失,但每个人都有自我实现的潜质,需要做的就是去除阻碍这些优秀品质的屏障,将潜质发挥出来。

　　在学习"焦点短程咨询技术"时,通过模拟咨询,我深刻体会到每个人都是解决自己的问题的专家,只要去除屏障,我们都可以解决自己面临的困境。当我讲了自己的一个困扰,我的模拟咨询师就会问我"那你的目标是什么?""你希望自己的未来是什么样的?""怎么做可以实现这个目标呢？这个目标可以达成吗？"只有 10 分钟的练习,但留给我的印象很深刻。心理咨询大师艾瑞克森讲过一个策略治疗案例:有一个女性一直减肥失败,最终她找到了艾瑞克森帮忙。在约定见面咨询之前,艾瑞克森已经了解了她的求诊经历,等见了面,说的第一句话是"你这个肥婆,你还想减肥成功,你做梦! 即便是成功了,也会反弹!"这个来访者非常气愤地离开了,几个星期后,艾瑞克森的助手接到了这位女士的电话:"你告诉那个混账咨询师,我已经减肥成功了,而且我永远都不会反弹。"在这个案例中,咨询师用到的资源是"愤怒"。愤怒是那个来访者的资源,可以帮助她走出自己的困境。

压力应对策略:每个人通过探索自己的内部资源,都能发挥自己的潜能,成为解决自己的问题的专家。

如上所述,无论压力的应对策略出自哪位心理学名家,或是何种心理学理论解释,都说明处理压力更有效、更积极的应对方法,应该是基于我们自己内部资源的力量。

三、大学生的常见压力

接下来聊一聊大学生群体的常见压力。我开设的全校公选课是"心理减压技术",主要讲各种压力的调整方法,第一次开课人数就到了 120 人的上限,每一个学期开课都没有出现因为选课人数太少而停开的现象。于是,为了了解同学们选此课的原因,我询问了同学们以下两个问题:"你们为什么选这门课? 你们的压力来自哪里呢?"以下是出现频率最多的 5 个答案。

1. 人际关系

经常听到同学们在咨询室里吐的苦水是"在大学里很难有高中那样交心的朋友了""好像到了大学,大家都有了利益的冲突,彼此不太讲心里话了""很难找到像高中的朋友那样无话不谈的人""虽然也有同学一起吃饭、上课、走路什么的,但还是感觉很孤独",还有一些苦水是吐槽室友、同学、朋友、老师的。总之,不难看出人际关系给大家带来了很多困扰。所以在给大学生做心理咨询的时候,我经常会问:你们寝室的关系怎么样? 如果同学的回答是"室友都蛮好的""我们寝室还挺融洽的",那么我通常会放心很多。因为在一个好的关系里,更容易度过现实困难。在下一章我会从性格角度和大家来谈人际关系,这里先和大家分享给我很大启示的人际交往模式。

（1）我不好你好

大家可以猜测一下吗? 一个人在和他人交往的过程中,内在的语言总是:我是不好的,我是不重要的,我是错的;别人是好的,是重要的,是正确的。会是一种什么体验?

这样的人会体验到自卑,这种自卑的心态又会导致在人际交往中总是委曲求全地和别人交往,只要别人好了,就好了。时间长了以后,容易将对自己的压抑转化成对他人的愤怒,"我对你那么好,你却从来不顾及我",最终破坏关系而不是维持关系。曾经有个同学很委屈地和我说:"我和室友每天一起去吃饭,每一次都是她说去老食堂就去老食堂,她说去新食堂就去新食堂。去几楼吃什么都是她说了算。今天晚上我有课很忙,想在近一点吃饭,她不肯,还是去了新食堂,那么远,弄得我晚上差点上课迟到。"她也很羡慕自己的朋友,举个简单的例子,那位和朋友一起吃饭,她的饭先吃完了,她就在边上静静地等朋友吃完,而朋友似乎还是不慌不忙地吃饭。但是,如果是自己吃得比较慢,朋友吃完了,自己一定会急得不得了,快快吃完,尽管朋友在边上说不着急,尽管自己经常等朋友吃饭,但自己还是不能接受让朋友等自己吃完饭,觉得是浪费了朋友的时间。聊到最后,她理解到自己的人际模式是总认为别人是重要的,自己的想法不能表达,最后转化成的内在语言是"别人都是不近人意的,不值得做朋友",而让自己在人际交往中经常有受到伤害的体验。

（2）我好你不好

与第一种相反,我好你不好的模式是"我是重要的,我是对的;其他人是不重要的,是错误的"。和这种人际模式的人相处会有什么感觉?

自傲。相比第一种类型,可能大家更不喜欢这种类型的心态。因为没有人愿意在和其他人交往的时候总是用一种仰视的态度。曾经咨询过一个班长,他做了一年之后,觉得自己做不下去了。因为所有的工作只能自己做,任务布置下去也没有人理会,不知道问题出在哪里。我问他你怎么理解班长这个职位,他的回答是:班长应该是统领全局的,只要将任务布置好就行了,如果把具体的事情都做了的话,班长要累死了。我再问他,布置之后大家做得怎么样?他的回答是:非常不好。我就想不明白怎么会小事都做不好,还得我在边上盯着。可以想象他做不下去的原因了。看过《职来职往》的一期求职节目,一个应聘者是开饭店的,可以赚到一个月一万元的收入。现在来应聘一个新的职位,希望可以有一个团体,更好地发现自己的潜能。从头至尾没有一个评委给他亮灯,其中有一个评委的点评是:"我们通常说眼睛是心灵的窗户,与人交流是心与心的交流。但是和你交流时,我一直觉得我的眼睛是在和你的鼻孔交流。"这个点评非常形象地指出了持有这种心态的人,在人际交往中带给别人的感觉。

（3）我不好你也不好

这是最糟糕的一种心态,可以简单理解成为"要死,大家一起死"。这件事情我做不成,其他人也别想做成。有同事跟我抱怨:"现在的学生都怎么了,自己选班长没有选上,就来向我对选上的班长打小报告,说那个同学都有哪里不好,不适合当班长,真想不通都大学生了,怎么还会这样处理事情。"就像同事的调侃一样:"损人不利己的事情做来干吗?"的确如此,这样的心态对任何人都没有什么好处。

（4）我好你也好

用一个故事来说明这个心态,讲的是狐狸吃葡萄新解。狐狸吃不到葡萄,也找不到梯子,正在冥思苦想的时候,毛驴从远处走了过来,狐狸一下子有了主意。主动热情地打招呼:"驴大哥你好啊,多日不见越来越帅了。"毛驴一听,很开心,挺直了腰和狐狸聊天。聊了一阵子,狐狸又说:"驴大哥,咱们聊了这么久,不如摘点葡萄吃解解渴吧。"毛驴很为难地说:"我不吃葡萄呀。"狐狸鬼点子还真多:"不要紧呀,咱们可以多摘点卖呀,卖的钱一人一半。"于是狐狸站在毛驴的背上摘了很多葡萄,不但自己美美地吃了一顿,还有了一笔不错的收入。这个故事讲述了一个道理:各取所需,实现双赢。人们抱怨社会竞争越来越激烈,但如果用"我好你也好"的心态,就能把竞争关系转化成合作关系。试想一下,让你买一个笔记本电脑,有两个选择:一个是自己校园里的,只有一家店,很近很方便;还有一个是距离远的电子商城,那里有很多卖电脑的店。你会选择哪里买?通常大部分人会选择去电子商城,因为选择余地大。著名购物地点"海宁皮革城"离嘉兴市区只有50分钟左右车程。第一次去的时候觉得好大呀,逛两天都逛不完,一边在里面晃荡,一边想,这么多店,一家挨一家,会赚钱吗?后来发现这里的产品不仅是面向全国各地,而且很多是做外贸出口生意的。因为规模大,所以名气也大,吸引的顾客自然就多了。用商业的比喻大概可以形象说明这种心态的影响——"最差的商人是'我不赚钱,你也不赚钱';中等的商人是'我赚钱你不赚钱';最好的商人是'我赚钱你也赚钱'"。

四种心态不是一成不变的,可能有的时候你在第一种模式,有的时候你在第二种模式,最终的目标是将我们的人际模式调整到以第四种模式为主导。你现在是以哪一种为主导呢?

2. 就业

当我问同学们,你们的压力是什么? 很多同学调侃"没钱",其实更多的担心是找不到工作。"毕业就失业"的担心是很多在校大学生的压力来源。在用工荒的时代,找不到工作也是不容易的,对于大家所谓的"找不到工作"我理解为"找不到理想的工作"。确实,自己喜欢的、环境也不错、收入也还好的理想工作不容易找。现在的社会,只要肯努力,找一个工作养活自己还是不成问题的。

如何能找到理想的工作? 在大学一年级给所有同学开设职业规划课是很有必要的。准备找工作的同学一定需要做简历,但其实这个简历是同学们整个大学生涯学习生活的结晶,不是在找工作的时候临时做出来的,只有平时规划了,最后简历上才会有内容可写。

看过一道题目,很有趣,也很简单。"想象一下一张 A4 纸如果足够大,然后对折,再对折,一直连续对折 128 次,高度会是多少?"我一开始猜可能会有十层楼那么高吧,但等我看到答案的时候很吃惊:"月球到地球的距离。"如果这个题目是这样,128 张 A4 纸一张一张的叠在一起会有多高,答案也就几厘米,但是如果连续折叠,结果竟然如此惊人。区别在哪里? 一个只是用了每一张纸的厚度;另一个是连续折叠,不断积累的过程。大家如果想找到理想的工作,需要的就是不断地积累。有一次课间休息,一个同学走过来和我聊天:"老师,我现在大四了,面临找工作,突然不知道自己能干什么了。之前还自以为自己做得很好,学生会、社团、志愿者、青协都参与过,一直很骄傲我的大学生活很充实,可是在做简历的时候我才发现,我做的事情好杂呀,没有什么相关性和联系,似乎也找不到一个特长。我学市场营销的,但没有什么相关的产品营销经验,突然觉得自己大学过得好失败。"他所描述的是很多同学的真实写照,希望此刻看书的你可以对自己有一个规划,有一个连续积累的过程。

3. 亲密关系

这里的亲密关系是指大学生恋爱问题,大学生恋爱被称为大学一门没有开但是大家都在选的"选修课"。网上有人调侃大学生恋爱,上联"你是天上的乌鸦飞呀飞",下联"我是地上的土狗追呀追",横批"傻帽一对"。咨询中同学们的问题也是形形色色,有的同学问:"老师,我失恋了,这个我也能接受,但是我不能接受的是我的女朋友和我分手以后,又在我们班找了一个男朋友。你说我是不是也应该在我们班找一个?"有的同学问:"老师,找自己班级的同学谈恋爱好吗? 有人说分手了多尴尬。"也有同学直接要求做一个性格测试,看看自己适合找什么样的。还有的同学觉得同学都在谈恋爱,自己没有谈有些不正常。这只是同学们的一小部分困惑,但这些真实的案例让我看到对大学生亲密关系进行积极的引导的需要。

4. 考试

"考试"对学生来说是永恒不变的话题,有的人怕挂科,有的人怕考得不好而拿不到理想的奖学金;有的人考证书,有的人考等级,各种考试给大学生造成了很多压力。虽然考试是大学生压力的主要来源之一,然而因为考试压力来咨询的很少有成绩不好的同学,大部分是成绩好的同学,希望成绩可以更好,希望研究生可以考上,希望自己坐下来就可以高效学习、全神贯注。总结起来,通常我们对压力有一个误区。压力越大,我们的效率就会越高,两者是正比例的关系。实际上压力和效率的关系是一个抛物线(见图1.3)。在一定范围内压力越大,成绩会越好,但超出这个范围,成绩反而会下降。就像弹簧一样,在它的弹性范围内,弹簧可以随着拉力伸长;超出了弹性范围,弹簧也就没有了弹性。很多同学感慨"在大一的时候,我没有想太多,只是每天按部就班,成绩还不错。到了大二,我想好好努力一下,拿一等奖学金。我比以前更努力了,为什么我的成绩反而下降了?"

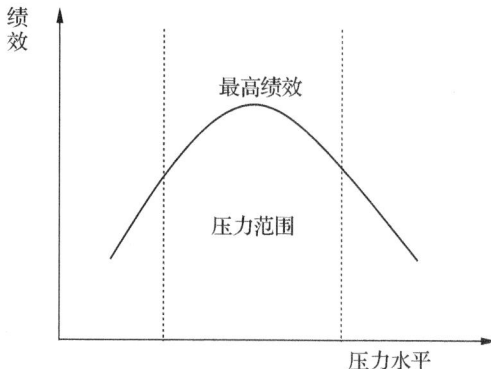

图 1.3

你一定很想知道如何让自己停在最高点,什么样的状态可以让自己的压力刚好是效率最好的时候。其实没有一个确定的答案,但是你可以根据自己的状态来调整。如果想到一件必须要做的事情或是一个要实现的目标,你却不慌不忙,没有一点压力感,这个时候就需要给自己增加一些压力或动力了。记得有一个学生,因为挂科太多而收到了学校的退学警示,经过努力,终于重修都及格了,拿到了毕业证。但是,如果要修学位证,还需要重修学位课,提升学位课的平均成绩才行。若每门学位课的成绩只有60分上下,则不能提升学位课平均成绩。我问他对于拿学位的看法,他的回应是"我也不想当医生,有个毕业证就行了"。与之相反,如果想到这件事情就变得很紧张,难以集中注意力,效率下降的时候,就要提醒自己降低一下预期或是压力水平值了。在我们学校,每年大二三本的同学有转二本的机会,名额很少,条件是需要从大一第一学期开始的成绩累计排在年级的前2%,竞争很激烈。有想升二本的同学,基本不管什么课都要认真对待。有一个同学考前经常失眠,总是担心如果考不好怎么办、升不成怎么办,在最后一次考试时成绩考得很差,最终失去了转二本的机会。

5. 专业的选择

不喜欢所学的专业也是大学生压力的来源之一。开始,我以为通常是专业被调剂的同学才面临这个问题,后来发现一些专业是自己选择的同学也存在相关问题。有一年和新生访谈,一个同学说很想回去高复,因为专业不喜欢。专业是自己选择的,因为当时自己根本不懂这个专业,看着名字觉得还可以就选了,来了以后发现和自己所想的完全不一样。印象深刻的是,有一个护理专业大二的男同学来做心理咨询,只要是和护理专业相关的课程都不及格,没有关系的课程都爱听,哪怕是同学都不重视的选修课,只要和护理没有关系,学的都不错。在护理专业刚刚开始招男生的时候,很多男同学还是非常不愿意的,现在因为良好的就业形势,已经有男同学愿意从其他专业转到护理学了。在被专业困扰的同学身上,我看到一个共性问题,"我不喜欢我的专业,所以我学不好",似乎一切都是专业的错误。学校在大一结束的时候,会有转专业的申请,通常对学习成绩有一定要求。"有没有想过转专业?"这个问题的回答有"那个很难,对学习成绩有要求,如果能学好,我还转什么""想是想过,但是也不知道转什么专业"。不难看出也不完全是专业的问题。建议那些不喜欢自己的专业但又转不成专业的同学,给自己的底线是至少可以毕业,再利用课余的时间去辅修第二学位,或者看看自己的专业有没有和自己的兴趣能够交叉的可能性。不要让"不喜欢专业"成为荒废大学生活的借口。

四、面对压力,从改变心态开始

如果我给你一分钟的时间,去看图 1.4,然后你能说出图中有多少个大写字母,多少个小写字母吗?

a	h	d	m	p	x	n	o
h	m	d	a	b	e	g	i
d	g	s	f	s	h	e	s
c	a	n	v	z	s	x	k
H	k	L	w	r	g	z	c
o	e	k	s	a	f	d	n
r	d	w	x	L	j	h	d
e	r	a	t	b	c	s	o

图 1.4

一分钟过去了,你有答案了吗?这个问题不是脑筋急转弯,也不是和大家比观察力和记忆力。1 分钟的时间里,不管你的答案是什么,你的大脑刚刚都经历了高速运转。如果现在我要求你不要再看图 1.4,请你回答"图中有多少个字母 a?"你能回答出来吗?相信大家绝大部分是答不出来的,或者是随便蒙一个数字。原因是你刚刚将全部的注意力都放在数大写字母和小写字母的个数上。对于同样的图片,当我们的关注点不同时,大脑工作的重点是不一样的。所以,面对压力,第一个需要调整的是改变对压力的关注点。

压力是不是一无是处呢?当我们持有讨厌压力的心态时,这样的焦虑状态已经让我们失去了应对压力的能力。试想一下,我们的生活没有了压力,会怎么样?我们只要每天上班就可以了,没有工作质量的要求,你喜欢这样的工作吗?我有个朋友在学校的图书馆工作,她经常听到别人和她说图书馆的工作真好,不会有督导听课,不会有学生评分,不会要求做教改,不会有科研压力。她告诉我的答案是:她并不觉得这个工作有多好,她觉得没有价值感。我也问过我的学生:"什么让大家觉得压力最大?"不出所料,听到的第一个答案总是考试。当我再问大家:"如果从入学到毕业都没有考试,那样的大学生活你们喜欢吗?"在沉默之后,听到的答案多是:"那样也挺没有意思的,没有证明自己的机会。"

从这个意义上说,压力有它的积极意义,它更像我们生命的"保鲜剂",可能让我们拥有前进的动力。

最后和大家分享一个网络上看到的小故事《压力十字架》,送给面对压力、仍在坚持的你们!

每个人都背负着一个沉重的十字架,在缓慢而艰难地朝着目的地前进。

途中,有一个人忽然停了下来。他心想:这个十字架实在是太沉重了,就这样背着它,得走到何年何月啊!

于是,他拿出刀,做出了一个惊人的决定:他决定将十字架砍掉一些。

他真的这么做了,开始砍十字架。

砍掉之后,走起来的确是轻松了很多,他的步伐也不由得加快了。

于是,就这样又走了很久很久。他又想:虽然刚才已经将十字架砍掉了一块,但它还是太重了。

为了能够更快更轻松地前行,这次,他决定将十字架再砍掉一大块。

他又开始砍了……

这样一来,他一下子感到轻松了许多!

于是,他毫不费力地就走到了队伍的最前面。当其他人都在负重奋力前行时,他却能边走边轻松地哼着歌!

走着走着,谁料,前边忽然出现了一个又深又宽的沟壑! 沟上没有桥,周围也没有路,这时候也没有蜘蛛侠或者超人出来解救他……他,该怎么办呢?

后面的人都慢慢地赶上来了。他们用自己背负的十字架搭在沟壑上,做成桥,从容不迫地跨越了沟壑。

他也想如法炮制。只可惜啊,他的十字架之前已经被砍掉了长长的一大截,根本无法做成桥帮助他跨越沟壑!

于是,当其他人都在朝着目标继续前进时,他却只能停在原地,垂头丧气,追悔莫及。这个时候,在他的脑海里回响着一句话:曾经有一个完整的十字架扛在我的肩上,我没有好好珍惜,直到需要它的时候,我才后悔莫及。人世间最大的痛苦莫过于此啊!

其实,我们每个人每一天都背负着各种各样的压力十字架,在艰难前行。它也许是我们的学习,也许是我们的工作,也许是我们的情感,也许是我们必须承担的责任和义务。

但是,正是这些责任和义务,构成了我们在这个世界上存在着的理由和价值。

所以,请不要埋怨学业的繁重、工作的劳苦、责任的重大,因为真正的快乐,是挑战后的结果,没有经历深刻的痛苦,我们也就体会不到酣畅淋漓的快乐!

或许有人会想,那他为什么不用别人的十字架去做成一座桥,或是跟着别人走过去呢? 或许我们的生活足够幸运,有时候我们可以在别人的帮助下渡过难关,但是我们不会幸运到每一次遇到沟壑都有人恰好经过,并搭好了一个桥供我们渡过。请正视压力这个生命的"保鲜剂",正是因为它的存在,才让我们有了前进的动力。

我们不能,也不应该消灭压力,而应该让自己学会去享受它。

学生应用案例

1.1　正确定位你自己

社会竞争如此之激烈,压力是不能避免的。随着人的成长,压力也在增长着。高中以前,我是基本上感觉不到压力的存在的,除了上课,我能做任何自己想做的事。上了高中,有了千军万马过独木桥的危机感,有了亲人的寄望,有了老师的期盼,更有了对大学的憧憬、对外面世界的渴望,一切都变得不同了。我开始担心这个,担心那个,怕考不上大学,怕辜负了父母,怕落后于别人。二模考完后,我对自己彻底失望了,因为离一本的目标越来越遥远,连上三本都有点危险。

之后的很长一段时间,我什么书也不看,整天就想一个问题:"高考,我到底打算怎么继续?"我认为自己是够努力了,但可能方法有问题,效率低了点,但真的已经很用功了。身边都是些很优秀的同学,身处在这样一群优秀的人当中,突然觉得自己也应该优秀。于是就想奋力追赶身边的人。跟你比,跟他比,学习开始变得越来越没乐趣,把自己弄得越来越累!"为什么我要为了这个而把自己变得这么不快乐呢? 为什么不可以快快乐乐地过完高中,非要在痛苦中结束呢? 就算没考上大学,明年照样还能考,一切都能解决啊,何必把自己弄成这样?"这样一想以后,我就不再去想一本的目标了,而把目标定在了只要考上本科就好! 眼前的路一下就明朗起来了。每天不想学的时候,就跟同学去玩玩,在校园里逛逛,打打球,做做运动,晚上也不再开夜班,准时睡觉,早上也不再5点钟起床,而是直到睡到闹钟响为止。一开始还不太习惯新的作息与学习习惯,可几个礼拜之后,我发现自己睡眠质量已相当好了,白天上课也不会再打瞌睡了,更不会去想"如果考不上怎么办"的无聊问题了,学习的时间虽然少了,但效率却大大地提高了。

现在回想起来,那段时间的自我调整其实就是一种正确对待压力、正确定位、正确认识自己的做法。如果我是一个摘苹果的农夫,那么四本是抬起手就能摘到的苹果,三本是脚稍稍踮起来就能摘到的苹果,二本是要很努力跳才能摘到的苹果,一本是怎么跳都无法得到的苹果。如果当初我没有重新定位,一定要摘到"一本"这个苹果,那我肯定会活在痛苦当中,每天跳啊跳,直到累死了也还没有摘到。然而重新定位后,高考已不再是一件那么值得恐惧的事了。抛开父母的期盼,老师的寄望,突然就"山重水复疑无路,柳暗花明又一村。"

同样地,对自己的定位也是如此。定得太高了,会把自己给累死了,还得不到结果;定得太低了,会觉得成功来得太容易;只有在自己的基础上,再上半个坡地,要跳一跳才能摘到的成功之果,才是最弥足珍贵的!

1.2　大学的迷茫

常听别人说,大学生活是人生中最轻松、最自由、最快乐的时光。的确,在大学中,我们有充裕的自我支配时间,最自由的状态,没有了老师的管教、父母的束缚,似乎是想怎么样就怎么样;也没有金钱方面的压力,我们只要向父母伸手要就可以了。但说到快乐,我并不认为大学生活有这么快乐。我们常常会感到空虚,觉得在大学里自己并没有学到什么知识,自己似乎很没用,对自己越来越没有信心,也没有什么人生目标,最现实的目标只是找到一份好工作。身边的人变得越来越势利,越来越有心机,真心相待的朋友越来越少,人们变得越来越不单纯,不像高中的时候,我们一起向着一个目标共同努力,虽然很辛苦却那么快乐,那么单纯美好。不过我觉得人们总是怀念"过去",讨厌"现在"所面临的环境,我也不例外。我有时候会想,应该好好地珍惜现在的大学生活,因为我知道工作之后,我肯定会怀念大学里的种种好。但是,现在我似乎感受不到,总是有压力围绕在我身边。

1.3   我好,你也好

内向带来的问题不少(我想对我来说是的),尤其是对于我这类想多与别人交流的人。有一个观点"我好,你也好"说的是不要太关注别人的缺点,这会让人进入一个疯狂的状态,试着发现自己的缺点,待人不要有太强的嫉妒,因为你也有让人嫉妒的地方,有时会有点小不满但那不久就会过去,做到这点有点难,但应努力做到,而结果就是心里变得更加开心。我将这个法则写了下来,时刻提醒着自己,效果非常好。不成功的人有很多是因为没有一个合理的法则来约束。

1.4   压力源于比较

我是一个进大学就想"三升二"的学生,最近成绩出来了,我没有合格。听说是只看英语成绩,那这样我似乎就理解了。

但我还是很难过,因为压力源于丧失。我丧失了这一难得的机会。我的家庭经济负担三本的学费有些吃力,我好希望能够减轻家庭的负担。可是我失败了,我对家里有愧疚感,虽然他们不知道有"三升二"这件事。

压力源于比较,为什么我一定会得到呢?有成功者必然会有失败者。我并不会每次都是赢家,每次都那么幸运。

我努力做到将情绪和行为分开,尽力不去想这些让人头疼的事,完成我该完成的任务。

其实以我只拿到三等奖学金,或者按平时的表现来看,我早就与"三升二"渐行渐远,只是我一直不能接受,一直走不出来。当这个事实终于被公布出来的时候,是在我的意料之中的,但并没有我想象得那么悲伤。人生总不是完美的,这件事总会过去,我还是需要把注意力放到我的学习上。学好专业课程是眼下最重要的。

1.5   我不好,你好

我的心态正是"我不好,你好!"其实一直以来我以为这是一个人谦虚的表现,现在我才明白这种交往心态也是由长期自卑造成的。没错,我的确是一个自卑的人,这跟我的生活环境有一定关系,但更多的是自己性格原因。从小到大,我总是小心翼翼地做事、对待身边的人,因为我害怕伤害一个人,所以很多时候宁愿委屈自己做不喜欢的事也要让别人感到快乐。但是,现在我觉得我这样做真的很不好,由于我经常让步,身边的人认为我就应该这样做。我想改变自己,但是我实在不知道从哪一步开始做起。总之,我就怕自己的意见会伤害到别人。如果我这样让着别人,我能快乐也就罢了,可是意识到别人越来越不在意我的感受时,我一点都不快乐,而且是越来越不快乐。

1.6   调整目标

我本是个好胜心很强的人,长期的竞争让我习惯了不甘落后。高考已经过去了,但失败的感觉却没有彻底消除。进入大学后,最初的安逸带给我的却是迷茫,尽管"迷茫"可能是大学的必修课,但我却觉得自己迷茫程度有点深。我不参加学生会,不竞选班干部,我以为这样我就可以全身心地投入到学习中来,却事与愿违。越这样回想,就越觉得自己一无所获,就越下定决心要努力学习。于是,压力就越来越大,形成了恶性循环。

上心理减压课的时候，我了解、学会并应用了一种方法：要么提高自己实现目标的能力，要么就适当地降低自己的目标。要提高自己的能力不是一朝一夕的事，所以，最直接有效的办法就是降低自己的目标。于是，我便开始尝试着降低目标。起初，要说服自己降低目标很困难。毕竟，对于一个长期要求过高的人来说，要一下子就改变几乎是不可能的事。但是，为了缓解压力，也为了让我的大学生活不再那么痛苦，我还是一步步地降低了目标的高度，让这个高度与目前的自己尽可能相符。现在，学习上的压力虽然还是很大，但我已经能够承受这种压力，并且不再那么痛苦。

1.7　丧失的压力

我认为压力源于丧失，每个人都会经历否认、愤怒、商讨、抑郁、接受的阶段。先说考试，考试前、考试中、考试后，一直伴随着我们的就是压力。考前是对考试的紧张，心情忐忑，害怕考得不好。考试中遇到不会的题目，脸会涨得通红，这也是由压力造成的。考试后是出于对成绩的期待，怕成绩没有达到自己预期的结果，这也是压力。就连考试这么简单的事情，压力都无处不在。那么，如何处理好考试的压力就特别重要了。在考试之前，我们可以给自己一些暗示，告诉自己"我可以"，缓解自己的压力，不要闷在书堆里，可以适当放松一下自己的神经。在考试中，遇到不会做的题目也不需要着急，可以先跳过，等答完后面的题目再回过头来看之前不会的题，记得要深呼吸来调节自己的压力。考试之后不要想着成绩如何，要学会放过自己，找自己的不足，积极应对，为下一次考试做准备。

第二章　性格角度看人际

在日常的心理咨询工作中,经常听到类似这样的话:"我真的想不明白,他(她)怎么会有这样想法?""我真的不理解,他(她)怎么会有这样的行为?"没有一个人在做一些事情的时候,或是说一些话的时候,希望达成的效果是让别人不喜欢自己或是远离自己。虽然我们常说"换位思考",但是站在自己的角度去理解别人,有的时候真是不容易。

每个人从出生以后就活在各种人际关系里,孩子或父母,领导或员工,老师或学生,家人或朋友……关系带给我们滋养的同时,也带给了我们很多困扰,越是身边的人、亲近的人,困扰越多。如何能够增加关系带来的滋养,减少关系带来的困扰?我希望从性格的角度让大家更好地了解自己和他人,处理好生活中的各种关系。先要区分两个概念,"人格"和"性格"。心理学关于人格的定义是,一个人整个精神面貌的总和,包括感觉、知觉、思维、想象、情绪、情感、性格、气质、自我意识等多项内容。可见,性格是人格的一部分。

一、为什么要了解性格

在图 2.1 中上下两条线段的长短是一致的,但是因为箭头方向的不同,看起来上边的线段长,下边的线段短,这是心理学中的"错觉"现象。错觉是指错误的知觉,只要客观条件满足,就会发生。例如,晚上城市的霓虹灯,有一些看起来很有动感,像一束束光在前进一样。一些身材偏胖或是个头矮的人,穿竖条纹的衣服,通过视觉拉伸原理,看起来显得瘦而高挑。这些都是对错觉的利用。这也说明,错觉是正常人都会有的现象。在生活中人与人之间的错觉,可以通俗地理解成误会。在此引用古代圣贤孔子的故事来说明。

2500 多年前,孔子带领他的弟子们周游列国,走到陈国的时候受到当地人的误解,被

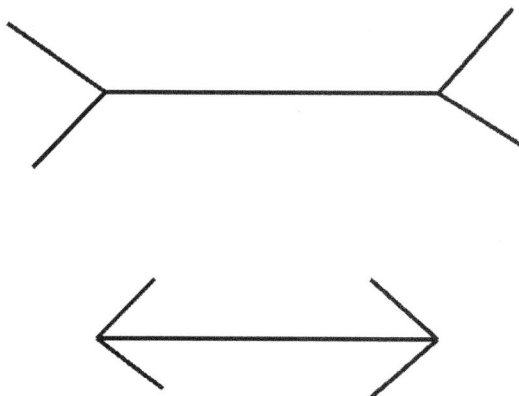

图 2.1

围困了起来。大家连续七天都没有吃上饭，一个个饿得眼冒金星。孔子有气无力地躺在那里，连头都不想抬了。

孔子的得意弟子颜回面对如此困境，便想方设法解决这个问题。他拖着疲惫不堪的身子，四处奔波，终于弄来了一点粮食。于是，他赶紧生起火来，为大家做饭。

一阵饭香飘过来，孔子睁开了眼睛，正好看到颜回抓了一把饭送到嘴里。孔子吃了一惊，却假装什么都没有看到，继续闭上眼睛休息。

过了一会儿，饭熟了。颜回先盛了一碗，恭恭敬敬地给孔子送来。孔子坐起来说："我刚才梦见了我的父亲，如果饭干净的话，就先祭奠一下他老人家吧。"

诚实的颜回赶紧说："不行不行，这饭不干净。刚才烧饭的时候，想不到一些灰尘落在饭里。弃掉了很可惜，我就抓出来把它们吃掉了。"

孔子听罢，这才恍然大悟，知道了颜回"偷吃"的真相，心中顿时感慨。他马上把弟子们召集起来，向大家公开说清了自己误会颜回的事。他说："我们大家平时最相信自己的眼睛，认为眼见为实，刚才的事实证明，我们亲眼看见的，也不一定都是真的。"

人与人之间的误会，有时候会是一句话，一个见到的画面，一个动作，甚至是一个眼神，但那一定是事实、一定是真相吗？答案是"不一定"。有时候，"错误的感知"会带来"错误的判断"。那么是不是"正确的感知"就会带来"正确的判断"？请看图2.2，你看到了什么样的面孔？

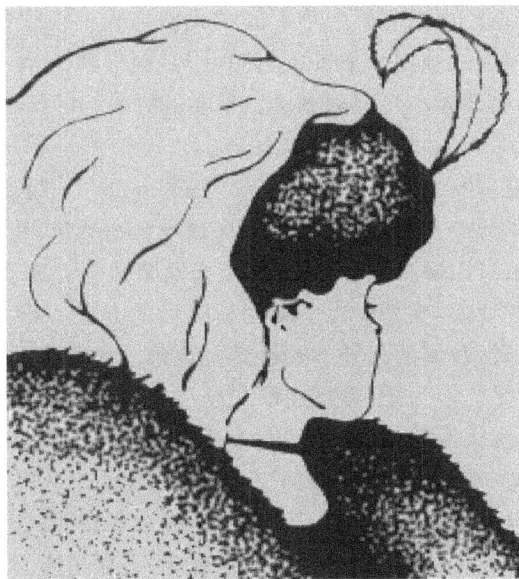

图 2.2

有人第一眼看到一个美少女，也有人看到了一个老奶奶，只是看的角度不同而已。美少女的下巴是老奶奶的鼻子，脖子是老奶奶的嘴巴，耳朵是老奶奶的眼睛。现在你可以看到两个面孔了吗？

不管是看到美少女还是老奶奶，都是正确的感知，却带来了不同的判断。咨询时，经常有同学有这样的疑问："老师，我有的时候很开朗，有的时候又很内向，熟悉我的人都说我很活跃，但是在陌生人面前我不敢多讲话，甚至会害羞。有的时候我觉得自己很有能力,但有的时候又觉得自己一无是处,我是不是人格分裂?"其实这个疑问只是说出了一个事实,就是我们每个人的个性中都有很多个维度,甚至一些维度是相互矛盾的。有些时候、有些情境下,我们呈现了开朗的一面;有些时候、有些情境下,我们呈现的是内向的一面。如同我们在不同的季节、不同的场合穿不同的衣服一样。认识到这一点,我们可以更好地理解他人。曾经有一个来咨询的同学说:"我有一个好朋友,对我很好,人很善良,我们相处也不错,只是她很小气,我很受不了她的小气。"小气是她的一个维度,善良也是她的一个维度。对于别人我们不能只接受我们喜欢的维度,而拒绝他(她)作为一个整体的人的存在。

当我们可以理解别人个性的不同的维度时,我们就可以更好地包容别人。反之,当我们可以越多地呈现自己不同的维度时,我们就可以让别人更好地认识自己。所以,"正确的知觉"带来了"不同的判断"。

现在我想回答开始提出的问题:"为什么要了解人的性格。"生活中,我们买回来的产品都有说明书,在我们不会使用或是需要修理时,看一下说明书,可以帮助我们事半功倍。每个人的性格就像他(她)的使用说明书一样,了解性格可以使我们更好地了解他。

人人皆知的成语故事《乌鸦喝水》是这么说的:乌鸦口渴了,水瓶里的水不够高,自己喝不到,于是乌鸦叼来石子,使水位慢慢升高,解决了自己喝水的问题。时过境迁,到了21世纪,我们来看新时代的小乌鸦是怎么解决喝水的难题的。小乌鸦的神器"吸管",同样解决了喝不到水的难题。而老乌鸦十分不解:"我们乌鸦世代用的方法,还得到了人类的称颂,你怎么能忘了祖上的规矩?"如果再追问一句,同样解决喝水的问题,你会选择用谁的方法? 相信我们都会选择小乌鸦的做法。只要解决喝水的问题,有简便快捷的方式,何乐而不为呢?

通过这个小故事,希望和大家分享到的道理是:第一,那个"吸管"神器,就如同与人相处的"了解他人性格"的方法一样,可以更简便、快捷地解决人际相处中的问题。第二,时代变化了,有了新的方法可以解决原有的问题,老乌鸦依然墨守成规。我们都喜欢小乌鸦的解决方法,是因为它的变通,在新时代下采用新时代的方式。与人相处也是一样,当我们面对不同的交流对象时,我们的相处方式也需要变通。曾经我也觉得,我的个性就是这样的,不懂得变通,甚至是引以为豪,看不起那些经常变通的人,将其称为"圆滑世故"。而实际上,现在想来,不是别人圆滑世故,而是别人更懂得人与人的相处之道。自己却在做老乌鸦,和任何人打交道,都只有一个招式了。

有一段曾奇峰的著作《你不知道的自己》中的话和大家分享:"不和胆小的人一起去冒险,不和小气的人谈钱,不在好嫉妒的人面前自我表现,不和偏执的人发生争论,不跟老板比谁说了算,那就是很好地避开了别人的不美好了。人际交流的目的是愉悦他人也愉悦自己。"

二、性格测试

心理学的人格测试有很多,最长的明尼苏达人格测试有566道题目,可见了解一个人的人格不是一件容易的事情。和大家分享自己在学生时代光华的课程"性格的力量"里学习到的性格测试,简单易懂。该测试可以让我们更好地了解,一个人的行为很多时候是性格使然。与人相处,先了解他人性格,学会看"说明书"。

CSMP 性格测试

下面 40 道测试题,请选择每一题最适合你的表现,每题只能选择一个答案。这不是智力测试,没有好坏之分,请根据你的第一印象做出判断。

一、1.冒险性——对新事物下决心做好。

2.适应性——轻松自如融入任何环境。

3.生动性——表情生动,多手势。

4.分析性——准确知道所有细节之间的逻辑关系。

二、1.持久性——完成一件事后才接手新事。

2.娱乐性——充满乐趣与幽默感。

3.说服性——用逻辑与事实服人。

4.在任何矛盾中不受干扰,保持冷静。

三、1.包容性——易接受他人的观点,不坚持己见。

2.牺牲性——为他人利益愿意放弃个人意见。

3.社交性——认为与人相处好玩,无所谓挑战或商机。

4.强烈意识性——决心依自己的方式做事。

四、1.体贴性——关心别人的感觉与需要。

2.控制性——控制自己的情感,极少流露。

3.竞争性——把一切当成竞赛,总是有强烈的赢的欲望。

4.因个人魅力或性格使人信服。

五、1.清新振作型——给旁人清新振奋的刺激。

2.敬仰型——对人诚实尊重。

3.保守型——自我约束情绪与热忱。

4.机智型——对任何情况都能很快做出有效的反应。

六、1.满足性——容易接受任何情况和环境。

2.敏感性——对周围的人事十分在乎。

3.自立性——独立性强,机智,凭自己的能力判断。

4.生气性——充满动力与兴奋。

七、1.计划性——事前做详尽计划,依计划进行工作。

2.耐心——不因延误而懊恼,冷静且容忍度大。

3.积极——相信自己有转危为安的能力。

4.推广——运用性格魅力鼓励或推动别人参与。

八、1.确信——自信,极少犹豫。

2.率性——不喜欢预先计划或受计划牵制。

3.程序性——生活与处事均依时间表,不喜欢干扰。

4.害羞——安静,不易开启话匣子的人。

九、1.井然有序——有系统、有条理安排事情。

2.迁就——愿改变,很快能与人协调配合。

3.直言不讳——毫不保留,坦率发言。

4.乐观——自信任何事都会好转。

十、1.友善——不与人争辩,经常是被动的回答者。

2.忠诚——保持可靠、忠心、稳定。

3.趣味性——时时表露幽默感,任何事都能讲成惊天动地的故事。

4.强迫性——发号施令者,别人不敢造次反抗。

十一、1.勇敢——敢于冒险,下决心做好。

2.愉快——带给别人欢乐,令人喜欢,容易相处。

3.外交——待人得体有耐心。

4.细节——做事秩序井然,记忆清新。

十二、1.振奋——始终精神愉快,并把快乐推广到周围。

2.坚持一贯——情绪平稳,反应永远能让人预料到。

3.文化性——对学术、艺术特别爱好。

4.自信——自我肯定个人能力与成功。

十三、1.理想主义——以自己完善的标准来设想衡量事情。

2.独立性——自给自足,自我支持,无须他人帮忙。

3.无攻击性——从不说或做会引起他人不满与反对的事。

4.激发性——引导鼓励别人参与。

十四、1.感情外露——忘情地表达自己的情感、喜好,与人娱乐时不由自主地接触别人。

2.果断——有很快做出判断与得出结论的能力。

3.尖刻的幽默——直接的幽默近乎讽刺。

4.深沉——认真,深刻,不喜欢肤浅的谈话或喜好。

十五、1.调解者——避免矛盾,经常居中调和不同的意思。

2.音乐性——爱好且认同音乐的艺术性,不单认为是表演。

3.行动者——闲不住,努力推动工作,是别人跟随的领导。

4.结交者——喜好周旋于宴会中,结交朋友。

十六、1.考虑周到——善解人意,能记住特别的日子,不吝于帮助别人。

2.固执者——不达目的誓不罢休。

3.发言者——不断愉快地说话、谈笑,娱乐周围的人。

4.容忍者——易接受别人的想法和方法,不愿与人相左。

十七、1.聆听者——愿意听别人想说的。

2.忠心——对理想、工作、朋友都有不可言喻的忠实。

3.领导者——天生的带领者,不相信别人的能力如自己。

4.生趣——充满生机,精力充沛。

十八、1.知足型——满足自己拥有的,甚少美慕人。

2.首领型——要求领导地位及别人跟随。

3.制图型——用图表、数字来组织生活,解决问题。

4.可爱型——讨人喜欢,令人美慕,人们注意的中心。

十九、1.完美主义者——对己对人高标准,一切事情有秩序。

2.和气性——易相处,易说话,易让人接近。

　　3.工作者——不停地工作,不愿休息。

　　4.受欢迎者——聚会时的灵魂人物,受欢迎的宾客。

二十、1.跳跃型——充满活力和生气的性格。

　　2.勇敢型——大无畏,不怕冒险。

　　3.模范型——时时保持自己举止合乎认同的道德规范。

　　4.平衡型——稳定,走中间路线。

二十一、1.乏味——面上极少流露表情或情绪。

　　2.忸怩——躲避别人的注意力。

　　3.露骨——好表现,华而不实,声音大。

　　4.专横——喜命令支配,有时略傲慢。

二十二、1.散漫——生活任性无秩序。

　　2.无同情心——不易理解别人的问题与麻烦。

　　3.无热忱——不易兴奋,经常感到好事多磨。

　　4.不宽恕——不易宽恕或忘记别人对自己的伤害,易嫉妒。

二十三、1.逆反——抗拒或犹豫接受别人的方法,固执己见。

　　2.保留性——不愿意参与,尤其当事物复杂时。

　　3.怨恨性——把实际或想象的别人的冒犯,经常放在心中。

　　4.重复——反复讲同一件事或同一个故事,忘记自己已重复多次,总是不断
　　找话题。

二十四、1.惧怕——经常感到强烈的担心、焦虑、悲戚。

　　2.挑剔——坚持做琐碎事情,要求注意细节。

　　3.健忘——缺乏自我约束,不愿记无趣的事。

　　4.率直——直言不讳,不介意把自己的看法直说。

二十五、1.好插嘴——滔滔不绝的发言者,不是好听众,不留意别人也在讲话。

　　2.不耐烦——难以忍受等待别人。

　　3.优柔寡断——很难下定决心。

　　4.无安全感——感到担心且无自信心。

二十六、1.不善表达——很难用语言或肢体当众表达感情。

　　2.不愿参与——无兴趣且不愿介入团体活动或别人生活。

　　3.不受欢迎——由于强烈要求完美,而拒人千里之外。

　　4.难预测——时而兴奋,时而低落。

二十七、1.犹豫不决——迟迟才有行动,不易参与。

　　2.难以取悦——标准太高,很难满意。

　　3.即兴——不依照方法做事。

　　4.固执——坚持依自己的意见行事。

二十八、1.悲观——尽管期待好结果,但往往先看到事物的不利之处。

　　2.自负——自我评价高,认为自己是最好人选。

　　3.放任——容许别人(包括孩子)做他喜欢做的事,为的是讨好别人,让人喜
　　欢自己。

4.平淡——中间性格,无高低情绪,很少表露感情。

二十九、1.无目标——不喜定目标,也无意定目标。

2.冷落感——容易感到被人疏离,经常无安全感或担心,别人不喜欢与自己相处。

3.好争吵——易与人争吵,永远觉得自己是正确的。

4.易发怒——有小孩般的情绪,易激动,事后马上又忘了。

三十、1.漠不关心——不关心,得过且过。

2.莽撞——过于自信,鲁莽行事。

3.消极——往往看到事物的反面,而少有积极的态度。

4.天真——孩子般的单纯,不喜欢去了解生命的意义。

三十一、1.孤独离群——感到需要大量时间独处。

2.工作狂——为回报或成就感,不断工作,耻于休息。

3.需要认可——需旁人认同、赞赏,如同演艺家,需观众的掌声、笑声与接受。

4.担忧——时时感到不确定、焦虑、心烦。

三十二、1.胆怯——遇到困难退缩。

2.过分敏感——被人误解时感到冒犯。

3.不圆滑老练——常用冒犯或未斟酌的方式表达自己。

4.喋喋不休——难以自控,滔滔不绝,不是好听众。

三十三、1.多疑——事事不确定,又对事缺乏信心。

2.擅权——冲动地控制事情或别人,指挥他人。

3.抑郁——很多时候情绪低落。

4.生活紊乱——缺乏组织生活秩序的能力。

三十四、1.内向——思想兴趣放在内心,活在自己世界里。

2.无异议——对多数事情均漠不关心。

3.排斥异己——不接受他人的态度、观点、做事方法。

4.反复——善变,互相矛盾,情绪与行动不合逻辑。

三十五、1.杂乱无章——生活无秩序,经常找不到东西。

2.情绪化——情绪落差大,不被欣赏时很容易低落。

3.含糊语言——低声说话,不在乎说不清楚。

4.喜操纵——精明处事,影响事物,使自己得利。

三十六、1.缓慢——行动思想均比较慢,通常是懒于行动。

2.怀疑——不易相信别人,喜欢寻究语言背后的真正动机。

3.顽固——决心依自己的意愿行事,不易被说服。

4.好表现——要吸引人,要做注意力的集中点。

三十七、1.大嗓门——说话声与笑声总是过响,令全场震惊。

2.统治欲——毫不犹豫地表示自己的正确或控制能力。

3.懒惰——总是先估量每件事要耗费多少精力。

4.孤僻——需大量时间独处,喜避开人群。

三十八、1.易怒——当别人不能合乎自己的要求,如动作不够快时,易感到不耐烦而愤怒。

2.拖延——凡事起步慢,需要推动力。

3.猜疑——凡事均怀疑,不相信别人。

4.不专注——无法专心或集中注意力。

三十九、1.勉强——不甘愿的,挣扎,不愿参与或投入。

2.报复性——情感不定,记恨并力惩冒犯自己的人。

3.轻率——因无耐性,常不经思考,草率行动。

4.烦躁——喜新厌旧,不喜欢长期做相同的事。

四十、1.妥协——为避免矛盾,宁愿放弃自己的立场。

2.好批评——不断地衡量和下判断,经常考虑提出相反的意见。

3.狡猾——精明,总是有办法达到目的。

4.善变——像孩子般注意力短暂,需要各种变化,怕无聊。

每一个题目选项对应的字母如下:

一、CPSM 二、MSCP 三、PMSC 四、MPCS 五、SMPC 六、PMCS 七、MPCS
八、CSMP 九、MPCS 十、PMSC 十一、CSPM 十二、SPMC 十三、MCPS
十四、SCPM 十五、PMCS 十六、MCSP 十七、PMCS 十八、PCMS
十九、MPCS 二十、SCMP 二十一、PMSC 二十二、SCPM 二十三、PMCS
二十四、MPSC 二十五、CMPS 二十六、MPSC 二十七、CSMP 二十八、PMCS
二十九、SPCM 三十、SMCP 三十一、PMCS 三十二、MCPS 三十三、PSCM
三十四、SMCP 三十五、SMPC 三十六、PCSM 三十七、MCPS 三十八、PMCS
三十九、MSPC 四十、PMCS

结果计算:请将你选择的40道题与上面答案相对应,然后将C、S、M、P四个字母的个数合计。按数量的多少排序,数量越多的字母越代表你的主导性格。如果你有某一个字母数量超过25个,则是典型的该种性格类型。

C——外向、乐观、行动者的能力型

S——外向、乐观、多言者的活跃型

M——内向、悲观、思考者的完善型

P——内向、悲观、旁观者的平稳型

简单来描述一下典型的四种性格是什么样的表现,例如我在教室里和同学们说马上要做一个性格测试,可以看到最开心的、前后座位开始交流、表现很活跃的是活跃型的(S),因为活跃型的人很喜欢新鲜的事情。但是做到一半儿可能就觉得有点烦了,内心的思考是:"怎么这么长? 什么时候能做完?"而最快准备好纸笔来测试的是能力型的(C),并能认真根据测试的方法进行测试。完善型的人(M)在准备纸和笔的过程中,内心的思考是:"这测试准吗?""我以前做过×××测试,这个有什么更好的地方?"而平稳型的人(P)则会等着看看大家都怎么做,到最后看到大家都准备好了,马上要开始做了,那自己也跟着做吧,甚至会一直看着别人做测试到结束。

当然上述描述是典型的各种性格表现,大多数人会是两种性格主导的组合,如CM、MP,甚至是相反的SM等。

三、性格角度看人际

在描述过程中,你可以在自己的记忆中去寻找。当你在阅读每一种性格特征的时候都可以对应出身边人的影像。请按照以下性格描述进一步去理解他(她)的性格。

1. C(能力型)

能力型的人在生活中通常喜欢挑战,越是把难的任务交给能力型的人,能力型的人越是愿意接受,同时多数情况下能排除万难完成任务。但是如果任务过于简单,有时候会觉得太没挑战力而不屑于去做。有一次下课和一个学生聊天,她提到自己现在在学生会工作,还担任了班级的班长,还有一个社团在管理,事情非常多,几乎没有自由的时间了。自己也在调整自己的状态,感叹了一句:"现在很多小事儿我都交给一年级的新生去做。"虽然她只有大二,这话听起来让我很有沧桑感。能力型的人喜欢做大事儿的想法,有时候给别人的印象是不那么热情,被抱怨成"这么点小忙都不帮"。从性格的角度去理解,有可能真的是这个"忙"对能力型的人来说"太小了",觉得没有挑战而不帮忙。如果你身边有这样的朋友,不妨试试请他(她)帮忙"大麻烦"。

能力型的人很自信,一般下定了决心就会去做,行动力很强,不会因为犹犹豫豫而错过了时机。也常常会过于自信而坚持自己的意见,给人自以为是的印象,有些"不撞南墙不回头"的架势。但是真的撞了"南墙",也不见得回头。常常坚持自己的是对的,即使错了,也不愿意承认,是老百姓口中描述的"死要面子活受罪"。所以,让能力型的人认错道歉是很难的。

能力型的人有很多优秀的品质:果断的决定力、良好的行动力,以及很强的团队精神,不仅只关心个人的荣誉与得失,更希望团体的每一个人能够拧成一股绳,齐心协力。他们适合做领导。有一个咨询的学生,曾经是院学生会部长、院学生会副主席。到了大三,班主任和他聊天,问他是否可以做班级的班长,让团体的凝聚力更好一些。他欣然同意了,觉得这是一个巨大的挑战,因为自己所在的班级很不团结,平时看到隔壁班级办春游、秋游等各种活动,自己的班级却办不起来,十分羡慕。于是放弃了在学生会的各项职务,回到班级里做班长,在其他同学眼中都觉得这个决定有点不可思议。通常到了大三,同学们的想法也会很分散,很难再重建凝聚力。他做了很多的功课去完成这个挑战,担任班长后第一次组织了班级的一次全班出游——外出烧烤。自己先策划好了全部的活动细节,然后用一个晚上,去问每个寝室。先是跑到男生寝室,告诉男生:"女生都同意的,你们意见怎么样?""别的寝室都参加的,你们寝室呢?"大家听了以后,觉得别人都去了,既然是班级第一次活动,那就也去吧。然后他再跑去女生寝室,如法炮制,全班同学就都同意去了。第二天开始将班干部分工成几个小组做采购,最终第一次集体活动开始了,又有得吃又有得玩,大家十分开心,这也是两年多来班级的第一次聚会。

能力型的人在现实生活中往往被描述成工作狂,总觉得时间不够用,甚至走路都是小跑的。强调价值,做事情之前考虑有没有意义,不愿意虚度时光,也停不下来。因而有时会忽略日常的人际关系的维护,觉得在一起做事情就可以了。如果你去找一个能力型的人讨论做事他也会很有兴致,但是如果约他(她)陪你去逛街或是喝茶,他(她)往往会理解成浪费时间。

基于以上性格特点,能力型的人通常给他人的印象是有能力、有创造性、执行力强、勇敢、成绩显著,也会存在自以为是、太冲动、要求太多等缺点。

如果测试结果为你是一个能力型为主导性格的人,那么你进一步完善的方向是学会示弱。笛卡尔有一句名言:"我思,故我在。"对于能力型的人可以改为"我弱,故我在"。有能力的人让别人很欣赏,但如果一直是高高在上,比别人强的感觉,相信不会给别人带来太舒服的体验。本质上来说,没有任何一个人希望自己在别人面前永远是弱者,或者永远是需要保护的对象。能力型的人如果能够学会适当的示弱,或是表达自己的不足,会更容易与人相处。试想如果一个老板可以向员工道歉,员工的感受会是如何?想到 2007 年回到哈尔滨医科大学读研究生的时候,哈尔滨医科大学附属二院请了于丹教授来医院做人文讲座。怀着对文化明星的敬仰之情,我也跑去二院的礼堂听讲座。

于教授讲了这样的开场白:"当我在百家讲坛讲完论语之后,有太多的地方请我去讲座,我觉得这样都让我没有时间去做自己喜欢做的事情了,于是我决定今年不再接新的讲座了,但是我还是来这里了,来的原因是因为一个人。之前一次我在机场下飞机的时候,有一个人走过来,很有礼貌地打招呼。"

问我:"您是百家讲坛讲论语的于丹教授吧?"

我说:"是的。"

然后那个人说:"您不知道我是谁,但是您一定知道最近闹得沸沸扬扬的天价医药费的事情吧?"

我听了以后说:"是的,最近到处都是这个新闻。"

接下来,那个人说:"我就是那家医院的院长,我想邀请您去我们医院开讲座。"

我当时就被他的真诚而感动了。对于这样一个在全国看来可以用丑闻来形容的事情,作为这家医院的院长,应该是避之不及的,而这位院长却如此坦诚,并认真地和我探讨这个问题,希望可以更好地营造医院的人文关怀氛围。所以我当时就答应了:"你们医院,我一定来!"

如果你身边人的主导性格是能力型的,那么和他(她)的相处之道就是多做事情,增强你的执行力,那是能力型的人擅长并喜欢的事。即便你是对的,也不要逼迫对方道歉,那是能力型的人最不愿意做的事。

2. S(活跃型)

活跃型的人是传播快乐的使者,走到哪里都会感受到活跃型的人的欢声笑语,待人的热情。如果你和陌生人问路,而对方恰好是一个活跃型的人,你一定感觉棒极了。他会非常热情地告诉你怎么走,如果自己不知道甚至会打电话问自己的朋友,而实在帮不上你时还会表现出很难为情。活跃型的人很擅长讲故事,讲得绘声绘色,有时候听活跃型的人讲一部电影甚至比去看这部电影更能吸引你。我们经历过的集体生活中,无论是在学校还是工作中,总是有几个被大家评为"活宝"的人。如果这些"活宝"聚会缺席,总觉得少了很多乐趣。典型的活跃型的人还有一个特点就是大嗓门,有一次一个咨询的同学在倒苦水,描述了自己的一个学姐,听她的描述我感觉到她的学姐是一个典型的活跃型的人。她自己刚入学,通过老乡会认识了比自己高一个年级的学姐,得到了学姐热情的接待。于是,"十一"放长假时她们约好一同回家。这位同学的性格是接下来要说到的完善型的人,喜欢安静,不喜欢别人过多关注自己。而学姐是个大嗓门,在回去的车上和自己聊天,当时整个车厢都很安静,看到车厢里的人时不时看自己,她拉了拉学姐的衣角:"我们小点声吧,别人都看我们呢。"没想到学姐听到之后,仍然用很大的嗓门说:"怕什么,我们又没有说什么见不得人的话。"她说她当时觉得脸都红了,真想找个地缝钻进去。

活跃型的人喜欢新鲜的事,通常不太会注重细节,好处就是虽然和别人闹别扭了,但不记仇,不放在心上,容易相处。坏处就是经常会忘记自己说过的话,比如"哪天请你吃个饭""什么时候空了找你一起去唱歌"。如果你过于当真,就会觉得活跃型的人不靠谱了。这种给别人不靠谱的体验也给活跃型的人带来很大的麻烦。因为有时候自己是随口一说,对方却当真了。听过一个笑话,说是古代有一个人请客,请了4位客人,只来了3个,主人脱口而出:"该来的怎么还没有来?"这时来的三个人中有一个人在想:"什么意思?该来的还没有来?那是不是我不该来?"于是他走了。主人见他走了很着急地说:"这不该走的又走了。"这句话让剩下的两个客人中的一个人又在想了:"不该走的走了?是不是我该走?"于是他也走了。见到又走了一个客人,主人更急了:"咳,怎么走了呢,我又没说你。"这时唯一剩下的一个人想:"没有别人了,看来是说我呢。"于是他也走了。这主人请客,一句话走一个客人,真是"言者无心,听者有意"。这位主人是典型的活跃型,想到什么说什么,身边的人有时候会称之为"说话不经过大脑"的人。而恰好请的三位客人,是爱思考、敏感的完善型的人。

说话不经过大脑加上有些马虎的特点,使得活跃型的人经常要给别人道歉,但似乎那个道歉就像一个仪式,口中说的"对不起,对不起",丝毫不影响活跃型的人在短时间内再犯同样的错误。如果你和活跃型的人较真的话,说他(她)的道歉没诚意,那可是要自寻烦恼了。

活跃型的人还有一个特点就是比较乱。我在读大学的时候,住在7号床的室友是典型的活跃型的人。寝室一共有9个人,7号床是上铺,室友们一直很感慨7号床,因为床上什么东西都有,多到一进门看上去不知道床上有没有人在躺着。每周四我们楼所有的寝室都需要大扫除,学校检查卫生。要求床上没有东西,铺好床单,被子叠整齐,每周四早上都会看到的一幕是7号床的室友用床单将床上的宝贝们裹起来,塞进床头柜里。之后我们谁都不敢去碰7号柜子的门,万一不小心碰到了,马上推住,害怕那些宝贝排山倒海一样地倒出来。让大家更为感慨的是,虽然床很乱,但如果向她借东西,她会迅速在床上找到要借给你的东西,可谓乱中有序。

如果你的测试结果是活跃型的人,你进一步需要完善的性格是多关注别人,用心去体会别人的感受。因为活跃型的人的话比较多,通常自己是他人注意力的中心,而忽略了别人的感受。活跃型的人可以尝试偶尔做一个倾听者,在传播自己的快乐的同时,也可以更好地去理解周围的人。

如果你身边的人的主导性格是活跃型,那么和他(她)的相处之道就是多听活跃型的人说,同时适当给予表扬。因为活跃型的人的话很多,如果不让他(她)有说话的机会,会让他(她)憋得很难受。同时,活跃型的人很喜欢表扬别人,也很喜欢听别人的表扬。

3. M(完善型)

完善型的人典型的特点是追求完美,在做事情之前喜欢做深刻的分析,制订一个详细的计划,在意细节。而且在执行的过程中也会不断地修改,似乎总是不能达到自己的满意状态。会因为过于追求细节和完美而影响了自己的执行力。如果你身边有一个完善型的朋友,你会觉得这个人非常挑剔。如果是一对完善型的父母,那他们的孩子会受到非常多的要求。有一次一个朋友和我抱怨他的爸爸:"我从小到大,他就没有表扬过我。通常不批评我,我就认为是在表扬了。"对于活跃型的人讲起来易如反掌的表扬,完善型的人却说不出口。曾经有一个学生和我抱怨:"老师,我最不喜欢我们班的×××,她怎么那么虚伪。比如同学换了个发型,她就会跑过去说那个同学的发型真好看,哪里剪的呀?有个同学换了副眼镜,她会说这眼镜真是很适合那个同学,很漂亮。我也没觉得那眼镜有多好看,你说是不是很虚伪?"从性格的角度就可以理解这位同学的困惑了,她是完善型的,如果她要表扬别人,那一定要是她内心里觉得非常满意的,才会表扬对方,但追求完美的个性,使她太难以让自己满意了,所以又十分难表扬他人。而她的同学恰好是活跃型的人,随时都可以表达自己的赞美。因此,这个冲突和虚伪的关系不大,而是两个人的性格差异导致的。

"纠结"是完善型内心活动的常态描述,很多时候思前想后,预期达到最佳效果而影响了行动力。希望得到别人的关注,又害怕别人过多关注自己。我在学校开设的公选课的上课时间是晚上 6:30—9:05,共三节课,中间有两次休息的时间,每周一次。有一个男同学每次上课十分认真,固定坐在左侧的第二排座位上。因为教室的投影仪是在右侧,我会习惯性地在上课的时候经常看着右侧的同学。之后有一次课间休息的时候,他走过来和我说:"老师,你怎么总不看这边,要知道我们这边同学也是很认真上课的。"我想想也是,他上课那么认真,提出的要求也不过分。于是接下来上课的时候,我会经常提醒自己要向左侧看一下,和坐在左边的同学互动。这样过了 45 分钟,第二节下课他又过来说:"老师,算了吧,还是不要看了,这次看得多了,我也不自在的。"

完善型的人非常有条理,如果你身边有完善型的人交代你去做一件事情或是找一件东西,那么通常他(她)会把具体位置或具体流程描述得非常仔细,你只要按照说明去做就可以了。他们摆放物品都是尽善尽美。追求完美的特点让完善型的人的朋友数量不是很多,但是质量很高,完善型的人对朋友很仗义。答应的事情一定会记得,朋友有困难需要帮忙也一定会冲在前面。但完善型的人是敏感的和情绪化的,很容易让他(她)的朋友和自己受到伤害。

如果你的测试结果是完善型,你需要进一步完善自己的方向是告诉自己,凡事难以尽善尽美,学会放松,尽力就好,增强行动力。不要等一切都准备好了再开始,或许到时已经太迟了。

和完善型的人相处之道是"多想",因为完善型的人敏感而易受伤害。虽然刚刚提到主人请客的故事有夸张的成分,但是客人的敏感性代表了完善型的特征。

4. P(平稳型)

说到平稳型,大家可能会想到生活中老好人的形象。一般不会和别人发生冲突,没有特别强烈的情绪表露,也没有特别激进的言辞或行为,征求他们的意见大多数回答是"都可以"。这并不是代表平稳型的人内心没有想法。其实平稳型的人内心情感非常丰富,只是不易外露。平稳型的人不愿意引人注意,也容易被别人忽略,是非常好的倾听者。如果说活跃型的人是"活宝",那么平稳型的人就像"知心姐姐"。他们不但是好听众,也是一个好协调员。如果周围的人发生冲突,平稳型的人一定会去维护和平,并尽自己的能力去平息哪怕只有一点点的"战火"。生活中平稳型的人更像一个旁观者,不喜欢竞争,对其他人也没有敌意。《中国好声音》第三期的亚军,被称之为无冕之王的帕尔哈提给大家留下的深刻印象不仅是他的声音,更是他对唱歌的态度。在汪峰队的冠军赛上,他曾说:"让我唱歌就行,唱多少都愿意,不要比赛,真的。"没有任何修饰和做作,这样纯朴的内心就像平稳型的人的内心写照,就像《西游记》中沙和尚默默挑着担一样,一直做幕后英雄。

说到这里,你是不是以为平稳型的人不适合做领导了呢?虽然平稳型的人不如能力型的人能力突出且个性鲜明,但平稳型的人注重日常的人际维护,重视人际关系,可以有效地组织和管理团队,使每一个人的优势发挥得淋漓尽致。汉高祖曾言:"夫运筹帷幄之中,决胜千里之外,吾不如子房;镇国家,抚百姓,给饷馈,不绝粮道,吾不如萧何;连百万之众,战必胜,攻必取,吾不如韩信。三者皆人杰,吾能用之,此所以取天下者也。"

如果你的测试结果是平稳型,需要去进一步完善的方向是学会适当的拒绝别人,表达自己内心的真实想法。平稳型的人,由于过分追求和谐,迎合他人的意见,而委屈自己的想法,不会拒绝别人。内心的担心通常是"不答应会影响彼此的关系"。试想一下,你有一个朋友,他对你是有求必应,从来没拒绝过你。所以,每次在你去找他帮忙之前,你心里的预期是"他一定会答应的"。带着这样的预期,如果他答应了你,你也觉得是理所当然。如果他不答应你,你就会很失落。换作另一个情境,你的这个朋友平时会答应帮你忙,也会拒绝你。所以在你去找他帮忙之前,你不确定他会不会同意。这样当他答应了你,你会有喜出望外的感觉,而不答应也不会觉得特别失落,也在预料之中。并且,一味地委曲自己并不是一个很好的自我状态,这样的状态势必会影响人际关系。以咨询的案例为例,有一个学生说自己很不好意思去拒绝别人,答应了又后悔。比如,有一个室友,不知道为什么会借自己的衣服穿,一开始想一个寝室的,大家互相照顾一下就答应了她。没有想这个室友总是借自己的衣服,还的时候还不洗。为此自己很苦恼,更恼火的是,自己有一件新买的衣服被借去穿了一个学期。学期结束的时候,已经被穿得不像样子了。这种以委屈自己换来的"和谐"并没有给自己带来乐趣,却带来很多的烦恼。所以,对于平稳型的人,有一个重要的功课是学会适当的拒绝别人,让关系的维持变得更轻松。

如果你和平稳型的人打交道,相处之道是"随意就好",平稳型的人很难拿主意或做决定,所以,如果你一定要让平稳型的人做一个决定,会让对方感觉很为难。有一次和朋友去吃饭,看到菜单上有一道菜名字叫"清炒随便",便好奇地问服务员,这是什么菜。服务员回答说,其实是炒时令的蔬菜。这道菜的名字来自于一次两个人来吃饭,都希望点对方喜欢吃的菜,自己随便,没意见。

你对自己和周围的人性格了解多吗?以活跃型和完善型为例,他们的性格有很多相互矛盾的部分。活跃型的人是说话不经过大脑的,而完善型的人是深思熟虑的;活跃型的人非常没有计划,完善型的人很爱做计划;活跃型的人很容易表扬别人,完善型的人很难表扬别人;活跃型的人很乱,没有程序,完善型的人有条理,有程序;活跃型的人喜欢新鲜感,喜欢变化,完善型的人比较单一和执着。如果同一个办公室、同一个寝室、同一个家庭里有一个活跃型的人和一个完善型的人,那么可以预见彼此有多么难以理解。活跃型的人可能会把寝室搞得一团乱,泡过的方便面碗可能放了一天都没有去洗;而完善型的人会把掉在地上的头发用透明胶一一粘起来。活跃型的人不能理解完善型的人为什么打扫卫生那样认真,又没有检查卫生,差不多就可以了。完善型的人不能理解活跃型的人为什么会把寝室搞得如此乱。没有对错之分,只是彼此的本性不同而已。如果这两种性格存在同一个人身上,即 SM 或是 MS 的组合,也可以预料这个人的个性有多么自相矛盾。

我在课堂上和同学一起做这个测试的时候,曾经有一个同学和我说:"老师,这个测试太痛苦了,40个题目做下来了,我经常是很难选择,感觉四个选项中这个也像,那个也是。我是不是有选择恐惧症?"最后她的测试结果是:C 11个,S 9个,M 9个,P 11个。看到这四个数字,她突然说:"我终于明白我为什么老是纠结了。"

四、关于人际的提示

1. 内在的人际互动信念

在第一章和大家谈到了交往中的四种心态,在人际互动中也存在四种内在的人际互动信念:

(1) 别人怎么对待我,我就怎么对待他。

(2) 我怎样对待别人,别人就会怎样对待我。

(3) 我希望别人怎样对待我,我就怎样对待他。

(4) 用别人喜欢和适应的方式,对待别人。

持有第一种人际信念的人,通常是在复制对方的人际模式。这样,两个人的关系好坏,被动地取决于对方的人际模式,"以子之矛,攻子之盾"。例如,你不和我打招呼,那我看到了也不理你,很像幼儿园里的小朋友们的交往模式。

第二种人际信念会将主动权回归到自己手里一点,但通常容易在人际互动中体验到失望。期望对方对自己好,就对对方好,长此以往,当对方不如自己期待的那样好时,常常会失望。经常有同学说:"我总是帮他打饭,每次我都是主动问他的。但是他却不会主动问我。"

第三种人际信念会让自己的主动权更强一些,更多的是由自己来营造双方的人际互动,曾被称为"人际交往的黄金法则"。这里放弃了对别人的期待,仅是做好自己就好了,会让自己少了些期待,也少了些失望。

第四种人际信念,将主动权完全放在自己的手中。用对方喜欢的方式,而不是自己喜欢的方式来和对方交往,如果这个互动的人同时又不是平稳型的人的(以委屈自己为代价)话,这应是人际交往的最高法则了。没有一个准则是放之四海而皆准的,需要我们在人际互动中根据交往的对象改变自己的模式,也没有一种是绝对好的模式。人与人的关系是在动态中维持平衡的,有一种说法把人与人之间的交往比喻成刺猬的哲学:在寒冷的冬天,刺猬需要靠彼此的体温来取暖。但是,如果它们靠得太近,就会被彼此的刺伤到;如果离得太远,又没法用彼此的体温来取暖。所以,刺猬需要去找到一个适当的距离,既可以利用彼此的体温取暖,又不会被彼此的刺伤害。

人际间的距离亦是如此,距离太近就会对彼此有过多的要求,希望对方能够达到自己的需求。在亲密关系中常见到的是,父母会要求孩子如自己期待的那样;情侣希望对方成为自己理想中的模样;朋友期待对方能够理解自己的需要。这些改造对方的想法及做法,如同刺猬的刺一样,会伤害到对方。曾经听到过有学生诉苦:自己大学以来的学费、生活费、衣服费、学费等一切费用,全部都是姐姐在承担,包括自己要去参加培训班、考证书都是姐姐在帮自己拿主意,在内心对姐姐充满感激。但同时,姐姐对自己要求也很高,凡是姐姐觉得好的考试都让自己去参加,有很多是自己没有兴趣的。因此自己会挺痛苦的,一方面姐姐是为自己好,另一方面真不是自己的兴趣。所以在关系中,不能要求如我们所想象的样子去塑造对方。

2.性格没有好坏之分

经常听到周围的人说自己不喜欢自己的性格,父母不喜欢孩子的性格,孩子不喜欢父母的性格,似乎在每个人的内心里都有一个关于性格好坏的评判标准。到底什么是好的性格?什么是不好的性格?每个人的性格一定是在他的成长过程中逐渐形成的,是最适合他的性格。每一种性格都有优势和劣势,将自己性格的长处发挥到极致,即使要完善性格的劣势,也不能全盘否定自己的性格。需要在接纳自己的前提下,在人际互动中不断进行修正。

3.不要尝试改造他人的性格

古语"五十步笑百步",说的是两个逃兵,一个逃跑五十步,一个逃跑一百步,逃跑五十步的士兵嘲笑逃跑一百步的士兵是胆小鬼。其实,很多时候,别人性格中的缺点或是弱点,在我们自己身上也有,只是程度不同而已。很多时候人际的困扰源自于我们放大了别人的性格弱点,同时忘记了自己也有。分享一篇对自己很有启示的小短文。

别人与自己

当别人坚持他的喜好与行为方式时,你说那是固执;当你这样做时,你说那是意志坚定。

当别人不喜欢你的朋友时,你说那是偏见;当你不喜欢别人的朋友时,你说那是证明你看人很准。

当别人做事缓慢时,你说像乌龟在爬;换做是你,你说那是因为你喜欢三思而后行。

当别人买了流行的新款汽车时,你说那是虚荣;当你也买下时,你说那是因为需要。

当别人说出你不愿意听到的事实时,你说那是对方缺乏爱心;如果你也这样做,你说那是出于坦诚。

当别人不跟你打招呼时,你说那是人家傲慢;而你不跟别人打招呼时,你说那是因为你自己没看见。

当别人没有履行义务时,你说那是对方不负责任;当你没有履行义务时,你说那是你的确做不到。

当别人遇到困难时,你说那是惩罚;当你遇到困难时,你说那是考验。

当别人不工作时,你说人家游手好闲;当你不工作时,你说那是因为你找不到工作机会。

当别人缺钱时,你会认为对方是一个糟糕的理财者;当你缺钱时,你说那是因为你挣的钱不多。

当别人不接受挑战时,你说人家是胆小鬼;当你不接受挑战时,你说那是因为你没有那个能力。

当别人以怨报怨时,你说那是报复心太强;当你自己这样做时,你说你是在伸张正义。

虽然没有短文中描述得那样夸张,但是读过以后,能让我更加宽容地看待别人所谓的"错误"。例如,当别人到了约定的时间不来,迟到时,想想自己也迟到过。不能因为自己迟到的次数少,就觉得自己没有这样的问题存在。因此,不要试图改变对方的性格,而是要看到我们彼此的差异及共同之处。

希望大家可以接受自己的性格,理解别人的性格,在人际交流中,取悦别人的同时取悦自己。

学生应用案例

2.1 学会说不

学会说不,从简单的事做起,而最先做的是,对自己说"不"。"不"该做什么,"不"能做什么,想想为什么"不"能做,这些都是我平时注意的内容,当然观察别人怎么拒绝也成为我生活中一项非常有趣的爱好。

越是认真地观察,越会发现"拒绝"是一项非常深奥的学问:怎样技巧性地拒绝别人能不露痕迹? 怎样拒绝不会伤到别人的自尊? 怎样拒绝别人可以既是拒绝了,他又会反过来感激你等。

学会说不的第二步,是对别人说不。自己在平时会下意识地注意言行,习惯上也有所改变,但改变最大的是心理,虽然还不能对每个必须拒绝的人说"不",但是,对亲近的朋友,我终于能自信地说"不"了,也能完全信任他们。朋友对我的改变也非常高兴。虽然对于我来说,还只是对他们说"不",但仍支持着我在这方面持续改变。

2.2 性格差异没什么大不了

通过性格小测试,我发现我偏向于内心思考、悲观的完善型。其实在做测试之前,我就猜到自己可能是这种了。对于自己而言,我的确有点严肃了。不管是交朋友、学习,还是为人处世方面,我总觉得自己过于严谨。以前也被同学认为"太认真"。对于她们的评价,我也只能一笑视之。其实,我明白,自己会特别在意一些细节问题,不知道是该说观察力很好呢,还是太敏感? 为此,我一直很苦恼,总觉得自己的性格很不好,一生中不可能交到知心朋友的,所以,高中前两年可以说是在郁闷中度过的。不过,老天还是很眷顾我的,因为在高三,我有了一个知心朋友。她的脸上总是洋溢着自信的笑容,时常热情地开怀大笑,因此她是班上很受欢迎的女生。我不能说自己也要变成她那样,但是真的很羡慕她。我想她应该就是属于那种外向、多言、乐观的活泼型吧! 对于我这个敏感的毛病,她会包容,因为她懂我并不是故意的,有时我也气自己,为什么要胡思乱想,可就是控制不了。她的大大咧咧、直言直语我也欣然接受,因为我愿意接受、聆听。性格没有好坏之分,只有适不适合。我现在依然和她经常联系。我想我们的友谊是永恒的。

我学会了通过性格分析学习如何和同学友好相处。我的一个室友是典型的活泼型,说话直来直去、快言快语。平时总是笑嘻嘻的,朋友也很多,可就是在前两个礼拜,我心里有点小纠结。在晚上我快要洗澡的时候,我就问她你要去上厕所吗? 因为我们寝室的浴室和厕所是一起的,我担心自己可能会影响到她,她就顺口回答了一句:"我才不要上厕所呢!"是以一种比较轻松的口气,可是我呢? 当时就被她这句话噎住了,我就小声地回答道:"哦,我只是随便问问而已。"其实,心里真的超不爽啊,就闷闷地跑去洗澡了。等我洗完后,已经快11点了,她就问我:"你还要洗衣服吗?"我说不洗了。然后,她又继续和其他人聊天了。该怎么形容我当时的心情呢? 我当时就在想:她就是这样的啊,心直口快,经常兴奋,只能怪自己想太多了,太敏感了。

其实,没有什么不可以的,每个人都有想表达的东西,只是由于环境等的原因使得内向的人更安静一些,使外向的人更活泼一些,每个人都有自己的舞台。其实生活似乎没有设置太多的障碍给我们，我们不必给自己太多的枷锁。但反过来，我们似乎自己应该给自己加点"条件"。针对不同的对象，用他们希望的方式去对待他们，这样他们才会觉得舒适，自己也才能更好地与他人交往。

2.3　性格测试让我明白自己是一个怎么样的人

我是一个好强的人，什么事情都想证明自己能行，希望大家都能顺从我，不懂得去忍让迁就别人。但同时我又是一个懒惰的人，在自己做不到、做不好或者不想做事情之后，总会为自己找各种理由、借口开脱。在平常的为人处事方面，由于自己好强的性格，往往会与别人有距离感，产生隔阂，我也明白自己在这方面的劣势，但却很难习惯以一个弱者的身份示人。我真的只是一个表面上争强好胜的人，其实内心却十分脆弱，经不住事，遇到事情会选择委屈退让，但总是在表面上把自己伪装得很坚强。正是基于这个原则，我一直不知道自己该如何处理人际关系。总觉得上了大学之后，每个人都有自己独立的思想，有什么事、什么话都会埋藏在心里。

我是一个直来直去的人，所以遇到这种处事方式的人，就会特别着急，不知道该如何处理。上了大学以后，自己对交友方面的事情很困惑。我认为交朋友是可以将心比心的。但是，往往得到的结果却不尽如人意，渐渐地我意识到，自己太过于讲究公平，太过于追求完美，总希望自己对别人好，别人也应该反过来同样对自己好。但是，忽略了人与人都是不一样的，每个人都有自己的处事待人方式。我太过于追求完美，追求回报了。其实，放宽心，做好自己应做的，就足够了。我不会做得事事都让所有人满意，但是，我可以努力做到让大部分人满意。

2.4　不同的世界

我是一种完善型性格的人，而在我从小到大的成长历程中，这种性格的伙伴很少。比如我发现自己行动缓慢，喜欢思考，在陌生人面前感到紧张，害怕自己做什么事让别人看了觉得好笑。而我周围的同学总是很利索地做完该做的事，并快乐地享受完成之后的结果。他们虽然跟陌生人有时也会有一些距离感，但绝对不会像我这样地敏感和紧张。这些差别从小就苦苦地困扰着我，我也做了很多努力去改变自己，让自己变得像他们一样，而结果确实是提高我与陌生人交往的技巧，但没有从根本上消除我内心的紧张和不安。这样的感觉依然让我觉得困扰。

直到接触心理学之后，我认识到原来人本来就有不同的性格类别，而自己这种性格属于少数，因此不再反感自己这种性格，同时对于和自己习惯不同的人，也变得容易接受和理解了。比如，我以前很不能理解为什么有人会在公共场合说话声音那么大，动作那么夸张，把大家的注意力全部都吸引到他们那里。我很不欣赏这种人，而现在我对于这样的场景没有之前的感觉了，而是可以接受了。

现在我认识到这个世界上有不同类型的性格是十分必要的，它使我们这个世界不再单调。我们需要活泼型的人来调节气氛，他们是聚会的灵魂；我们也需要完善型的人帮我们深刻认识现象和本质，洞察心灵的奥秘所在；我们需要能力型的人来带领好一个团队，使我们可以走得更远更高；我们也需要平稳型的人来调节并连接好人际关系之间的纽带，让争论不休的战争和平解决。

2.5　求同存异

在大三的这学期，我发现自己在人际关系处理上有些力不从心，本来很善于调节气氛的我,在不喜欢的人在的聚会上表现得沉默寡言。由于和某个同学在价值观不同和对待某件事的看法有很大的分歧,导致了我们的冲突,有时我也想改变这种情况,可好几次还是自尊心战胜了想道歉的念头。我开始利用老师给我们讲的原理来分析造成我们关系较差的原因,主要是我们各自作为一个独立的个体,追求的目标不同,并且有独特的需求、动机、价值和个性类型。我是一个比较外向、心直口快、做事富于感情的感性人,而他是一个个性内向、做事勤于思考的理性人,这样两个人就易于产生冲突,冲突造成了疏远感。这样的冲突会耗费大量的精力和体力。通过咨询老师,他给出了搁置争议、放弃双方的立场、寻找共同的兴趣的意见。我开始试着与他接触,讨论一些双方都感兴趣的事情。我们开始一起去打乒乓球,谈论一些与乒乓球和音乐相关的话题,最后消除了我们的矛盾。

2.6　如果你不能让他适应你,你就得去适应他

从小父母就教育我凡事以和为贵,不要动不动就吵架,因为这条原则,在过去我避免了许多不必要的麻烦,但到了大学我发现以和为贵的态度会助长他人气焰,跟人"好好说话"只能起暂时作用,并非长久之计。

我们寝室有一个人特别会"享乐",她从进入我们寝室开始就没为寝室扫过一次地,换过一次垃圾袋。不过她自己的桌子却理得很干净。有一次,我通知她我们寝室将进行一次大扫除,希望她积极参与,可到了那天她却跑去自习了,等我们打扫完了,她才回来。我问她,你怎么不回来打扫,她只笑不答,我当时那个气啊,真想对她大吼,这不是摆明了逃避打扫卫生吗?不过最终我还是没吼。为了纠正她那"公主"式的生活态度,我制定了一张值日生表,要求她每三天打扫一次卫生、倒一次垃圾,刚开始几天她蛮积极的,不过十天之后她就没动静了。

那时候,我选择避开她,因为看到她我就烦,除了晚上回来睡觉,我大部分时间都在自习,我会找一个没人的教室,一个人静静地听着莫扎特的小夜曲,忘却一切烦人的事。因为她的懒于打扫,其他的人也不再积极,垃圾桶也一分为四,各家自扫门前雪。当寝室脏了,我不得不打扫,因为我不适应脏的环境,虽然打扫是一件让人气愤的事,但我得往好处想,不然会被气老,于是我边打扫边自我安慰:扫地是运动,运动能减肥,就当减肥吧。当扫完后,我又自我安慰:太有成就感了,我居然扫得如此干净,待会儿得好好犒劳自己。

有一句话说得很对:如果你不能让他适应你,你就得去适应他。

我那打扫的生活还在继续,最大的不同是现在对于打扫这件事已经很淡然了,不再认为它是负担了。

2.7　人际与沟通

刚开学时,我是带着陌生感和失望感迈入嘉兴学院的,因为害羞和不适应,在大一第一个学期,我并未过多参与班级和学校的活动,所以没能更好融入这个集体,与许多同学也都不太了解。大多数的活动范围,局限于寝室的舍友。因为是第一次在外住校,随着彼此间认识和了解的加深,以及南北生活方式、语言的差异,或多或少出现了一些矛盾和不愉快。

进入第二学期,还是会有不愉快和相互不理解的情况出现。我开始尝试用老师教的方法,试着换一种简洁的方式与舍友交谈沟通,更为注重加入"可不可以""能不能""分享"等类语句和温和的语气与舍友交谈,真的收到了不错的效果,舍友也较乐意去做我希望她们做的事情,不愉快的情况出现得也越来越少。在以前,我发现到谁值日而未及时倒垃圾

时,我总会说:"谁谁,你值日垃圾还没倒。赶紧倒啊! 你太懒了吧!"但后来我改了方式,"谁谁,你可不可以(能不能)在方便的时候,把垃圾给倒了啊? 垃圾好像挺多的了!"这时,她们总是看看垃圾桶,然后也会说:"舍长,不好意思啊! 我马上就去倒了它!"两种不同的说话方式,带来两种完全不同的效果,后一种说话方式能让舍友更加理解,乐意去做,我们彼此间也不会有不平等的感觉出现。

我现在更愿意用"分享"这两个字和同学、朋友交谈,"分享"式的语气让我收获更多的理解和尊重,也收获许多友谊,为自己的人生添色加彩!

2.8　性格的天性

我知道很多寝室里,寝室成员之间难免有一些问题的存在,我们寝室也如此,不过跟其他寝室比应该算是比较好的了。但是,因为我是我们寝室最年长的,所以什么事情都会睁一只眼闭一只眼,有时真让我无法忍受的,我也会说说她们,但整体上我还是忍着,自己生闷气,过段时间自然就好了,虽然心里还是有点不平衡。对于这种问题的解决方法,老师说了让我记忆深刻的话:"这是她的天性,与生俱来的,是无法改变的,虽然她的缺点是无可原谅的,但是她的内心里是没有恶意的。"这句话虽然很短,但是我觉得说得很有道理,没有人是完美的,其实她的优点也是蛮多的。这句话在人际关系处理上可以起很大的作用。现在我会试着去理解、适应她的天性。

2.9　理解他人

我是一个平稳型性格的人,有些内向,有些安静,不喜欢太有起伏的生活。让我最受启发的一句话是:我一直存在一个误区,我总是以自己的性格去衡量别人。

其实我一直与同寝室的一个同学有些隔阂。那时我一直忙于社团和学生会的事,待在寝室的时间很少,也很少与室友一起吃饭,而当时室友5个人(一个寝室6个人)是一起吃饭的,相当于就只有我被排除在外。其实说实话我也不是很想6个人一起吃饭,我觉得人太多了,而按照以往的经验,人多时就会有人被冷落,而很多情况那个人是我。心理委员写我"独来独往,与寝室其他人关系不太融洽,而且自己解决问题能力差",当然我很生气,便很大声地质问她为什么这样写我,她却很大方地承认了,说敢写就敢承认,她认为在我身上就有这样的问题。我那时真的气愤极了,我认为有问题可以直接告诉我,作为朋友,在自己完全不知道的情况下被这样写并且用上"很差"这样的形容词,难道心里不会愧疚么? 如果是我的话,我一定会当面和同学说,并且不会用上"很"这样的程度词,而且当时又忙又累,作为朋友不是应该支持我么?

当时确实把这件事看得太重了。客观分析,我的性格有些敏感,而她的性格有些大大咧咧,她可能根本就没注意遣词用句,可能她认为自己只是履行了心理委员的职责,根本没有对不起朋友。如此一想我便释怀了。

以前我一直以自己为中心去理解他人的行为,现在看来是大错特错。我们对他人的行为可以有自己的理解,却不能当成全部。每个人都是完整的个体,每个人都有不同的性格,我们不可能完全准确地了解他人。

2.10　理解万岁

以前我一直都没有理解这句话:理解别人的天性,接受自己的本性。人有时候就是一种奇怪的动物,会几乎本能地排斥一些人,毫无理由,就是不喜欢,甚至不喜欢那个人所有的行为和相关事物。比如,我们班上有个女生做什么都很积极,也很热情开放,平时上课回答问题也相当积极。在很多时候都能看到她的身影，所以导致了大部分女同学私下的排斥，包括我。都觉得她爱表现，在哪里她都那么积极，以至于大家讨厌她回答问题啰唆这个毛病。可是，我学习了解了性格方面的知识之后，慢慢和她有了进一步接触，当我用理解的眼光去对待她时，发现她有很多优点，也认识到了这一点：可能是她平时做的那些事，都是大家内心想要做但是没有做的，比如上课积极回答问题、下课找老师聊天等。正是因为我们做不到，所以在潜意识里排斥这个同学。当我渐渐地改变自己的观点，和她有了交流之后，和她的关系有了很大的改善，平时也会聊聊天，她会告诉我一些买衣服的常识，会随便聊些别的事情，这种感觉很轻松，也很豁达。

2.11　性格的启示

我原来很讨厌自己，认为自己太懦弱了，从来不愿和别人计较，似乎"吃亏是福"这个词在我身上是最好的表现，以至于有时候我都不敢大声说话（在陌生人面前）。也许别人认为这挺不可思议的，但这就是我的性格。

在高复时有一个同学（坐在我后面），她非常爱说话，而且虚荣心较强，所以说话时常侃大山，有时还把别人的隐私或秘密说出来。所以她周围的人都很讨厌她（也包括我），认为她很虚伪，是个阴险小人。而且她会很随意地答应别人事情，但一般都不会兑现，所以她的信誉也差得很。我原先就非常不理解她的行为。但是我现在明白了。每个人都有各自的性格特点，有许多缺点和性格是紧密联系的，就像老师说的，其实很多情况他们在主观上也不愿意如此，但因性格所致。而我们经常因为不了解这些而误会他人。在学习了人的性格后，我学会了更好地宽容、理解他人，站在别人的角度看待事情。即使别人发脾气、吵架那也有其值得同情之处，因为他们本身就是不幸的才会如此。

不求好受，但求接受；不求完美，但求成长！

2.12　性格是个说明书

不是所有人都像我一样，跟我有一样的性格，所以我不能以自己的标准来判定别人，要理解别人，允许别人有跟自己不一样的看法、不一样的决定，甚至有我不能理解的思维方式。我觉得我们寝室每个人都有着不同的性格，我们四个有四种不同的血型、四种不同的性格，我从来都没有想过这到底是为什么，而听完了这节课之后，我开始学会静下心来想，她这样的性格是有可能会这样的，我应该理解她是和我不一样的！我认真地记住了跟每个性格的人应该怎么相处，也知道了自己这种性格如果想和别人相处的话要怎么改变自己或应该怎么说、怎么做。并且我发现学了这节课以后，我和寝室的室友相处更好了，自己的心理压力也变小了，因为我不会因为她们做了什么而伤心、生气，因为我能理解她们了，我自己的生活也变得更轻松、更开心了。

2.13　矛盾纠结体

每个人很多时候都不能很好地认识自己，尤其是在面对一个有着双重可能性的选择的事情时，我们会发现我们很纠结不知该如何选择才是最好的，也有很多人对自我的定位不明确，有人自视清高，把自己定位很高，但是当事情结果没有如所预料的那样完美，就会带来失落感；有的人因外部环境或者其他原因导致自己有一种强烈的自卑感，会把自己定位得很低，做什么事情都可能效果不佳。无论是给自己定位过高或者定位过低都不是很好，我们应该更正确地认识自己才不会导致出现如此纠结的情况。

从小生活在一个大家庭里，家里的兄弟姐妹多，让我成了一个细心、敏感又感性的女孩。又因为小时候家里生活条件不是很富裕,所以懂事很早,做什么事情都会考虑再三才决定去做,有时候会因为害怕做了没有结果、没任何回报而不敢去做,但是看到别人做出了成绩后又很后悔。所以,我从很早就已经知道自己是一个矛盾纠结体。

做了小测试之后,在做题的过程中才发现我几乎每道题都会感觉这个选项适合我、那个选项也适合我,我一直在纠结到底该选哪个,甚至中间因为纠结不定考虑时间过长,导致有好几道题目因老师换题而错过了。最终的测试结果发现自己属于完善型。

之前,我只是知道自己做很多事情都会很纠结,但却总搞不明白自己纠结的原因,现在我才知道一切都是因为自己凡事过于追求完美,过于计较结果,过于在意一些其实没必要在意的事情。希望未来的自己能够更加强大,再也不要做一个矛盾的纠结体,尽管可能很难,但是相信只要努力一定会有回报的。

第三章 认识你自己

成龙主演过一部电影"Who am I?"主演杰克在失忆以后,别人问他"Who are you?"他已经不记得自己的名字了,回答是"Who am I?"结果"Who am I"成为他的名字。

面对压力,当我们困惑时,也会经常问自己:

我是谁?

我从哪里来?

又要到哪里去?

我到底能做什么?

我为什么是现在的样子?

这些问题是每个人都会思考的问题,在不同的时间可能答案会不一样。我清晰地记得,在读研究生一年级的下学期时,这些问题的思考曾让我陷入抑郁的状态,突然有一种感觉是"生命的虚无"。甚至平时最喜欢的和同学们一起打羽毛球的活动也感觉快乐不起来,各种问题充满了我的大脑:"我为什么要读研究生?""生命到最后又是怎么样的呢?""打球算是虚度时间吗?""读了博士又能怎样呢?"……

后来渐渐明白,这些话题会困扰每一个人,只是有的人考虑得早一些,有的人考虑得晚一些,有的人甚至到了生命的尾声才开始感叹。核心的问题是:"我的人生目标是什么?"以读书为例,高中应该是学习压力最大的时候。每天早上 5 点起床,到教室已经有一些同学开始上自习了。7:00 的早自习,班主任或是各任课老师的练习题已经印好发下来了。白天一整天的课程,很多同学借着下课的 10 分钟趴在桌子上睡一会,一直到了晚上 9:05 下晚自习,回到寝室。日复一日的学习生活,各种考试。然而那三年却不觉得辛苦,因为内心有一个明确的目标"考大学"。虽然不知道会考上什么样的大学,学什么专业,未来干什么,但是至少"考大学"和"高考倒计时"让自己觉得每天做的事情都是有意义的。想到弗兰克尔的观点"悲惨的乐观",确实如此,一旦你认为你所做的事是有意义的,那么再痛苦都觉得是充实和有希望的。

那段痛苦的思考让我真正理解了抑郁情绪带给个人的痛苦,同时对于我的意义就是让我想明白了我此生的事情,突然有一种豁然开朗的感觉。希望和我有同样困惑的人能在这一章的内容中获得一些启发。确立自己的人生目标,第一步要做的事情就是认识自己,这并不是一件容易的事情。

一、认识你自己

"认识你自己"是镂刻在特尔斐神庙上的最简短的名言,起源于苏格拉底的一个小故事:

有一天,苏格拉底一位相知极深的朋友跑到特尔斐神庙,向神请教:世上到底还有谁比苏格拉底更聪明?

神谕:没有谁比苏格拉底更聪明。

朋友高兴地向苏格拉底展示了神谕的内容,可是他并没有从苏格拉底脸上看到高兴或是得意,看到的却是茫然和不安。

苏格拉底不认为他是最聪明、最有智慧的人。于是,他决定要寻找一位智慧超过自己的人,以反证神谕的不成立。

他首先找到一位政治家。政治家以知识渊博自居,和苏格拉底侃侃而谈。苏格拉底从中看清了政治家的自以为是其实是无知的真面孔。他想,这个人虽然不知道善与美,却自以为无所不知,我却认识到自己的无知,看来我似乎比他聪明一点。

苏格拉底还不满足,依然继续着他的求证。他找到了一位诗人,发现诗人自以为能诌几句诗便可以目空一切。接下来,苏格拉底又向一位工匠讨教,想不到工匠竟重蹈诗人的覆辙,因一技在手便以为无所不能,这种狂妄反而消弭了他所固有的智慧之光。

最终,苏格拉底悟出了神谕:神并非说苏格拉底最有智慧,而是以此警醒世人,苏格拉底最有智慧,因为他自知其无知。

"认识你自己",赋予了苏格拉底智慧。而今,苏格拉底的证明则向我们开启了一扇智慧之门:许多时候,认识自己,都是从认识自己的无知开始的。有些人能认识到自己的不足;有些人根本意识不到自己的不足,或者根本不承认自己的不足,不去找自己的问题。

其实,只有充分认识自己,知道该做什么不该做什么,敢于面对自己的弱点,努力修正自己的错误,才能真正提高。

让我们一起踏上认识自己的旅程!

二、如何认识自己

问一个问题:生活中你是如何认识自己的?

得到的答案通常有两个:自己和他人。

再问一个问题:你更相信自己对自己的评价,还是更相信他人给你的评价?

这里得到的答案通常不一致。有的人相信自己,有的人相信他人。不管是自己还是他人,那个对自己的认识就是真的你吗?

记得在学习精神分析的课上,老师问了大家一个问题:"你们说人和猴子谁更聪明?"我们同时回答:"当然是人更聪明。"后来又觉得不对,问这个问题应该有点什么道理。

老师举了个例子:"如果这里放一个镜子,你们走过去镜子里看到了谁呢?"

"自己"。

"那如果一只猴子走过来,它在镜子里看到了谁呢?"

"猴子呀"。

"对,是猴子,但是另一只猴子"。

借用这个小故事是想和大家分享,有时候别人认为的自己和自己认为的自己,不一定就是真正的自己。

经常听到有人说,认识我的人都说我是很适合这个工作,可是我觉得我干不了;也有人说,他们都说我不行,我偏要做出来给他们看看,这句话也激励出了很多成功的案例;也有人说，我觉得我可以的，怎么会弄成这样；也有人说，我觉得我不行，但是做下来后，觉得没有想象中那么难。

听起来，自己到底可以做什么，有什么样的能力，是什么样的人，没有一个定论。在认识自己的旅程上，我们需要保持两种态度。第一，真诚地面对自己，不论是优点还是缺点，都是你的一部分。第二，永远保持开放的态度，你不知道自己还有多少未知的部分。

和大家分享一个非常简单的了解自己的方法，具体方法就是填写完成句子，每一句的开头都是"我是……"至少写出 20 个。

1. 我是……

2. 我是……

3. 我是……

4. 我是……

5. 我是……

……

很多时候我们不了解自己是由于没有梳理，像一团乱麻一样，没有头绪。而我通常会把这个句子写到自己写不出来为止，写完以后大声读出来，这就是对自己很好的梳理，通常不同的时间、不同的状态，写出来的内容也不一样。

有一次有个咨询的同学说自己很迷茫，不知道自己是什么样的人，于是我让他做了"填写完成句子"，他一用写出了 33 个句子。我在边上看着他写，发现一个很有意思现象，他开头写了"我是一个阳光的大男孩"，隔了七八个句子，他又写了一句"我是悲观、胆小的人"。他在前面写了"我是话痨"，在接下来隔了几个句子写下了"我是一个喜欢沉默的人"。33 个句子中，我可以找出 9 对这样的句子。于是等他写完，我说你来听听，我给你读出来。于是我大声地在他对面读出来他所写的句子，他一下子就笑了："老师，其实我不用写 33 个，只写一个就可以了，我是矛盾的人。"在上一章我们提到过，每个人的个性有多个维度，甚至有一些是完全相反的。显然这个同学的这些差异性大的维度让他没有办法理解自己的矛盾。

还有一个大三的小女孩，在一次咨询中，她写下了下面的句子：

我是×××（她的名字）。

我是班长。

我是妈妈的好女儿。

我是老师的小帮手。

我是三年级 2 班的班长。

我是检查纪律的。

看到这 6 个句子，你会如何理解这个小女孩？

我当时脑子里出现了让她画的画。她画了一个楼房，是梦想中自己要盖的一个楼房。每一层她都安排好了要住的人，第一层是爸爸妈妈，第二层是爷爷奶奶，第三层是外公外婆，第四层是姑姑一家，第五层是舅舅一家，最后一层是留给自己的。她写的句子都是一些角色，带着相应的责任。再看面前这个读大三的小女孩，好像小小的身体背了一个重重的壳。

三、自我意象心理学的启示

1. 什么是自我意象

自我意象心理学，来自一位整形医生的思考：有的人来的时候说："医生，我就是眼睛太小了，如果我的眼睛大了，我就更自信了，我就会成功。"当她经过手术达到了自己想要的效果以后，过段时间又来了："医生，我的鼻梁不够高，如果鼻梁再高一些，我会更自信。"整形美容的患者，有近一半的人会反复就诊，甚至有一些已经整容成瘾。《鲁豫有约》有一期节目讲的是整容狂人"粉红宝宝"，整容已经超过 200 次以上，她说比如眉毛，10 次手术，有 3 次是美容，剩下 7 次是在修复自己不满意的美容。

很多人改变了外表以后，更加成功。那个疤不见了，我现在不再自卑。

为什么有些人改变了，而没有成功？那个疤不见了，但看上去和原来没什么两样？

对于一个本来就有缺陷或由于不幸导致毁容的人来说，通过整形可以为他们带来神奇逆转，那么拥有正常外形的人就一定快乐、幸福？但我们知道，事实并非如此。

人们总是能找出某种原因证明自己应该为自己的外表意象感到羞愧。当然，这种羞愧感会激励有的人去改变，改变自我意象，有些人的反应就像真有缺陷一样，产生了与外表有实际缺陷的人相同的羞愧感，开始产生同样的恐惧和焦虑。同样的心理绊脚石，妨碍了他的潜能开发。他们的伤疤更多是精神和情感的，而不是外表的，却具有同样的杀伤力。

真正的奥秘源自内心的力量！改变来自内心的力量！

不管我们认识与否，我们每个人都有一幅自我的意象。这一自我的意象就是"我属于哪种人"的自我观念，它建立在我们的自我信念上。但是，绝大部分自我信念都是根据我们过去的经验、我们的成功与失败、我们的屈辱与胜利，以及他人对我们的反应，特别是根据童年的经验而不自觉地形成的。根据这一切，我们在心理造成了一个"自我"。就我们自己来说，一旦某种与自己有关的思想或信念进入这幅肖像，它就会变成"真实的"。我们不会去怀疑它的可靠性，只会根据它去活动，就像它的确是真实的一样。

2. 自我意象的启示

（1）内心的自画像，取决于我们的过去，又决定了我们的未来。一个人的所有行为、感情、举止，甚至才能，永远与自我意象相一致。

自我意象是一个"前提"，一个根据，或者一个基础，人的全部个性、行为，甚至环境都建立在这个基础之上。举例来说：一个孩子要是把自己看成"不及格型"学生或者"算术上不开窍"的学生，就总会在自己的成绩单上找到证据。一个自以为没人喜欢的女孩子会发现自己在舞会总是没有人理睬。但别人的排斥完全是她自己造成的：她那种愁眉苦脸的态度，急于取悦于人的焦虑，或者对周围的人的下意识的敌意，都会把她本来能迷住的人拒之千里之外。若一个推销员或者商人抱有同样的态度，他也会发现自己的实际经验能够"证明"他的自我意象是正确的。

简而言之，你把自己想象成什么人，你就按那种人行事。

曾经咨询的一个学生有一段话让我至今记忆深刻："我数学特别不好，所以高中分班的时候毫不犹豫地选择了文科。高考志愿选择专业的时候，凡是和数学能搭上边的我一律不选。没想到还是要学高等数学，太崩溃了，下学期还有，我都不想读了。"

我问她:"你的数学怎么不好?"

"从小我妈就说我算数特别笨,总是比别的小孩子慢,教也教不会。上了小学、初中数学也都不好,反正就是数学学不好。"

听起来这位同学在内心的自我意象有一个板块是"我数学不好,怎么学都学不好"。然后在现实生活中并不断地证明了这个意象"我的数学确实不好。"

(2)自我意象是可以改变的。一个人不论年纪大小,都来得及改变他的自我意象,并从此开始新的生活。

自我意象虽然由过去决定,但只要我们愿意改变,就可以改变未来,我们需要打破"过去的自我意象"这个哈哈镜带来的框架。如图 3.1 所示,最外边的黑色实线框代表实际能力的界限,而通常我们会基于过去的经验,给自己强加一个界限,这个界限由虚线框代表。从虚线框到实线框,有很大一片待开发的潜力区。这个现象可以用心理学中的"习得性无助"来解释。

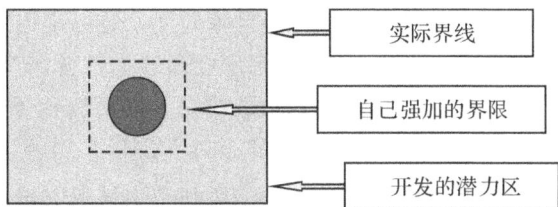

图 3.1

美国心理学家塞利,在 1967 年研究动物时发现:他开始把狗关在笼子里,只要蜂音器一响,就给狗施加难以忍受的电击。狗关在笼子里逃避不了电击,于是在笼子里狂奔,惊恐哀叫。多次实验后,蜂音器一响,狗就趴在地上,惊恐哀叫,不再狂奔。后来实验者在给电击前,把笼门打开。此时狗仍然不逃,只要蜂音器一响,就倒地呻吟和颤抖,绝望地等待痛苦的来临,心理学家把这种现象称为"习得性无助"。为什么它们会这样,连"狂奔、惊恐、哀叫",这些本能都没有了呢? 为什么他们不再尝试逃跑了呢? 因为它们学会了无助,并坚信那些挣扎是无用的。

在生活中,我们不难发现"习得性无助"的现象,因为过去的一些经历,我们确定自己的努力不再有效。

著名作家毕淑敏在"谁是你的重要他人"游戏中,分享了自己真实的故事:

她是我的音乐老师,那时很年轻,梳着长长的大辫子,有两个很深的酒窝,笑起来十分清丽。当然,她生气的时候酒窝隐没,脸绷得像一块苏打饼干,很是严厉。那时我大约 11岁,个子长得很高,是大队委员。学校组织"红五月"歌咏比赛,最被看好的是男女小合唱,音乐老师亲任指挥。我很荣幸被选中。有一天练歌的时候,长辫子的音乐老师,突然把指挥棒一丢,一个箭步从台上跳下来,侧着耳朵,走到队伍里,歪着脖子听我们唱歌。大家一看老师这么重视,唱得就格外起劲。长辫子老师铁青着脸转了一圈儿,最后走到我面前,做了一个斩钉截铁的手势,整个队伍瞬间安静下来。她叉着腰,一字一顿地说:"毕淑敏,我在指挥台上总听到一个人跑调儿,不知是谁。现在总算找出来了,原来就是你! 一颗老鼠屎坏了一锅汤! 现在,我把你除名了!"

我木木地站在那里,无法接受这突如其来的打击。刚才老师在我身旁停留得格外久,我还以为她欣赏我的歌喉，分外起劲，不想却被抓了个"现行"。我灰溜溜地挪出了队伍，羞愧难当地走出教室。三天后，我正在操场上练球，小合唱队的一个女生气喘吁吁跑来说：毕淑敏，原来你在这里！音乐老师到处找你呢！从操场到音乐教室那几分钟路程，我内心充满了幸福和憧憬。走到音乐教室，长辫子老师不耐烦地说，你小小年纪，怎么就长了这么高的个子？！

我听出话中的谴责之意，不由自主就弯下脖子塌了腰。从此，这个姿势贯穿了我整个少年和青年时代。老师的怒气显然还没发泄完，她说，你个子这么高，唱歌的时候得站在队列中间，你跑调了，我还得让另外一个男生也下去，声部才平衡。小合唱本来就没有几个人，队伍一下子短了半截，这还怎么唱？要找这么高个子的女生，合上大家的节奏，哪那么容易？现在，只剩下最后一个法子了……

长辫子老师站起来，脸绷得好似新纳好的鞋底。她说，毕淑敏，你听好，你人可以回到队伍里，但要记住，从现在开始，你只能干张嘴，绝不可以发出任何声音！说完，她还害怕我领会不到位，伸出颀长的食指，笔直地挡在我的嘴唇间。我好半天才明白了长辫子老师的禁令，让我做一个只张嘴不出声的木头人。泪水在眼眶里打转，却不敢流出来。我没有勇气对长辫子老师说，如果做傀儡，我就退出小合唱队。在无言的委屈中，我默默地站到了队伍之中，从此随着器乐的节奏，口形翕动，却不得发出任何声音。长辫子老师还是不放心，只要一听到不和谐，锥子般的目光第一个就刺到我身上……

小合唱在"红五月"歌咏比赛中拿了很好的名次，只是我从此遗留下再不能唱歌的毛病。毕业的时候，音乐考试是每个学生唱一支歌，但我根本发不出自己的声音。音乐老师已经换人，并不知道这段往事，很是奇怪。我含着泪说，老师，不是我不想唱，是我真的唱不出来。后来，我报考北京外语学院附中，口试的时候，又有一条考唱歌。我非常决绝地对主考官说，我不会唱歌。

在那以后几十年的岁月中，长辫子老师那竖起的食指，如同一道符咒，锁住了我的咽喉。禁令铺张蔓延，到了凡是需要用嗓子的时候，我就忐忑不安，逃避退缩。我不但再也没有唱过歌，就连当众演讲和出席会议做必要的发言，也是能躲则躲，找出种种理由推脱搪塞。有时在会场上，眼看要轮到自己发言了，我会找借口上洗手间溜出去。有人以为这是我的倨傲和轻慢，甚至是失礼，只有我自己才知道，是内心深处不可言喻的恐惧和哀痛在作祟。

直到有一天，我在做"谁是你的重要他人"这个游戏时，写下了一系列对我有重要影响的人物之后，脑海中不由自主地浮现出了长辫子音乐老师那有着美丽的酒窝却像铁板一样森严的面颊，一阵战栗滚过心头。于是我知道了，她是我的"重要他人"。虽然我已忘却了她的名字，虽然今天的我以一个成人的智力，已能明白她当时的用意和苦衷，但我无法抹去她在一个少女心中留下的惨痛记忆。

童年的记忆无法改写，但对一个成年人来说，却可以循着"重要他人"这条缆绳重新梳理，重新审视我们的规则和模式。如果它是合理的，就让它变成金色的风帆，成为理智的一部分。如果它是晦暗的荆棘，就用成年人有力的双手把它粉碎。

当我把这一切想清楚之后，好像有热风从脚底升起，我能清楚地感受到长久以来禁锢在我咽喉处的冰霜噼哩啪啦地裂开了。一个轻松畅快的我，从符咒之下被解放了出来。从那一天开始，我可以唱歌了，也可以面对众人讲话而不胆战心惊了。从那一天开始，我宽恕了我的长辫子老师,并把这段经历讲给其他老师听,希望他们小心谨慎地面对孩子稚弱的心灵。童年时被烙印下的负面情感,是难以简单地用时间的橡皮轻易擦去的。

不论那条虚线是因为一个人,一件事,还是因为一句话,封住了我们的潜能,今天需要做的是打破禁锢,将虚线拉大,接近实际能力的界限,如图 3.2 所示。

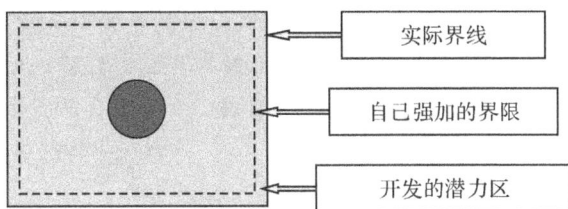

图 3.2

四、改变自我意象,步入"心理整容"的新旅程

1. 改变自我期待

我们有什么样自我期待(自我意象),就会有什么样的信念;有什么样的信念,就会有什么样的态度;有什么样的态度,就会有什么样的行为;有什么样的行为,就会带来什么样的后果。如果我们想要结果变好,就要先改变我们的行为;期待行为变好,就要先改变我们的态度;期待态度变好,就要先改变信念;期待信念变好,就要先改变自我期待。

心理整容的第一步,是改变内心的自我期待!改变内心自我期待的阻碍是"自卑"。因为过低地看待自己,而让自己失去重建自我意象的信心。荣格集体潜意识里谈到人格的黑暗面是指自卑,也可以理解成本质上每个人都有自卑的一面。但是,每个人应对自卑的方式不同,有的人因为自卑而自怜自爱,有的人因为自卑而更加努力,使自己更优秀,如图 3.3 所示。

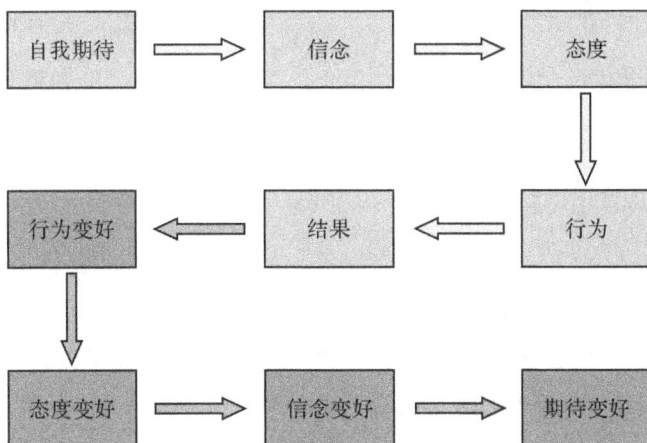

图 3.3

发生自卑的原因通常是:我们自己判断自己,却不以我们自身标准或普遍标准衡量自己,而是拿别人的标准来对号入座。咨询中常见的现象是一个人谈到自己的不足,并不断提升自己不足的同时,感慨看到别人的长处带给自己差距感。有一个同学一直不敢在班

级发言,被点到名字之后他通常沉默或是说"不知道"。经过一段时间努力以后,他终于可以在课堂上发言表达自己的观点了。他很挫败地说:"怎么还是磕磕巴巴的,不像其他同学那样流利。"如果他能和自己对比,看到自己的进步,就会发现自己有了一个从无到有的飞跃。

找到最好的自己,发现自己的真相,让自己从自卑的意象中苏醒过来。和大家分享朱德庸四格漫画集"绝对小孩"中的一幅漫画,老师教育我们好好爱护地球的画面并不陌生,但是这个小孩的回答值得我们如此鼓励自己,如图 3.4 至图 3.7 所示。

我们只有一个地球。   所以我们要好好爱护他。

图 3.4

图 3.5

地球只有一个我,所以老师要好好爱护我。

图 3.6

图 3.7

唯一的地球上,有唯一的你。你作为一个客观存在,这个地球上没有任何人和你一样,和你处在完全相同的水平线上,你是一个独一无二的个体。

2. 关于目标

虽然有目标可以让我们的生活更充实,可以让我们的努力更有方向,但并不是每个人都有目标,或者说并不是每个人在人生的各个阶段都有目标。在和学生课下交流的时候,听到最多的问题是:"老师,我不知道干什么。""我也不知道我能干什么。"

我在医学院工作,相对来说医学生的专业更狭窄,专业性更强,如果不准备毕业转行,一般在录取的时候,工作方向基本就定了。即便如此,仍然可以听到一片迷茫声。

有一次和大三临床医学专业的学生交流,我问他们,最大的困惑是什么。

大家异口同声说:"迷茫。"

我问:"你们不准备当医生吗?"

又听到异口同声地回答:"当啊。"

"我之前听到的迷茫很多是不知道做什么,你们决定了未来当医生,那还有什么好迷茫的?"

"要不要考研?""当什么科医生?""去大医院还是小医院?""做临床医生还是辅助科室?""医生是内科还是外科?"……

有一次和一个新生交流:"老师,大学竟然有时间是不上课的,不像高中,连自习课的内容都是老师安排好的。所以不上课的时间,我不知道干什么。"也曾经有一个大二的同学和我抱怨说:"老师,有的时候到了教室,打开书包,看不进去书。就回到寝室,可是回到寝室干什么呢?想打电话,也不知道和谁聊,聊什么。打开电脑,浏览了一会儿网页,觉得没有什么意思,关了电脑。但是关了又没有事做,只好又打开。"

这些现象基本可以描述为"无聊",怎样拯救"我们的无聊"?

答案是给自己制定一个目标,目标如同是茫茫大海中的灯塔,可以指引你前进的方向,那怎样可以让自己有目标?

某人与圣人的对话:

某人:请指引一条成功之路。

圣人:准备向什么方向努力?

某人:什么方向都无所谓……

圣人:那你走什么路都无所谓……

如果自己不能为自己确立目标,圣人也帮不了你。在上大学之前,大家有明确的目标"考大学"。是不是考上了大学就没有目标了?其实也不是,我曾经让我的学生在大一入学的班会上,每个人写下自己的大学目标,然后放在信封里,等自己毕业的时候再拿出来,看看自己的大学目标有没有实现。没有一个同学交的是白卷,都写满了各种目标和为之努力的决心。但是当他们毕业的时候,在最后一次班会上,我把每个人的信封发下去,大家拆开来看,很多同学笑得前仰后合地说:"啊,当年我是这么想的呀!""我之前竟然还想过创业!""看来我大一的时候好幼稚。"……

上初中时,老师给我们讲了一个故事:有三只猎狗追一只土拨鼠,土拨鼠钻进了一个树洞。这个树洞只有一个出口,可不一会儿,从树洞里钻出一只兔子。兔子飞快地向前跑,并爬上一棵大树。兔子在树上,仓皇中没站稳,掉了下来,砸晕了正仰头看的三只猎狗,最后,兔子终于逃脱了。故事讲完后,老师问:"这个故事有什么问题吗?"我们说:"兔子不会爬树。""一只兔子不可能同时砸晕三只猎狗。""还有哪?"老师继续问。

直到我们再找不出问题了,老师才说:"可是还有一个问题,你们都没有提到,土拨鼠哪里去了?"

回想小学一年级的时候,老师问大家长大了以后想做什么,答案是科学家、探险家、舞蹈家……形形色色的想法,至少代表了,我们从小都有过梦想,有过目标,只是随着成长,我们忘记了自己的目标。

纪伯伦曾经说过,我们已经走得太远,以至于我们忘记了为了什么而出发。

看完纪伯伦的这句话,一位同学分享了自己的经历:有一次周日晚上我回到寝室,想起来第二天早上要交一份设计类的作业。我找出一张纸和一支笔放在桌子上,这里的一个老乡打电话过来问我在不在寝室,要还我东西。于是我去找他,在外面聊了一会,后来觉得肚子饿了,又去小店吃了点东西。结果再回到寝室已经快到晚上11点了,马上就要熄灯了。赶快洗漱,小跑到床前准备上床铺的时候,看到自己的桌子上有一张纸和一支笔,想了好久才想起来要干什么。

说到目标很多人会感觉到迷茫,但是人人都有过梦想,或许因为梦想这个词太大了,让我们觉得遥不可及。如果把梦想变成现实,需要很多步,是否可以把每一小步变成一个小的目标呢?适当地拆分目标,变成一个一个小的阶梯,通向最终的目的地,不断地接近自己的梦想。

3. 关于信任

有了目标以后,至少在初期,请你相信自己能够去实现你的目标,这样才能让你充满信心地去为之努力,而不是随时动摇。每年准备考研的同学来咨询,都会有这样的一种心态,我试试看吧,我英语不好,或是我记忆力不好,估计考不上。这种试试看的心态,通常换来的结果往往是考不上。

大仲马有一句话:"怀疑自己的人,就像一个主动加入敌人行列,拿起武器和自己对着干的人一样。"也可以理解为老百姓常说的:"长他人志气,灭自己威风。"我自己在读研的时候,很喜欢岳老师和任老师的公共课"自然辩证法",每次上课都很认真,经常在课下的时候和老师交流。到了研三和任老师的一次交流,让我至今印象深刻。

任老师:"要考博士吗?"

我:"考呀。"

任:"准备考哪里呢?"

我:"就考咱们学校,我自己的老师。"

任:"为什么不考一个名校,北京大学的心理学不是很好吗?"

我:"考不上。"

任:"怎么会考不上,你那么认真。"

我:"考不上。"

任:"怎么会考不上,你英语那么好,考博士不就考英语吗?"

我:"考不上。"

当我连回答了三个"考不上"之后,任老师只好无奈地说了一句:"那你是考不上。"

当时自己的想法就是,医学院校和非医学院校的心理不太一样,考研的科目都不是一样的。如果考博士估计差异更大,怎么能考过其他学校的硕士呢?后来有一次有幸和曲老师交流,曲老师提到他去开一个交流会的时候遇到了北大的博士导师钱铭怡老师,他问钱老师:"如果一个本校的学生和外校的学生都考你的博士,分都够了,你要谁呢?"他说钱老师的回答是:"当然要校外的了呀,你想,这个学生不在我身边,都可以考的和一个天天在我身边的人分数一样,那一定说明他下了更多的工夫,有更大的潜力。"后来读博士的时候,和不同学校的博士交流,才发现,其实名校里的很多研究生在读博士的时候都选择申请国外的学校了。

这件事情留给我最大的启示就是,如果我们坚信自己做不到,那最后证明的结果就是做不到。此后再有同学来问我:"老师,我不是心理学专业的,可以考心理学专业的研究生吗?"或者:"老师,咱们学校没有名气,我想报浙大,但是太难了"。我都会和他们分享我自己的故事,如果有了目标,至少要去努力,而不是在没有行动之前,就已经开始怀疑自己了。

真正做到信任自己并不容易。我参加过一次拓展训练,在空旷房间的中心位置吊着一个钟摆,锥形的钟摆坠是由铁做的。挑战的任务是挑战者站在房间一侧搭起的台阶上,从另一侧与中心位置距离挑战者站立位置相同的点,和鼻子同高,向外 5 厘米的位置将钟摆放下来。每个人都清楚钟摆的原理,这样钟摆过来是不会砸到自己的鼻子的。在开始前坚信自己可以在原地不动,等着钟摆升到最高点跌落过来时,多半的挑战者在看到钟摆坠向自己鼻子的一刹那,大叫一声逃开了。

所以,在目标前行的路上,需要不断地为自己鼓励,给自己信心,才能站到帮助自己前进的队伍中。

4.关于学习

有了目标,有了信任,接下来需要的就是按照自己的节奏一步一步前进。现代社会到了一个知识爆炸的年代,书籍、网络、电视、视频、报纸等各种途径,应有尽有。经常听到这样的抱怨:"要学的东西太多了,从哪里开始呢?""要看的书太多了,看不过来了。"所以,在这个信息爆炸的时代,不仅知道学什么很重要,知道不需要学什么也很重要。

我经常的比喻是"要清楚自己是做一棵树,还是做一堆草?"网络上流行一个词叫"穷忙族",你可以穷,可以忙,但是不可以穷忙,讲的就是如果不经过规划,每天很忙,但是到最后却不知道自己在忙什么。聚焦于自己需要的同时,也要知道什么是自己不需要的。有一个大四的同学来咨询,他大学四年的经历曾经是让他最引以为豪的。一入大学,就想过不能让自己的大学生活虚度,要锻炼自己的能力。当过体育委员、班长、文学社社长、学生会外联部干事,得过奖学金,评上过优秀学生干部,也发过传单,做过家教,即将毕业又被评为优秀毕业生。他目前最大的困惑是,就要找工作了,专业是法学,不想从事本专业,却完全不知道要找什么样的工作。在制作简历的时候,其他同学根据求职职位的不同,制作了不同风格的简历,而自己不知道要做成什么样的风格,不知道自己要找什么样的工作。曾经以为充实的大学生活,到现在却感觉是白忙了,忙些什么都不知道。另外一个来咨询的同学学的是市场营销专业,目标明确将来毕业做一个销售人员。但在入学一年多以来,觉得自己就像一个没头苍蝇一样,一会想锻炼自己的思辨能力,参加各类辩论赛;一会想增强自己的表达能力,去当家教;一会又觉得计算机是现代必须掌握的工作技能,又去学习编程;又申请了辅修英语专业。弄得自己特别忙,但是又由于精力有限每样都没有做好。

有了目标后,所有的学习还需要有一个主干,就像树的树干一样,有了主干再去发展枝条,否则就会成一团杂草。经济学有一个"8020"法则:一个人的时间和精力都是非常有限的,要想真正"做好每一件事情"几乎是不可能的,要学会合理分配时间和精力。要想面面俱到还不如重点突破。把 80% 的资源花在能出关键效益的 20% 的方面,这 20% 的方面又能带动其余 80% 的发展。应考虑如何用 20% 的投入去解决 80% 的问题,让自己的精力和投入更聚焦。

在实现目标的道路上,一旦认识到自己想要什么,就不会将时间和精神集中在不想要的东西上了。

5.关于放松

热播电视剧《奋斗》中有一个片段,徐志森教陆涛开车,告诉陆涛,学开车,最重要的是学会刹车。加速很简单,只要踩油门就可以了,但是如果不会刹车,速度越快就越危险。一辆车不管速度可以多快,性能多么优秀,如果刹车不好用,相信没有人敢去开这辆车。

放松就如同刹车,在忙碌的前行过程中,要学会放松。放松不是停滞,而是调整步伐更好地出发。

遗憾的是,有很多人在忙碌的过程中,已经不会放松了。一个来咨询的同学,高考失利,最终被三本专业录取。按学校规定,在大二下学期有一次机会从三本转入二本。因为名额有限,成绩要求很高,基本要全学年成绩前三名才可以成功升二本。她从入学第一学期开始,一直是班级的第一名,最终成功升上了二本。一直打算等二本转成功以后,好好地休息一下,开始休闲地学习了。但是她发现,她已经不会放松了。开学初的周末,同寝室的同学如果没有什么特别的安排会睡到自然醒。但是她还是要按上课的作息,6:30起床,洗漱好了以后去食堂吃饭。然后去图书馆,找一个自己喜欢的位置上自习。有时候把书打开,一上午只是翻了一页,看不进去,也不知道看了什么内容,但是中午吃好饭以后还是要回到图书馆坐在那张椅子上,仍然看不进去,还是要坐在图书馆。也很想和同学一起出去逛街、旅游,但是去过一次,玩的时候心里总是想着"我在玩,别人要超过我了",玩得很不踏实,以后就不再出去玩了。

"一张一弛,文武之道"。并不是一如既往的努力就是效果最好的。心理学有一个现象叫"超限效应":美国著名幽默作家马克·吐温有一次在教堂听牧师演讲。最初,他觉得牧师讲得很好,使人感动,准备捐款。过了10分钟,牧师还没有讲完,他有些不耐烦了,决定只捐一些零钱。又过了10分钟,牧师还没有讲完,于是他决定,1分钱也不捐。到牧师终于结束了冗长的演讲,开始募捐时,马克·吐温由于气愤,不仅未捐钱,还从盘子里拿了2元钱。

永远加速,超过极限,反而适得其反。如果不会放松,就像不睡觉一直工作一样,会导致效率下降。在压力过大,负荷过重的时候,需要学会允许自己适当地放松。

6. 关于行动

阿里巴巴总裁马云送给创业者一句话:"梦里走了很多路,醒来依然在床上。"无论规划地有多好,没有行动,目标就没有实现的可能。关于激发行动力的几个问题:

(1)我希望的行动是什么?

(2)我为什么还没有采取行动?

(3)是什么阻碍了我行动?

(4)怎么做才能突破阻碍?

(5)我最开始的行动是什么?

(6)我什么时候开始行动?

(7)一直行动下去,我可能取得的成果是什么?

影响行动力的一个常见因素是担心自己做不好,担心别人的看法,害怕失败。害怕无论做什么,我们都能从别人那里接收到负反馈信息。任何学习和进步都是通过试错法实现的,一个接一个地纠正错误,直到你完成了某个成功的动作之后,进一步学习能获得更大的成功。

艾尔伯特·哈伯德说过,要想不受到批评,就什么也别做,什么也别说,最终什么也不是。

如果用一个流程图来描述,改变内在的自我意象,核心是行动,如图3.8所示。增强行动力可以从一小步入手,坚持将这一小步变成一个习惯,就会持久下来。以大家常见的

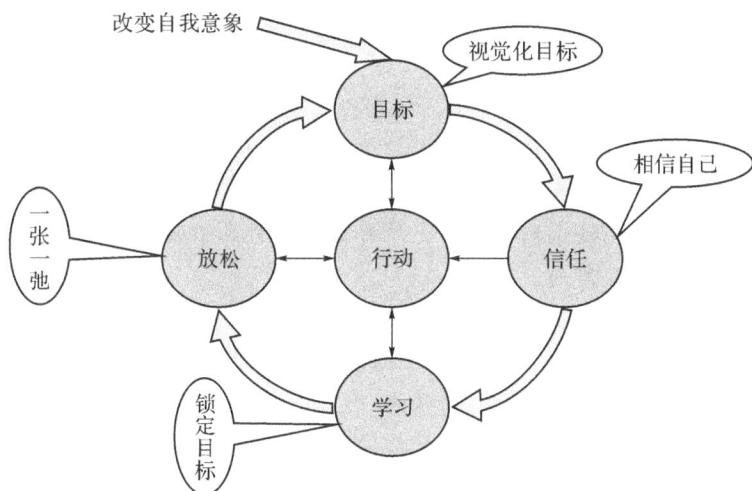

图 3.8

"早起"为例。很多同学说自己定了闹钟,但是早上闹钟响了以后第一反应是关掉,然后继续睡。每天睡前发誓,明天一定闹钟一响就起床。但是坚持没有几天,过了一个周末就又恢复到了每天早上关闹钟的情形。如果能够坚持下来,把早起变成一个习惯,维持起来就不难了。如同每天早上起床后,我们都会洗脸刷牙。这个行为已经习惯地成为我们生活的一部分了,从不会抱怨洗脸刷牙有多烦,如果早上起床不洗脸刷牙会很不适应。一个来咨询的大三同学,当时有两门重修没有通过,自己又做了很多的兼职,知道考试重要,但是苦于没有时间看书复习。经过讨论,最后他选定每天早上提前一个半小时起床,让自己有时间复习,我们约定的是前一个月,每周可以有 1 天不用早起,6 天按照约定的时间起床复习。十一长假过后,他开始坚持了一个月每天 6 点钟起床,包括周末也不例外。到了冬天,早上 6 点钟天还没有亮,他仍然坚持 6 点起床,并很骄傲地和我说,都不用闹钟了,已经习惯了 6 点就会醒过来,而且白天也不觉得困。

We make the habit, then the habit make us.

我们首先塑造了我们的行为习惯,然后我们的行为习惯塑造了我们。自我意象和习惯像双胞胎的兄弟。我们改变了习惯,就改变了自我意象,最终成为理想中自己的样子。

学生应用案例

3.1 迷茫的自己

我总认为自己是矛盾的结合体,有时候特别喜欢人多的场合,喜欢热闹,但是,有时又很厌烦,想要把自己关在屋子里,独自一个人,空空的,没有喧闹,没有言语,没有表情,一切都静悄悄的,这就是我想要的个人世界。但是,常常会有人告诉我说:"不要总是活在一个人的世界里。"所以我很矛盾,觉得自己很古怪,弄不清楚到底自己属于哪一种类型的人。

通过做一些测试题,我对自己的认识便不再那么模糊,偶尔也会控制好自己的情绪,比如,在大家玩得兴致高昂的时候,不会再发表悲观言论,破坏情绪,因此也跟大家相处得更好了。但有时又会苦恼于自己不幽默,没有调动、活跃气氛的能力,转念一想,这些都是通过在生活中一点一点地积累和锻炼才能拥有的,不是吗?

3.2　好面子

好强的人往往好面子,我也不例外。在很长一段时间,明知道是我自己错了,但却偏不肯让步。但我对那些和我同属一类的人犯这类错误时却常嗤之以鼻,我不得不承认要做到用同一标准来衡量自己和他人,并非一件容易的事,至于"宽以待人,严于律己",对于现在的我来说还是一个无法达到的境界。单纯地知道与真正领会"知之为知之,不知为不知,是知也"还是有一定距离的。

我真正走出这一误区是在进入大学之后,虽然嘉兴学院只是一所普通本科院校,即使在浙江省内也没有多少名气,但来到这里之后才发现自己并没有想象得那么优秀,在过去的很长一段时间自己都处于"半杯水"的状态,好像什么都懂又什么都不精通。当我逐渐尝试主动接受身边的同学给我指出的不足的时候,才发现承认自己的不足远比否定自己的不足要轻松得多。

身为日语专业的学生,半年前的我和绝大多数的日语专业的学生一样,都非常看重日语能力测试一级,再加上考试费用比较高,大多数的同学都比较谨慎地选择先考二级再报考一级。在激烈的思想斗争之后,我和班上的另外两个同学选择了大二第一学期直接报一级。对于当时只具备三级与二级之间水平的我来说,准备一级不是一件轻而易举的事情,毕竟考试可以跳级考,准备是不可以跳级准备的。此外,时间也非常紧迫,直到考前一个月,我才真正开始准备一级,一向十分性急的我,那段时间却相当冷静,做好了最坏的打算——重考。同时,时常提醒自己"与其做无谓的担心,还不如静下心来多学一点"。就这样,第一次尝试带着平常心去经历不平常的考试。也就在这次考试中,让我第一次尝到了成功的喜悦。

"好面子,怕失败"曾经在很长一段时间束缚了我前进的步伐,就在放掉这个砝码的不经意间,压力的砝码也减轻了许多。

3.3　相信自己

我曾罗列过我的缺点,满满的一整页,写完后才记起"心理暗示的影响很大"这句话。我是那个一直在对自己说不行的人。我一直都相信自己是一个胆小、自卑,无法站在聚光灯下被人仰望的人,我是一个平凡到不能再平凡的人。可是这就是我,我相信,承认并且接受。

"自卑的发生只有一个原因:我们自己判断自己,却不以我们自身标准或普遍标准衡量自己,而是拿别人的标准对号入座。"这句话让我有一瞬间的失神,因为我说我是一个自卑的人,因为我一直是这样用着别人的尺度衡量自己。我问过自己为什么这么自卑,自然是没有答案的,从来没有人可以自己说服自己。不过,是该有所改变,从"自卑"中走出来了。

我给自己定的一个目标是与外教或其他任课老师交流、聊天。也许在你们看来这个目标简单到不用吹灰之力便可办到,可是对于我,它很难。然后我开始思考,问自己为什么我做不到,最后我发现这个结论只是基于我不敢去做的假设。那个信念的产生完全没有合理性,并且如果我一直坚信我不行,结果只会是越来越胆小,最终难过的还只会是自己。其实,这一切只是我的假想。可是不得不承认,想想很简单,要去做了却很难,所以第二天的课我又打起了退堂鼓。"你为什么必须表现得、感受得就像它跟真的一样?"突然从脑海中的这句话让我有了冲动去达成目标。原来这个可以很顺利，完全没有想象中的尴尬。所以算是充实一小部分信心了吧。

就在不久前，我规划了我的目标和每日的时间，虽然只是把空余的课程安排得满满当当，可我觉得现在的我很充实。也渐渐地，我从一个并没有特殊爱好的人，开始慢慢喜欢上了吉他，并且认定要学会它。这是一个巨大的突破。我很开心，原来我真的改变了很多，如果不去思索，不是为了写下来，我也许一直发现不了。我也坚信以后会越来越好！

3.4　认识自己

坦白说，对于"我"，我之前很困惑。我不知道自己是谁，自己究竟是一个怎样的人，生命的意义到底是什么……只知道，我有时对周围的一切很敏感，很容易伤感和惆怅。我对自己的表现一直不满意，哪怕有时候自己的考试成绩得了班里第一。同时，我又是一个不太张扬、喜欢安静、喜欢思考的人。我不喜欢成为焦点人物，因为那样会让我感觉很不自在。当遇到事情不如己愿，但他人却没有注意到时，我也会很沮丧。哪怕只是一次考试让我不满意，我都会为此自责和内疚好久，我甚至无法原谅自己犯错误。对于外在的事物总是非常谨慎和挑别。当内心的愿望和现实产生很大差距，内心的矛盾无法排遣的时候，我会感到很纠结、很累。结果，长期的自我否定让我产生了自卑感。而这些自卑时常羁绊着我。

后来我才真正彻底地意识到，事实上，我并没有那么多观众，再说"人非圣贤，孰能无过"，更何况我还只是一个凡人。

我发现我曾那么片面地、不客观地认识自己。正如美国最负盛名的心理咨询专家露易丝·海，在《生命的重建》中写道的一样："在我广阔的人生中，一切都是完美、完整和完全的。我不再选择那些狭窄和贫乏的理念，现在我选择看看我自己，就像全世界所看到的一样。我存在的事实就我所创造的、完美的、完整的和完全的。我在正确的时间、正确的地点，正在做着正确的事。我的世界里一切安好。"我深知自己的性格中存在缺点，我愿意接受并会试着去做出些许改变，使得它们与我的优点相弥合，以此来成就一个更好的自己。我想说，我不再自卑，我喜欢我自己。

3.5　两个我的平衡

很长时间以来，我不能很好地了解自己，偶尔也会反思自己，但受情绪影响太大，高兴时回想的是自己光彩的一面，失落时回想的东西就让自己有点不愿接受了。

我初中时成绩很差，没考上高中，此后整天和社会上的小混混在一起，一无是处，经常受父母亲友的数落。那时自卑到了极点，感觉未来无望，生活无光。打工的日子让我尝尽辛酸，自己都瞧不起自己。本来外向、开朗的我变得内向、闭塞。后来我下定决心要为自己的命运奋斗一次，选择了复读，打工两年后又回到了学校。在努力的拼搏下，考上了高中，很快成为尖子生，还当上了班长。在学校成了学生会主席，各种荣誉证书纷纷而来，真是春风得意。内向的我又变得乐观、开朗了。现在上了大学，我又成了一个默默无闻的人。身边的人和事似乎都与我无关。我又变得少言，感觉很怪，心里总觉得空空的。自己对自己说，是长大了，成熟了。可理性告诉我，不是这样的。一遍遍的反思，历数过去的经历，答案无非是两个：一个是"你很优秀，将来必成大器"，另一个是"你平常得不能再平常，不要对自己有太多奢望"。

在两种答案中我的自信时有时无。

我在自己情绪相对平静时,很客观地对自己出了几个问题。比如:自己到底有多少可拿出来炫耀的东西,自己遇到困难到底有几个人能挺身而出等。同时用一周的时间,每天解决一到三个问题,最后来观察自己的答案。

总的来看我认为我还是很自信的。对自己的人际关系很自信,同时对自己的未来仍然保持乐观。可是我发现我是一个追求完美的人,但又没有太多东西满足我的完美欲望,因而总会感到空虚。其实仔细想想自己的优势还是挺多的。坚信努力就会有收获,只要努力就不会空虚。

明白了这些以后,我觉得自己眉头上的"阴云"散了。自己又有了奋斗的动力。以后我还会利用这些方法,解决自己心理上的障碍。其实方法不在多,有用就好。

3.6 自我暗示

在小学时,有一次被老师意外挑选做晚会的主持人。在练习和彩排的过程中进展明明很顺利,可就在正式演出时出了差错。当看着黑压压的人群,想到下面坐着学校重要的领导和认识的同学,原本背的很熟练的台词却突然忘记,脑子里一片空白。所幸有老师在幕后打手势暗示我才接下去。而这问题延续至今,表现在我生活的各个细节。如紧张看错题,参加唱歌比赛因忘词走音,总之,很难进入状态。

我也开始寻找使自己紧张的原因,发现自己会紧张是因为少了自信。在迎接挑战时,总会不自觉地将自己放在一个渺小的位置。面对旁边一同接受挑战的人,感觉他们却总是胸有成竹的样子,很强大,自己就灭了自己的气势。所以,开始通过自己暗示来培养自己的自信:我能行,全力以赴就够了;别人能克服的恐惧,我也能克服,让自己在感到害怕时,把心思放在必须做的事情上。这样既能平复心态,也能让自己很好地完成任务。

3.7 接纳自己

我想我痛苦的根源就是无法接纳自己,不允许自己做自己。其实每个人都是独立的个体,每个人都有自己的想法,每个人也都有自己性格的优劣势,我就是我啊!我如果都不能坦然接受自己,谁又愿意来接受我呢!我看了有关这方面的书籍,有一句话对我有很大的激励作用:I accept all of the parts of who I am,what I can not,I forgive。从心理上真正地接纳自己,允许自己做自己。

忙、盲、茫,我除了学习以外,还担任两份工作,一份是初三的家教,一份是学生助理工作,我奔波于学生家、教室、学工办、寝室之间,四点一线。我常常是上完课后,到学工办老师那帮忙,结束后又赶去做家教。我觉得我忙得晕头转向,却不知究竟在忙什么,在别人眼里的"充实",在我的心里却是空虚。我常常问自己,究竟是为了什么?我觉得人越长大,烦恼就越多。我不想长大,我想永远当个六七岁的孩子!我心里其实是不愿意去做家教的,因为我去做家教也没有得到我所要的成就感。学生是个男孩子,有些调皮,基础比较差。最关键的是他不听我的话。因此,他的学习成绩也没有任何的进步,这与我当初心中默许下的愿望截然相反。长久以来,不仅是失落,还有无奈、烦躁压抑这些不良的情绪,但是我又需要赚钱,减轻家里的负担,于是我只能强忍着这些,告诉自己这些都算不了什么。可是,我又觉得为什么我要被金钱所羁绊,为什么要活得这么累,我深深地处在这种矛盾之中。

我想我正是在这种所谓的"忙碌"中迷失了自己,迷失了方向,我需要简化我的人生,给自己留出一点时间,留出一点宁静空间,来提醒自己人生的重点。不能为忙而"忙",应当忙得有方向,有准则。我反复思量,辞去了家教工作,卸去心中的压力与负担,何况要减轻家里的负担,也不一定非得做家教吧,我可以找让我有成就感且有所得的工作。

我的感触是,无论你心中有多么纠结,遇到多大的苦难,拥有一颗坚韧、乐观、勇敢的心是最重要的。

3.8　正视自己

幼年时期的我,周围少有同龄玩伴,也十分内向,因此到了幼儿园时,总是难以与周围的小伙伴打成一片,总是羡慕地看着嬉戏在一起的小伙伴们,却不敢加入他们,这同时也造成了我不善于交流的缺点。因此,一直到初中以前,我在同学们的眼里都是一个沉默寡言不合群的脑瞌人。而我在看到班上那些非常活跃、能和班上每个人都愉快交谈、拥有很多朋友的人的时候,总是在羡慕甚至嫉妒的同时暗恼自己的内向与孤独。而在与一些交流不多的人说话时的嘴拙和无端的脸红更让我焦躁,甚至有时候会出现讨厌自己的念头。

这种消极的状态深深影响了我,我开始十分在意他人的看法,与他人意见相左时总会妥协,在决定某件事前总是会在意对他人的影响和他人的看法,这样的想法多了,也就造成了不自信的缺点。到了初中我开始尝试改变自己,我试着加入他人的交谈却找不到合适的话题,我试着上台锻炼自己却总是红透了脸忘了说辞。看到书上说的经过不懈努力成功改变自己的实例,心里就十分恼怒自己的愚笨和不坚定。我开始走向死胡同,更为消极,那时的我就觉得自己的人生是一片灰暗。

这种情况终于在高中的一次课堂中改变了。老师让我们写下对任何同学的评价并把它贴在那位同学的背上,而那位同学在活动结束时才可以取下评论来看。活动结束后,忐忑不安的我惊喜地发现同学对我的评价里固然有“沉默寡言”“不合群”,但更多的是“稳重”“可靠”“乐于助人”的赞扬。我终于明白了是自己把自己逼到了死胡同。人们固然喜欢风趣幽默的人,但不代表就讨厌沉默寡言的人。我固然有些令自己讨厌的缺点,但同样也拥有许多人欣赏的地方。我开始正视自己,才发现过去的自己过分夸大了自己的缺点,以至于掩盖了自己的优点。我不再强求自己的交际能力,心不再急躁,无法成为外向而健谈的人,就争取变成成熟稳重的人。生活虽然没有变得缤纷多彩,却也不再黯淡无光。

正视自己,顺其自然,你才能找到真正的自己。

3.9　爱自己

完美主义的人往往都是不幸福的,因为他们把自己甚至把世界都用框框起来了,一旦现实与理想有所不符,便会陷入无尽的矛盾和痛苦之中。很不幸的是,我从小就有点完美主义倾向,总会因为一点小事而纠结很久,比如听到同桌写字声音比较响就会受到影响无法专注思考,晚上寝室有一点声响就会睡不着失眠到很晚,这样的事情还有很多,而每次这些事情一出,我总会以完美主义者的姿态要求外界做出改变,比如我有要求换同桌,也有要求寝室同学在熄灯后不要再出声等。可世界上的烦心事是无限多的,尽管自己改变了一件又一件让自己烦心的事,它们还是会不断滋生出来,所以在当时我真的很不明白我为什么会不停地那么痛苦。现在我知道所有的事情都在于自己的内心,如果不改变内心的态度和想法,以接受包容的心态看待整个世界,那么,纵使世界为你改变也无济于事。我终于领悟了:幸福,在于内心。

心理减压技术中很重要的一条就是要学会无条件接纳,包括无条件接纳自己和无条件接纳他人。我是一个十分敏感的人,总是过分在意生活中的细节,甚至到了有些苛刻的地步,有时也会因为同学朋友不经意的一句话而在意很久。其实我自己也很清楚这样敏感与苛刻完全没有必要,可就是很难做到不再去追求完美,依旧在追求完美的歧路上越走越远。我突然意识到:我就是我,无可改变,所以为什么要痛恨自己呢? 如果自己还有些不好的习惯和毛病,慢慢地改就好了,也没必要非逼自己在一时之间转变性格,一是因为这不可能,二是这种想法本身就会让人陷入痛苦。爱自己,是幸福的前提条件之一。

3.10　性格没有好坏

一直以来,我都是一个不自信的女孩,总是在心底里认为自己:不漂亮,没气质,有点胖,而且不善交际,性格内向,没有什么特长,在人际交往中总是处于"你好,我不好"的自卑模式,觉得别人什么都比我好,什么都比我优秀,于是压力、痛苦不断袭来,常常躲在自己的世界里,一个人哭泣。

大一的时候,这种心态尤其严重。上课坐最后一排,寝室里一言不发,吃饭时独来独往,每次参加面试都紧张到极点,最终以失败告终。似乎忘了那样的日子自己是如何一步一步走出来的,也许是因为成绩吧。从小到大我都是一个刻苦努力的人,一个不甘心居于人后的人,在大一第一学期期末考试中,意外的却又是意料之中的,成了全班的第二名,并拿了二等奖学金。那一刻,突然发现自己有了闪光点,有了别人比不上的东西,于是开始一心扑在学习上,在获得了知识的同时也获得了许多快乐。

后来,在班干部换届选举中,意外地被人以"去试试人气"的荒诞理由推上选举台,清晰地记得那时的自己,红着脸,紧张地一句完整的话都没有讲完就下台了,可结果却超出了想象。就这样我糊里糊涂地当上了学习委员。但忽然意识到,这样努力的自己得到了大家的认可,这样不善言语的自己获得了大家的认可。从此以后,我在努力学习的同时也认真地工作,终于一点一滴地恢复了自信,提高了在公众面前讲话的能力,也收获了几个非常好的朋友。

我一度很讨厌自己的性格,因为内向,不愿跟陌生人交流,没有广阔的交际面;因为敏感,不容易敞开心胸,接纳别人,相信别人;因为矛盾,面对大众不敢发言,总觉得自己没有能力;因为追求完美,甚至有点强迫症倾向。但是越是讨厌,越是无法改变。

后来老师告诉我们,其实性格没有好坏之分,也没有优点和缺点,只有特点。每个人都有每个人的性格特点,要相信自己的性格是最适合从小到大的生活环境的,对自己来说是最好的。于是,我开始慢慢接纳自己的个性,并渐渐喜欢上它。因为它,我的生活规律而严谨;因为它,我每件事情总做得不错;因为它,我才成为今天的自己。

3.11　允许自己

老师告诉我们要"允许自己做自己",我很高兴地说,我真的在做我自己了。

我告诉自己,我得重新来,因为没有人知道我的过去。

学生会的竞选我去了,但我没选上,可是我很开心我去尝试了,并且发现自己不适合;人家推着我去记者团我入了,但他们三天两头开会,我又是后面进去的,一个人也不认识,我不知道怎么发表意见,我也没什么想说的,所以我也退了,但我不觉得遗憾,至少我给人家和自己都减少了麻烦,我心里舒服了;别人致力于双学位、考研,我只想好好念完这四年大学,然后自己养活自己,我读书的动力和目标都没了,我只想让自己好好活着。我特别喜欢长笛,就花了很多钱买了再去学,可能人家觉得浪费,但我有了精神寄托,我心里的声音可以通过笛子发出来以至于不那么难过。我好想找个没人的地方大声吼一吼、哭一哭的时候,我的笛子就代我吼,代我哭,这不是很好么?我不想让人家知道有我这个人,也不怎么跟人家说话,但在这个社会是不可能的。平时看到寝室脏我就一个人打扫,看到无理的人就尽量闭嘴不与争论,看到不正义的行为我就阻止,我看不惯我就去做了。我只想让自己心里平静、无悔,我不在乎名、利和他人的青睐。我不知道这种生活方式和人生态度会不会有人赞同,但我相信做自己不需过多评价,只需问心无愧、不留遗憾。

3.12　习得性无助

也许是性格的缘故,做每件事我总是畏首畏尾,或者直接告诉自己那不适合我,我肯定做不成。抑或是像迷宫里的小老鼠一样,碰过一次壁后就会给自己下死命令,永远不要再去尝试,这种现象叫习得性无助,与自暴自弃没什么区别。其实这是一种习惯,我已经习惯了每次失败后,给自己消极的暗示。生活中就是这样,很多东西就是因为没有习惯而做不成,就像早上早起,我坚持了一个星期、两个星期后,我就不再觉得要早起做早操是一件多么痛苦的事,我也不会再像以前一样一大早起来就抱怨学校领导有多么的不人道,连觉都不让我们睡,而且我还可以挤出早上的大好时光多多学习,这就是习惯,正所谓习惯成自然。所以要养成良好的习惯,发挥自己的能力,正确地认识自己。

3.13　存在感

在大学中我最害怕的不是挂科,而是没有存在感,而这种被忽略感就给了我一种很大的压力,我自己也很清楚这种情况,朋友们都说我想太多了。有一种人,他用得最多的词语就是"应该",在一定程度上我就是这种人,我做得最多,并且总希望我熟悉的人也能够这样做,而我却又经常陷入这种他们不做,我也不做的尴尬,我也在纠结,甚至有时会对他们产生一种反感。一个同学问我:"你平时不开心会怎么做?"我会选择看书,或者写字,或者睡觉。我觉得每一天都是美好的开始,何必再去理会昨天的烦恼。但有一次,上学期临近期末考试的时候,具体是什么原因我也忘记了,那天心情突然一下子不好了,以至于我并不是语气太好地对别人说话。也许是我不够成熟,这个学期又有一次,我感觉特别不舒服。这次我和同学说了,我心情不好,得到了同学谅解。

3.14　完成句子,认识自己

老师曾说"认识自己是给自己第二次生命。"我发现自己真的不曾很认真地剖析过自己,于是,在课后,我也开始学着认识我自己。

在句子完成的过程中,我写下诸如此类的句子,例如:我是个爱笑的女生;我是个马虎忘事的人;我是个很敏感的女生;我是乐观、开朗爱交朋友的人;我是会有小脾气的人;我是爱计较的人;我是有主见、不爱被人牵着鼻子走的人;我是比较有行动力的人;我是更喜欢和男生交朋友的人;我是有点小洁癖的人;我是会咬牙吃苦的人;我是爱看书的人;我是爱天马行空想像的人;我是会经常发呆的人;我是容易感动的人;我是带点强迫症的人;我是爱磨蹭的人……

通过这许多句子的描写,我发现自己是个比较外向的人,带了点男生的那份"粗犷",但也免不了一些女生独有的小心眼,敏感爱多想,我对自己的生活比较有规划也愿意一步步去践行,但我也会经常反思后悔,认为自己刚才说的那句话太过直白,略显刻薄了点,可能伤到了别人,要是刚才这么说就好了。为此我通过网上查找了些关于用自我意象来改变个性的方法:

(1)改变个性的关键在于,首先问自己:"我想要做一个什么样个性的、具备什么样的行为能力的人？"

（2）确定了你想要成为的人，你想具备的行为能力之后，凡事要问自己："如果我是我想要成为的人，我会怎么做？"

（3）知道了自己想成为的人怎样做了之后，就顺其自然，表现自己。

我会在有空的时候来思考自己这一天中的行为，分析不足与合理之处，再想象自己按自己理想的方式行动，会尽量将画面想象得足够细腻，让自己身临其境，通过几次这样的尝试，我发现自己在做事待人方面有了变化，不会再莽撞。这样的自我反思能让我更加透彻地认识自己，同时改正缺点。

通过对自我认识的学习，我发现自己跟女生的关系有了改善（并不是说原来就不好），她们也是很好相处的，我们之间是能做很好的朋友的。

3.15　对自己好点

我的性格有些暴躁，但同时又很敏感和固执，别人无意中的一句话就会使我心情不好；或有时会很固执地跟别人去争执一些毫无意义的东西，争得面红耳赤，不欢而散，那时候的感觉真是糟透了。记得看过这样一篇报道，刘德华曾问一位高僧：别人使自己生气了，那么怎么做才能使自己不生气。高僧是这样回答的：那个人之所以会让你生气，就说明他不聪明，既然他不聪明，那么你就不应该生他的气而是应该同情他。当时看的时候没什么感觉，但当真遇到这种情况时，这样一想，气还真的不见了。反复用过几次后，自己的内心也平静了不少，不会像以前那么易动怒了。这是从博爱的角度，来给自己减压的。还有一种方法就是，当别人做了让你生气的事，那是他犯了错误，并不是你，但结果他没事，反倒你却生气了。那么为什么要拿别人的错误来惩罚自己。这是从爱自己的角度来讲的，就是爱自己多一点，对自己好点。只有当一个人学会关心、爱护自己时，他才会去关心、爱护别人。

3.17　习惯的力量

"我们已经走得太远，以至于我们忘记了为什么而出发。"我一直就知道自己是一个容易"走心"的人。在成长过程中，很容易就被沿途的美好风景给吸引，而忘了自己前行的目的。记得刚进大学的时候，我踌躇满志，一心想着能在一个新的环境里展示新的自己。但是，我在不经意间就把嘉兴学院定位成了一个较低的平台，慢慢地，潜意识里我把自己也定位得越来越低，慢慢忘记了自己当初的抱负是去展示更强的自己，而不是去比较谁的学校好坏。这堂课给了我一个很响的警告，让我回想起了那个初入校园、意气风发的自己，提醒我大学生活匆匆易过，不要等来不及的时候才追悔莫及。现在，为了提醒自己不要再庸庸碌碌地生活，我学会将每天的事情记录下来，在睡觉前回顾一天的事情，然后把预计明天要做的事情也写下来，时刻提醒自己明天必须把这些事情完成。开始我还不习惯这样的做法，慢慢随着时间的推移，在我养成记事情的习惯后，我会把它作为一天当中的"晨昏定省"，必不可缺。

第四章 放松技术与系统脱敏法

人处于压力状态下,通常体验到的是焦虑和恐惧两种情绪。当问及什么时候压力最大时,多数的回答是"考试的时候""上台讲话的时候""等待考试结果的时候"……这些时候体验到的情绪往往是焦虑和恐惧,"担心考不好""害怕忘了台词""万一没通过怎么办"。这一章分享的放松技术与系统脱敏法主要针对这两种情绪的缓解,尤其适用于考前焦虑,通过一定时间的训练,有较好的缓解作用。

一、放松技术

说到"放松",你想到了什么?

睡觉、K歌、逛街、运动、聚会、度假……大家想到了各种休闲放松的方式,但这一章要谈到的放松技术不同于大家日常生活的休闲方式,是减压技术的一种,也被称为"放松疗法"。而放松技术适用于焦虑或恐惧情绪。下面介绍几种在日常生活及咨询中经常用到的放松技术。

1. 呼吸放松

如果我问"你会深呼吸放松吗?"你可能觉得这当然是人人都会的方式。在咨询时我经常被邀请推荐一种简单有效的放松方法,这时我通常会推荐"深呼吸放松",得到的回应通常是"我试过了,没什么用"。虽然每一个方法都不会达到对人人有用的效果,但是大家所说的"没有用",是深呼吸真的没有用吗?我通常接下来会邀请咨询的同学做一个深呼吸,看到的景象通常是"深深地吸了一口气,看起来到达了极限,然后马上吐出来,听到很急促的吐气声"。我开玩笑回应:"这哪里是深呼吸,可以理解为大喘气。"在上课的时候,我也邀请同学们一起做一个深呼吸,类似这样的"大喘气"还不少见。要真正达到通过深呼吸放松的效果,还需要刻意的练习。

深呼吸的主要特征是"缓慢、深长,且均匀",用三个字概括慢、深、匀。很多人只记得深,深深吸气,快速吐气,反而会加剧焦虑的情绪,成为导致深呼吸没有效果的主要原因。此外,在吸气和呼气的比例上,尽量呼气的时间长于吸气的时间,比较恰当的比例是吸气和呼气的时长比例为 1∶2。当然你不需要刻板的认为吸气用了 10 秒钟,呼气需要 20 秒钟。简单记得呼气的时间要长一些就可以了。

呼吸常见的方式有两种:胸式呼吸和腹式呼吸。胸式呼吸以肋骨和胸骨活动为主,吸气时胸廓前后、左右径增大。由于呼吸时,空气直接进入肺部,故胸腔会因此而扩大,腹部保持平坦。腹式呼吸是让横膈膜上下移动。由于吸气时横膈膜会下降,把脏器挤到下方,因此肚子会膨胀,而非胸部膨胀。

做个简单的测试,把双手轻轻地放在腹部,深深地吸气,感受随着吸气,腹部是隆起还是凹陷？腹部隆起为腹式呼吸,腹部凹陷为胸式呼吸。大多数人,特别是女性,大多采用胸式呼吸,只是肋骨上下运动及胸部微微扩张。而腹式呼吸吐气时横膈膜将会比平常上升,可以进行深度呼吸,达到放松的效果。

腹式深呼吸的练习可以每天晚上睡前,平躺在床上,将双手轻轻放在腹部,注意力集中在呼吸上,用鼻子深深地吸气,在深深地吐气,缓慢、深长、均匀,不但可以放松身心,还可以促进睡眠质量。

呼吸放松很重要的一点是在深呼吸的时候把注意力放在呼吸上,促进内心的平和与安静。下面介绍几种在进行腹式呼吸练习的同时,帮助注意力集中在呼吸上的方法。任何一种你觉得好用,经常用就可以了。

(1)三段呼吸法

想象自己躯体分成三部分:上为肺尖及肩膀,中为肺部及上腹部,下为肚脐以下。

练习时,首先想象空气进入下腹部逐渐充满上腹部及肺部。吐气时,则想象由上、中、下的顺序呼出。

(2)1－4深呼吸法

吸气时默数1、2、3、4;

屏气时默数1、2、3、4;

吐气时默数1、2、3、4。

如果不习惯,也可以把屏气这步省略。具体默数几个数字,可以根据自己的喜好而定,反复练习直至感觉放松为止。

(3)倒数深呼吸法

结合心理暗示的方法,选定一个大于1的数字开始,以5为例。由5倒数至1,数字逐渐变小时,暗示压力也在逐渐减少:

吸气时默念5,呼气时默念4,并暗示自己:我比5时更放松;

吸气时默念4,呼气时默念3,并暗示自己:我比4时更放松;

吸气时默念3,呼气时默念2,并暗示自己:我比3时更放松;

吸气时默念2,呼气时默念1,并暗示自己:我比2时更放松;

如此反复练习直至感觉放松为止。

(4)鼻孔交替呼吸法

用右手大拇指压住右鼻孔,用左鼻孔深吸气。然后再用右手食指压住左鼻孔,同时放开右鼻孔,缓慢吐气。再用右鼻孔深吸气,然后用右手大拇指压住右鼻孔,同时放开左鼻孔,用左鼻孔,缓慢吐气。循环上述过程,每次吸气结束交替鼻孔呼吸。

鼻孔交替呼吸是瑜伽呼吸法中最具有镇静作用的方法,可以平衡左右大脑,让人产生安详宁静的感觉。尤其是在一天工作烦躁疲劳的时候,可以采用鼻孔交替呼吸法,有促进精力恢复的效果。

2.想象放松

想象放松法类似于催眠治疗,是利用心理暗示的力量,通过想象某种让人身心得以放松的情景,使人似是身临其境,进而身心得以放松的方法。如果是其他人帮助你做想象放松,可以用舒缓的语气,配合轻柔的音乐,阅读如下指导语,指导你进行想象放松的练习:

在开始之前可以想象你最放松的场景,比如海滩、草原、雨后的森林,也可以是家里舒适的床……根据你最放松的场景改变指导语。在开始之前,请先选择一个你认为最放松的场景作为放松练习的场景。

　　想象放松指导语举例:以一个你最舒服的姿势坐好或躺下,慢慢地闭上眼睛,慢慢地放松全身的肌肉,放松你紧绷的神经,放慢你的呼吸,逐渐地放慢、加深、放慢、加深。慢慢地吸气,慢慢地呼气,然后以这种均匀、缓慢的节奏呼吸,感觉你的头脑一片清净,什么都没有,就像万里无云的蓝天。想象你正躺在松软的沙滩上,面对着蓝蓝的天空。蓝天上飘着洁白的云彩,阳光洒满了你的身体,从头到脚你感觉暖洋洋的。你的身体就像一团软软的、白白的棉花,身体的每一部分都很舒展、很轻松。

　　请你专心地体会这种轻松舒服的感觉……

　　从你的脚尖,慢慢地、慢慢地、向上延伸……

　　慢慢地延伸到你的小腿,又到你的大腿,到你的腰部,到你的胸部,到你的脖子,到你的头顶……

　　外面阳光很好、很温暖、很柔和,你能够感觉到,金黄的阳光铺满你的全身,暖洋洋的照射在你的脸上、身上……

　　你觉得全身都充满了阳光的温暖,这种温暖的感觉包围着你,感染着你,让你觉得无比舒适、温暖……

　　四周的声音都很遥远,隐隐约约,偶尔能够听到远处传来一两声海鸟的叫声,悠忽缥缈。身边有轻柔的海风吹过来,很凉爽,轻轻地,轻轻地,从你脸上滑过去,就像柔软的绸缎,很光滑、很舒适。远远的,有海浪的声音轻轻传过来,你觉得整个世界都变得非常平静、非常安详。所有的声音都在慢慢地减弱,慢慢地消失,外面是温暖的阳光,蓝蓝的天空。你能够感觉到背后的沙粒很细微,很松软,像软软的被子一样舒服,你全身都舒服地展开,沐浴在柔和的阳光里。你真实地感受这种舒服,真切地体会这种感觉,让这种轻松停留在你的身体里。享受这种放松的感觉。当你觉得自己已经得到了很好的休息,现在慢慢地张开你的眼睛,回到现实中来。

　　如果没有其他人可以帮助自己读指导语,也可以进行自我想象放松练习。我常用的方法是"呼吸云练习"。结束了一天疲劳的工作,晚上睡前,以一个你最舒服的姿势躺下,慢慢闭上眼睛,集中注意力在呼吸上。想象吸进肺部的是新鲜干净的空气,纯净而充满能量。想象干净的空气随着深深的吸气,渗入到全身各处,每一个角落。呼气的时候,想象身体每一个角落里的压力、不舒服、疲劳、不愉快都随着呼出的空气带走,呼出的空气是黑色的、污浊的。随着每一次吸进干净的空气,吐出污浊的空气,体内的压力、疲劳、疼痛等所有不好的东西都随之呼出。呼出的空气颜色越来越淡,最终呼出的空气颜色逐渐由污浊变得如吸进的空气一样干净,感觉全身清澈愉悦,充满了能量。

3. 渐进式肌肉放松训练

　　渐进式肌肉放松训练的基本原理是:心理紧张和躯体紧张是并存的,只要你学会了肌肉放松技术,就能控制心理紧张。日常生活中我们心理紧张的时候,身体通常也是绷紧的,肌肉摸起来硬硬的。渐进式肌肉放松训练,是通过肌肉先紧张、后放松的方法,最终实现心理放松。

　　其基本过程是:先绷紧肌肉,将注意力集中在绷紧的肌肉上;再放松各部分肌肉。紧张及放松的意义在于使你体验到放松的感觉,从而学会如何保持松弛的感觉。通过大量、反复的练习，可以掌握肌肉放松技术。当你感到紧张时，可以自我引导，实现肌肉放松，并最终达到心理放松。从手部开始，依次是上肢、肩部、头部、颈部、胸部、腹部、下肢，直到双脚，依次对各组肌群进行先紧后松的练习，最后达到全身放松的目的。

如果你有时间，可跟着渐进式肌肉放松指导语一起做一次全身放松练习。

（1）深呼吸

"深深吸一口气，保持一会儿，再保持一会儿（约 10 秒钟）。好，慢慢把气呼出来，慢慢地把气呼出来。再做一次。请深深地吸一口气，保持一会，再保持一会儿（约 10 秒钟）。慢慢地把气呼出来，慢慢地把气呼出来。"

（2）双手放松

"现在，请伸出你的双手，握紧拳头，用力握紧，体验你手部肌肉紧张的感觉。哪里肌肉最紧张，就把注意力放在哪里（停 10 秒钟）。好，现在放松，尽力放松双手，体验放松后的感觉。你可能感到沉重、轻松、酸、麻，请体验这些感觉。好，现在再做一次。"通常我是在教室里带大家一起做放松练习，刚开始的时候同学们会体会到用力时双手酸酸的感觉，突然松开时有麻麻的感受。练习多了以后，就会感受到双手紧张到松开后肌肉的放松。

（3）双臂放松

"现在弯曲你的双臂，用力绷紧双臂的肌肉，这个动作很像电视上健美运动员在显示自己的力量时摆出的姿势。保持一会儿，体验双臂肌肉紧张的感觉。哪里肌肉最紧张，就把注意力放在哪里（停 10 秒）。好，现在放松，彻底放松你的双臂，体验放松后的感觉（停 10 秒）。现在再做一次。"

（4）双肩放松

"现在，请往后扩展你的双肩，用力往后扩展，使双肩在背部尽量靠近，保持一会儿，体验双肩肌肉紧张的感觉，哪里肌肉最紧张，就把注意力放在哪里（停 10 秒）。好，现在放松，彻底放松（停 10 秒）。现在再做一次。"

"现在上提你的双肩，尽可能使双肩接近你的耳垂，用力上提，保持一会儿，体验双肩肌肉紧张的感觉，哪里肌肉最紧张，就把注意力放在哪里（停 10 秒）。好，现在放松，彻底放松（停 10 秒）。现在再做一次。"

"现在向内收紧你的双肩，用力内收，使双肩在胸前尽量靠近，保持一会儿，体验双肩肌肉紧张的感觉，哪里肌肉最紧张，就把注意力放在哪里（停 10 秒）。好，现在放松，彻底放松（停 10 秒）。现在再做一次。"

肩部的放松在肢体放松中是很重要的，平时学习或工作久了，即便不做渐进式放松，也可以做一做这部分练习，让肩部放松下来。

（5）头部放松

"请皱紧额头的肌肉，皱紧，保持一会儿，体验额头肌肉的紧张（停 10 秒）。好，放松，彻底放松（停 10 秒）。现在再做一次。"

"现在，请紧闭双眼，用力紧闭，会感觉眼部肌肉酸胀的感觉，保持一会儿，体验眼部肌肉的紧张（停 10 秒）。好，放松，彻底放松（停 10 秒）。现在再做一次。"

"现在，请转动你的眼球，从上到左、到下、到右，加快速度，体验眼球肌肉的紧张（停 10 秒）；好，现在从相反方向转动你的眼球，从上到右、到下、到左，加快速度（停 10 秒）；好，停下来，放松，彻底放松（停 10 秒）。现在再做一次。"

"现在,咬紧你的牙齿,用力咬紧,保持一会儿,体验脸颊肌肉的紧张(停 10 秒)。好,放松,彻底放松(停 10 秒)。现在再做一次。"

"现在,用舌头使劲顶住上腭,保持一会儿,体验舌头肌肉的紧张(停 10 秒)。好,放松,彻底放松(停 10 秒)。现在再做一次。"

(6)颈部放松

"现在,请用力将头向后压,用力,保持一会儿,体验颈部肌肉的紧张(停 10 秒)。好,放松,彻底放松(停 10 秒)。现在再做一次。"

"现在,收紧你的下巴,用力将头向前压,保持一会儿,体验颈部肌肉的紧张(停 10 秒)。好,放松,彻底放松(停 10 秒)。现在再做一次。"

(7)躯干放松

"现在,请挺直你的腰,用力挺直腰部,用力,保持一会,体验腰部肌肉的紧张(停 10 秒)。好,放松,彻底放松(停 10 秒)。现在再做一次。

"现在,请用力向后紧靠椅子后背,用力压紧,用力,保持一会,体验背部肌肉的紧张(停 10 秒)。好,放松,彻底放松(停 5 秒)。现在再做一次。

"现在,用力收缩你的腹部,用力,保持一会,体验腹部肌肉的紧张(停 10 秒)。好,放松,彻底放松(停 10 秒)。现在再做一次。

(8)腿部放松

"现在,请用脚跟向前向下紧压,绷紧大腿肌肉,保持一会儿,体验大腿肌肉的紧张(停 10 秒)。好,放松,彻底放松(停 10 秒)。现在再做一次。"

"现在,请将脚尖用劲向上翘,脚跟向下向后紧压,绷紧小腿肌肉,保持一会儿,体验小腿肌肉的紧张(停 10 秒)。好,放松,彻底放松(停 10 秒)。现在再做一次。"这个动作在练习时要注意,如果出现腿部抽筋现象请立即停下来。

(9)脚部放松

"现在,绷紧你的双脚,用脚趾抓紧地面,用力抓紧,用力,保持一会,体验脚部肌肉的紧张(停 10 秒)。好,放松,彻底放松(停 10 秒)。现在再做一次。"

(10)结束

现在你感到身上的肌肉,从上到下,每一组都处于放松状态。你的脚趾、脚、小腿、大腿、腰部、胸部,你的双手、双臂、脖子、下巴、眼睛、额头,全都处于放松状态。请进一步注意放松后的感觉,此时你有一种温暖、愉快、舒适的感觉,并将这种感觉尽量保持一会儿。

以上是渐进式肌肉放松的过程,坚持每天练习一次,一次 15～20 分钟,经常练习,最终可以学会如何迅速让自己的身体进入放松状态。通常同学们在考试之前有大量的时间复习备考,这个时候可以在自习之前进行渐进式放松练习,在练习结束,给自己一个积极的暗示"接下来我会进入一段高效的复习时间",从而可以提高学习效率。也可以在复习了一段时间、身体感觉疲劳的时候进行。

二、系统脱敏法

系统脱敏法是专业的心理治疗方法,主要针对焦虑、恐惧两种情绪,简单易行,如果你掌握了放松技术,可以根据自己要解决的问题为自己设计脱敏方案。

1. 系统脱敏法原理

系统脱敏法是由美国学者沃尔浦创立和发展的,基本原理是交互抑制。大家一定见过跷跷板的游戏,一侧在下面,另一侧必然在上面,不可能出现跷跷板的两端同时在上面或同时在下面的情况。放松和紧张的情绪也不能在同一时刻同时并存于一个人身上,如果用放松的情绪拮抗了紧张的情绪,就可以实现焦虑的缓解。

沃尔浦早期实验是将一只饥饿的猫放在笼子中,当食物出现,猫准备进食时,突然强烈电击。多次实验后,不但猫出现强烈恐惧反应,拒食出现的食物,而且对猫笼和实验室环境亦有恐惧反应。每当食物出现时,猫既有因饥饿要进食的反应,又有怕电击而退避的反应,猫学会了对笼子恐惧。之后,沃尔浦尝试给予猫治疗。先在远离笼子的地方给猫食物,此时猫虽然仍有轻度恐惧反应,但因进食这一正常动机强烈,使正常反应抑制了反常反应。此后,逐步将进食移到原来的笼子,只要不再电击,猫最终能够在原来恐怖的笼子中进食而恐惧反应消失。沃尔浦认为运用交互抑制的原理,可以治疗人的恐惧症。通过诱导恐惧症患者,缓慢暴露出导致焦虑、恐惧的情境,并通过放松状态来对抗这种焦虑情绪引起的紧张,从而达到消除焦虑或恐惧的目的。基本程序是逐渐加大刺激的程度,当某个刺激不会再引起患者焦虑和恐惧反应时,便可向处于放松状态的患者呈现比前一刺激略强一点的刺激。如果一个刺激所引起的焦虑或恐怖状态在患者所能忍受的范围之内,经过多次反复的呈现,患者便不再会对该刺激感到焦虑和恐惧。

2. 系统脱敏法的步骤

系统脱敏法主要通过肌肉的放松来对抗肌肉的紧张,达到情绪放松的目的,所以系统脱敏法的第一步是放松训练。

(1)放松训练

系统脱敏法的放松训练通常采用本章第一部分描述的渐进式肌肉放松法,坚持每天练习一次,一次 15～20 分钟,达到可以即时让自己的身体进入放松状态为止。

(2)建立刺激等级

系统脱敏法主要针对焦虑和恐惧两种情绪,可以对引发焦虑和恐惧体验的刺激物划分等级,下面以考试焦虑的学生为例进行说明。

对于考试焦虑的人而言,引发焦虑情绪的事件为考试,根据学生自己的主观报告焦虑程度,构建焦虑等级。基本原则为 0 分没有焦虑,100 为最大程度的焦虑。0～100 分划分为 10 个等级,10 分为一个等级差。如果引发焦虑或恐惧情绪的等级不足 10 个,可以适当减少,但要注意每相邻的两个等级之间差值尽量不要太大。初始焦虑或恐惧分数应小于 25 分,以免造成初始焦虑过大,无法在第一个等级实现放松的现象。附咨询学生构建刺激等级如下:

案例一:考试焦虑案例

0 分:寒暑假或刚刚开学的时候,没有考试,感觉很放松;

10 分:开学两个月以内,老师上课偶尔提到考试相关内容等信息,感到紧张;

30 分:还有两个月要考试,准备开始复习,很紧张;

50 分:还有一个月要考试,感觉考试临近,没有复习完,更加紧张;

70 分:还有两周考试,开始担心考试时大脑一片空白怎么办,导致看书的时候经常看不进去,晚上会有失眠;

90 分：第二天就考试了，会头痛、失眠，感觉复习的都没有记住；

100 分：考试之前，总是想上厕所；考试卷子发下来，遇到不会做的题，会手心出汗。

所有的等级由学生自己制定，因为焦虑是一个主观的情绪体验，具体的强烈程度只有学生自己清楚。对于恐惧情绪的处理也一样，应对不同等级进行设定，以下是一个异性恐惧（男生）的同学设计的恐惧等级。他是我在大一新生入学访谈时遇到的同学，他的主要问题是不敢和女同学讲话，只要想到和女同学讲话就已经很紧张了，所以在高中三年几乎没有和班级的女同学讲过话。到了大学觉得这个问题必须要解决了，以后找工作也不太可能找到只接触男性的工作。以下是他设计的恐惧情绪等级：

0 分：都是男生的环境，比如在寝室里；

20 分：想到要和女生说话，还没有说话的时候，如要去问课代表交作业时；

40 分：和熟悉的女生说话，感觉脸很红，声音有点抖；

60 分：和 2～3 个女同学说话；

80 分：和 2～3 个女同学一直说话（10 分钟以上）；

100 分：教室里只有我一个男生，其他都是女生。

（3）实施

最后一步是实施系统脱敏法，主要是将第一步的放松技术应用于构建的等级，逐级实现脱敏的过程。以考试焦虑的同学为例，首先调整自己的姿势，让自己坐得很舒服，全身放松。然后从焦虑最低的等级开始，进行想象脱敏练习。首先是 10 分等级的情况，如果体验到焦虑紧张，立即通过放松技术达到全身放松的效果。待全身放松以后，再次想象 10 分等级的情况，如果有焦虑体验，再次通过放松技术让自己放松下来。如此反复，直到在 10 分等级的情况下，想到开学两个月以内的时间，老师提到考试的事情，自己感觉到放松为止。再进行下一个等级（30 分）的脱敏，直到 30 分等级的情形下仍然能够放松，再进行下一个等级脱敏。每一个等级脱敏以后才进行下一个等级，一直到 100 分的等级。通常在想象层面下，体验 100 分等级的情形达到完全放松不太可能，即使平时没有考试焦虑的人，在想象 100 分的等级时仍然会有紧张感。所以，通常每一个等级在通过放松以后，焦虑等级在 25 分以下，可以认为这一个等级完成了脱敏。

在想象层面完成了 100 分的脱敏，还要有实践训练。通过脱敏练习，掌握了放松技术，在实际的考试中反复应用，从平时的小测验、期中考试、期末考试、等级考试等，慢慢进行脱敏，最终改变考试焦虑的问题。

需要说明的是，并不是所有让我们焦虑和恐惧的刺激都需要通过系统脱敏法改变，具体要看是否需要。课堂上当我和大家介绍了系统脱敏法后，就有同学问："老师，我怕蟑螂，要不要脱敏一下？"或是"我考试之前也焦虑，需要治疗么？"我的建议是看焦虑和恐惧是否对你产生了很大的影响，对于考试、演讲等情形适当的焦虑是需要的，也是无法完全去除的。害怕蟑螂、蛇、老鼠等动物是否对你的生活造成了影响，如果没有什么影响就不需要改变。但是，如果你害怕的刺激物比较常见，严重影响日常生活，就需要矫正了。例如，有一个同学害怕狗，她害怕所有的狗，不管大小，就是宠物狗她也会害怕。走在大街上，宠物狗非常多，严重影响到她的生活，这个时候就需要用系统脱敏法逐渐改变。再例如考试焦虑，如果想到考试，就严重失眠、不能集中注意力复习等，焦虑水平超过大部分人的反应程度，也需要进行矫正。

很佩服我的学生们，他们在学习了这个方法后，能够灵活应用，很多让我觉得很巧妙也很有创意。临床医学专业的学生，应用比较多的是那些对实验动物恐惧的同学。例如生理学、药理学实验都会用到小白鼠，有很多同学不敢抓小白鼠，一想到抓小白鼠就紧张，越来越不敢了。很多同学为自己制定了一个脱敏计划，通过呼吸放松和肌肉放松的方法，让自己在抓小白鼠之前放松下来，不会因为过度紧张而导致不能操作，最终可以进行动物实验了。在学校里经常会有课堂发言、演讲比赛、竞选班干部等活动，让很多同学苦恼的是轮到自己之前一直很紧张，以至于准备好的内容全忘记了。通过放松方法可以让自己的注意力集中到呼吸或是肌肉上，从而成功转移了注意力。还有一个同学一直不敢骑自行车，她为自己设计了系统脱敏法，现在不但能骑自行车了，还可以载同学一起骑自行车了。

你对这个方法有兴趣吗？在需要的时候，希望你也能应用到你的生活当中。

学生应用案例

4.1　深呼吸

我是一个不善言辞的人，但对于别人的一些不合理的做法又非常看不惯。我又会情不自禁地去纠正。这便造成了我与那些人之间的矛盾。在别人看来，我是一个好管闲事的人，平时沉默无语都是我伪装的。我讨厌被误解，被诬蔑。往往在那个时候，我都不清楚自己为何会有那种勇气，站起来就和别人吵架，情绪暴躁到无法克制。这是我所不能克制的，也是我最害怕的。我难以想象当别人看到的那个我会是怎么的一种心情。他们一定会惊讶平时只会安安静静学习的我怎么会有那么大的暴躁脾气。我不愿意成为别人讨论的话题，更不愿意成为他们茶余饭后的笑料。所以我变得更加沉默，与班上的同学交流自然也减少了。

可是，现在的我已经是全新的我了，在我身上再也找不到以前的影子了。

现在，当我再次看到类似的状况时，我不会立刻冲到他的面前，指着他并告诉他这样子是错的。在看到这种情况时，我首先会做两三次深呼吸，平息自己内心对他的不满，并尽量调整自己的表情，不要老是摆出一副别人欠我很多钱似的表情。然后我会走到他身边，和颜悦色地告诉他那种行为是错的，要改正。而这种做法更容易让别人接受，也不会引起别人对自己的误解。

深呼吸不仅有利于平复心情，而且还有助于夜间的休息。有一段时间我的情绪波动很大，因为一连串不好的事情都发生在我一个人身上，所以晚上总是睡不着，睡着了有时还做噩梦。同学只知道我情绪低落，可没人知道到底是怎么回事。在学了那个深呼吸方法之后，我慢慢开始尝试在床上做两三个深呼吸，深深地吸气，缓缓地吐气，就这样我竟然慢慢地放松了身体，慢慢地松开紧绷的神经，慢慢地入睡了。我没有再做噩梦，没有再在梦中哭泣。那一夜，我睡得很平稳，因为第二天同寝室的室友都说我没有不停地翻身。用这种简单的方法，使我在最困难的时候有了一个好的睡眠，保证我有力气去处理那些烦琐的事情。

4.2　呼吸训练

呼吸训练是减压的一种常见方法。呼吸是生命必需的，正确的呼吸可以影响一个人的精神状态，可以消除压力；呼吸训练可以帮助人们放松和释放紧张的情绪。这个练习的时间很短,也很容易做到。在任何一个地方都可以做这个练习。比如在做演讲之前,我有时候会做深呼吸,复述可以建立信心的语句,比如"加油"或者"感觉不错"。呼吸训练是放松技术中的一种,它经常和其他的集中注意力的方法联合起来使用。比如,在考试之前,我总会做深呼吸。通过精神放松,集中注意力,排除干扰,从而使自己投入到考试的准备中。

从高中开始,在考试的前一天我都会极其紧张,害怕自己考得不好。在复习的时候当我发现某个知识点不会时,就会特别紧张,觉得自己没希望了,明天肯定考不好了。这时候我就会坐立不安。我会采取冥想的方法尽可能使自己放松,首先我会找个安静的地方,集中精力,用鼻子吸气,用嘴呼气,吸气的时候,轻轻地告诉自己"将平静吸进来",而呼气的时候,则轻轻地告诉自己"将紧张呼出去",当一些想法或知觉使你的注意远离呼吸时,停止这些想法,并重新去关注呼吸;每次做这个练习 10~20 分钟;每次做完这个练习后,静静地坐着,眼睛紧闭,花一段时间来体验一下效果,需要反复练习才可以集中注意力。我在连续做了一个月的练习之后,发现集中注意力变得容易多了。如果你的目标和我一样,是为了阻止那些紧张的事件打扰你,呼吸训练是好用的方法。

4.3　交替呼吸法

我紧张的最明显表现就是吃不下饭,心跳加速。我舍友老说我考试时异常兴奋。我自己没有感觉到,可能也是紧张的另一种表现。我站在讲台对大家讲话时,腿哆嗦,发出的声音可难听了……我学了很多办法,如交替呼吸法等,有时候脑袋里想的东西太多,反而让大脑运转不灵光。脑子休息得一点都不好,尤其是想睡觉的时候这种情况更惨,翻来覆去睡不着。到这些时候,我就会运用老师教我的方法,"吸气,呼气,1234……"一点点让自己安静下来,挺管用的,能睡着了,精神状态自然也好了。遇到考试时,以前会紧张得哆嗦,想上厕所,这么多年还延续这个坏习惯。一出现这种情况,自己就慢慢调整心理,让自己想些轻松的事情,如电视中美丽的风景。

4.4　系统脱敏法

我在四五岁的时候,哥哥经常背着我从他家门前一个比较陡峭的斜坡上往下冲。

有一次,哥哥在背我往下冲时脚被绊了,整个人从斜坡上摔下去,我也从他背后甩了出去。幸好并没有受很重的伤。自从那次以后,我常常有莫名的恐惧感,对周围所有人都有不信任的感觉。比如到现在都不敢骑自行车,其间学过很多次,别人在教我时都说会在后面扶着,但我就是觉得他们会放手。比如我不敢让人用自行车、电瓶车、摩托车等带我,汽车开得速度较快或者开在比较小的路上就会有莫名紧张,甚至不敢睁开眼睛看。另外,不敢在体育课上"跳山羊",不敢让人抱我、背我,总觉得会摔跤。

在学了系统脱敏法后,我就想用这个方法克服自己的恐惧感。首先,我把自己的恐惧分成几个等级:

① 有人飞快向我跑来时;

② 有人抱我时;

③ 有人背我时;

④ 别人用自行车、电瓶车或摩托车载我时;

⑤ 坐在比较快的车上时。

从①—⑤分别是让我恐惧程度逐渐递增的 5 个层次。于是,我根据这五点采取了一点措施。

第一步，我每天早、中、晚分别想象有人向我飞快地跑来，一开始，我依然会觉得紧张，但是两三天后这种紧张感就消失了，然后我又让同学在我面前飞快地从我身边跑过，实践证明，第一层的恐惧感已经克服了。

第二步，我又让同寝室最强壮的室友抱我。一开始，依然有紧张感，但逐渐不再恐惧。后又让另外几名室友将我抱起，我发现自己的恐惧感消失了。

第三步，我让同寝室最强壮的同学背我，并且在地板上铺了泡沫地板，这样，即使从她背上摔下来，我也不怕了。有了这些保护措施，我心慌慌地让她把我背起。第一次，我吓得不敢睁开眼睛。但是逐渐地，我心里的恐惧感逐渐减弱，最后消失。这以后，我又让同学在地面上背我，我竟惊喜地发现自己不再害怕了。最后，同学一边鼓励我，一边背着我迈开脚步，我发现自己真的不害怕了。

第四步，我让室友用自行车载我。最开始是在人很少的空地上载我，等到我的恐惧感逐渐消失之后，她又在校园里人较多的路上载我。最后，她把我带到了马路上。第一次被室友带上马路时，我一直紧拽她的衣服，一面还不停地喊："小心，慢慢骑！"但是心里逐渐平静，最后，坐在自行车后座上的我可以安然欣赏路边的风景了。敢坐自行车后，坐在电瓶车和摩托车上就轻松许多了。我让姐夫每次从他家回学校都用电瓶车载我，一次又一次，我从一开始的不敢睁开眼睛到后来一边和姐夫聊天，一边四处张望，恐惧感真的大大降低了。

第五步，实施起来稍微有点麻烦，因为是在学校，自己没有车。所以每次回家，我都让老爸开车载我，越是拥挤、车多或车速快的地方越好。有时候也会让他带我在崎岖的山路上开，这一步至今还没有完全成功，每当车速较快而看到对面有车时，我还是会紧张得闭上眼睛，但其实我的恐惧感已经减弱很多。坚持下去，相信我一定会摆脱它。

4.5　冥想练习

其实我是个特别懒的人，有些事情特别懒得去做，能不做则不做，最爱做的事就是发呆。我觉得冥想就是为我准备的。闭着眼睛发呆，什么也不想，什么也不做，然后一呼一吸，身心就会慢慢得以愉悦、放松。当然，我也不是整天去"冥想"，有压力、不愉快的时候才会去冥想。在大学以前，困扰我最多的就是学习的压力。现在又加上了生活的压力，经常感觉很郁闷，其实也不知道哪里来的郁闷，哪里来的不开心，每天就觉得很累，其实是庸人自扰。我爱多管闲事，所以弄得自己很烦躁。后来我逐渐地学会了放下。

一般我做冥想都是在睡觉之前，那个时间寝室差不多也睡了，很安静。我会先把一些事情翻出来想想，然后就开始闭着眼睛开始冥想，一呼一吸，做着做着就进入了梦乡了。第二天起床，就感觉神清气爽。虽然有些夸张，但是的确不怎么累。

4.6　深呼吸

深呼吸，中考的时候很紧张就用过了，感觉还不错，但这几年效果貌似越来越不行了，很难把心情给平复下来。老师教过之后才发现原来深呼吸的方法错误了。呼气的时间要比吸气的时间长，要慢慢均匀地呼出来，而我则恰恰相反，偏重于吸气，而呼气则比较快。改正之后，效果的确是比原来好多了。还有呼吸的时候想象一下自己呼出的是些黑色的云团而吸入的是白色的云团。黑色代表烦闷、不安、紧张、抑郁的心情。而白色则代表乐观、开朗的心情。在这一呼一吸之间，实现心情转换，虽说有点自我欺骗的味道，但的确还是有点效果的。

4.7　发呆

"发呆",说的正式点就是冥想。我是一个很喜欢发呆的人,如果条件允许我觉得我真的可以什么都不干,就这样一直发呆下去,我觉得这是我的一大乐趣。想到高三的时候,晚自习作业总是很多,我的学习情绪总是像一条歪歪扭扭的曲线,不会一直处于波峰,总会有那么几天处于波谷。当处于波谷时,我就什么事也不干,就坐着发呆,一发呆时间就很快过去了。当时,我同桌就老问我干吗老是发呆,在想些什么,怎么可以发呆这么久,但是我就是回答不上来,我也不知道为什么,我也不知道自己发呆的时候在想些什么,好像什么也没想。上了这节课我才知道原来"发呆"也是一种自我放松的方式。

4.8　我是咨询师

讲完了呼吸,老师说下面让我们通过紧张来放松。新奇的东西,本来就够紧张了,还能通过紧张来放松? 难道还能以毒攻毒? 兴趣一下子被提了上来。思绪也一点点回到课堂上来。闭眼、皱眉、握拳……从上到下,基本每个可以用力的地方老师都带领我们做了一遍。轻松,整个人都舒爽。用力之后的轻松,用力时的肌肉紧张,这些支配了我的神经,没有时间去想其他,收获了一个不错的减压方式。

那个星期的周末,我打开 QQ,看见妹妹在线,我在大学,她还在高中,课业繁忙的她,好像有段时间没与她聊过了。于是便打开对话框和她聊了几句。没聊多久,话题便到了学校上,她说:"现在课都有点难,考试考得都不好,现在都怕了。快高三了,压力也越来越大。"以前和她分享深呼吸的方法,但效果在她身上不明显(大概身体的缘故,有些动作没到位吧)。忽然想起了老师课堂上所讲的内容,于是便兴冲冲地和她说,叫她照做。电话里,说的时候一直很忐忑,怕她最后说好像没什么效果,我尽量记起老师上课讲的每一个细节。当时问她感觉怎么样,她说还好。很官方的一个回答。一个周末,我在玩着电脑,QQ 忽然闪了几下,我点开,是她发来的信息。她说:"我们又月考了。""考得怎么样?"我说。"嘻嘻,你说呢?"我知道她这次考得应该还不错,她说:"谢谢老哥了!"我一下子感到莫名其妙,问道:"为什么谢我?"她说:"嘿嘿,还不是你上次说的那个方法,考前试了一下,效果非常好,哈哈。"那个时候我很开心,不是因为得到了她的一句感谢,而是我真的帮到了她。

4.9　放松疗法

我发现我之前认识的"放松"对于我的问题的解决几乎是微乎其微的:不断地告诉自己不要紧张,不要紧张。现在的我认为,那只会让自己更在意一些公共场合的事物,反而更加紧张了。正确的做法和步骤是先慢慢地吸气,然后再慢慢地吐出来,保持吸气和呼气之间的比例是 1∶2,这样才能有效地放松自己。或者是,想象吸进去的气体是清新干净的气体,呼出来的气体是污秽浑浊的气体。这样往复几次,明显觉得自己处在一个奇妙平和的境界里,不知不觉也就平静了下来。这个方法有次在一个商学院组织的演讲比赛中帮助了我。那次比赛尽管我准备得十分充分,但是面对 500 多人,还是紧张不已,就在准备上台的时候,按照上述的方法过了一遍之后,发现自己也就慢慢冷静下来了,于是自信地上台演讲并获得了不错的成绩。

系统脱敏法是第一次接触,这对我来说完全是新奇的。同时进行了以下训练:

第一,想象自己在一个拥挤的演讲大礼堂里,想象自己周围都是等待你演讲的人,感到深度紧张时深呼吸,调节情绪并在不断地"想象中"获得自己不畏惧演讲的免疫力。

第二,在教室里听老师讲课,就想象自己也在讲说,告诉自己面对众多人演讲其实并不紧张。

第三,在一次演讲比赛中演讲,目光扫视观众。

经过了以上这几步练习之后,我明显觉得自己并不是那么害怕在一些公共场合发表自己想法或演讲了。在一定程度上,也增强了自己的心理承受能力。

第五章　内观疗法

"一个没有经过审察的人生，不值得过。"

——苏格拉底

内观疗法在我看来是审查自己人生的修行法，审查过去的人生，为未来的人生指明方向。内观疗法是心理治疗的专业方法，初次接触内观是在曲伟杰心理学校听曲老师讲内观，称之为"幸福的修行法"。开始很是好奇，是什么方法可以让人幸福？"内观疗法"听起来好陌生，也不是心理治疗的主要流派，怎么会有这样的效果？后来自己体验了内观疗法，还与参加内观的同行们一起分享学习心得，再到自己做个案咨询的时候用内观疗法，逐渐发现了内观疗法的魅力，它的确是可以让人体验幸福的修行法。

于是，我决定在我的课堂上和同学们讲内观疗法，开始有很多的担心，这个方法是体验式的，讲起来会不会很枯燥？同学听了以后会应用吗？但同学们在课堂上的讨论、课后的应用，加强了我的信心，在这里写出来和大家分享，让更多的人受益于这个方法。

心理学发展历史有这样一种共性，每一种疗法的发明者都有自己的特殊经历，如弗洛伊德、荣格本身有自己精神的苦难，在心理学研究过程中既是拯救别人，也是拯救自己。内观疗法的创始人日本学者吉本伊信亦是有着特殊的经历。

吉本伊信在生命的早期就体验到了生离死别所带来的痛苦。小学一年级时的班主任是一位很有爱心的好老师，吉本伊信觉得能够在入学的早期就碰上这样一位优秀的老师是非常幸运的。然而，在第一学期结束，这位好老师因病要离开学校，他感到非常悲痛。第二年，4岁的妹妹不幸夭折了。母亲为可爱女儿的去世感到非常悲伤，为了摆脱痛苦她就倾注于求道、闻法和诵经。母亲当时信仰的是净土真宗教。净土真宗教认为人人都能成佛，最简单的方式为每天默念"南无阿弥陀佛"，没有什么复杂的要求，因而被一些贫穷、文化程度不高的人所接受，吉本伊信的母亲也是这样的人，以这种简单的方式去解决自己的痛苦。

少年时代的吉本伊信就这样，在母亲的身边成长起来。由于有了这样的体验，就开始自问："我为何会来到这个世界上，死后又会是怎样的？"从那时起，吉本伊信就开始考虑人生问题，他的人生与内观就产生了联系。

成年以后，自己辛苦创立的企业在美军的空袭中被炸毁，最敬爱的一位老师也死于空袭。这些让吉本伊信再次陷入极大的痛苦中。想不明白为什么会有这么多的痛苦，"为什么妹妹那么可爱会夭折、如此敬爱的老师会死于非命？……"

母亲对吉本伊信的影响非常大，她在参加了各传道会的听讲后，都会带回一些宗教方面的书或小册子，母亲要求吉本伊信读这些书。在阅读了这方面的书后，吉本伊信开始了解佛教中的"内观"。佛教中的内观指的是观察事物的本来面目,是一种如实觉察自己身心的实相,而达到净化心灵的过程。从观察自己的呼吸开始,用心专注,而后用这种敏锐的觉知,去观察身上的感受,体验无常、苦、无我的真谛。在母亲的影响下,他也选择净土真宗教来解决他的痛苦。修行的方式很简单:在一个尽可能长的时间不吃饭、不睡眠,让人体会到身体的痛苦,来体察身心的变化,最后领悟到生命的无常。

吉本伊信在进行内观时,总共经历了四次才成功。前三次皆因无法忍受生理上的痛楚而放弃,直到第四次,彻底大悟,提出一个观点:"要想知道自己是不是有信心,可以去查查过去一天天度过的日子。"吉本伊信对于此修行法只限于狭窄的宗教团体和少数人的做法感到不满,加以修改,创建了内观疗法。经过半个世纪的发展,在日本有专设的内观疗法研修所。在心理咨询、治疗机构、医院心理治疗中心,内观疗法得到广泛应用。在美国和欧洲的一些国家也已经设立了对内观疗法的专门研究机构。

一、内观疗法人性观

如果问你一个问题,你认为人生痛苦的来源是什么? 你的答案会是什么呢?

内观疗法认为人之所以痛苦,基本的原因在于欲望,渴求人生"有常的欲望"。我们希望生命是"有常"的,美好是永恒的。而这种"有常"或"永恒",是不可能的。以死亡为例,人固有一死,或重于泰山,或轻于鸿毛,但每个人内心都希望能活的长久。吉本伊信的母亲也希望女儿能够活的长久,这是固有的"生命有常"的执着。然而女儿四岁夭折,死而不能复生,这种痛苦怎么解决呢? 她选择寄托于宗教,宗教给她一种解释,一切都是无常的。一旦认识和接纳"生命的无常",人生的痛苦也就随之而解决了。简单的理解生命的无常,就是任何事情都可能发生在任何人身上。如果我们在内心接纳"我是一个平常的人,什么事情都是有可能发生在我的身上",痛苦也就随之减少很多了。

二、内观疗法的基本观点

"内观"是指"观内""了解自己""凝视内心中的自我"之意。借用佛学"观察自我内心"的方法,设置特定的程序进行"集中内省",以达自我精神修养或者心理治疗的目的。

(1)内观疗法是指集中心志、对自己的过去进行重新审视,回想以前自己没注意到的事情,从而体会到幸福的人际关系修行法。

内观疗法以确定的主题为主线进行人生的整理和回忆,如同搭积木的过程。那些零零散散的积木块就像我们过去的人生碎片,通过整理,可以组建成各种美丽的图案。在一个内观团体的恳谈会上,听到了一个小女孩的内观报告,印象十分深刻,凭借记忆进行整理如下:

初二上学期结束,我和妈妈说:"我不要再上学了。"妈妈说:"你这么小,不上学干什么去?"我理都没理她就不上学了,然而整天在家也很无聊,于是参加了这个内观团体治疗。来之前我也不知道干什么的,只是觉得反正没事做,就来了。第一天,其实我觉得比在家更无聊,没什么好回忆的,我只有 16 岁,有什么好整理的呢? 但是第一天结束,我听到了我的队友们谈自己的内观日记,其中还有小学生,让我觉得挺惭愧。于是我开始认真按照主题要求对我妈妈进行了回忆。在这之前,我们像是敌人,妈妈说东,我偏向西,她一说话我就烦。但是我想到了一个镜头,是一杯水。就在这个学期开学,我已经不去上学了,每天待在家里睡到自然醒。然后,妈妈怕我出去上网不安全,在家里给我装了电脑和网络。妈妈平时工作很忙,一般早上出去的时候我还没有起来,中午也不回来,一天只有晚饭是在一起吃的。有一天,我从床上爬起来,已经 10 点多了,就打开电脑玩游戏。头没梳,脸没洗,现在想想那副鬼样子,估计挺吓人的。过了一会儿,不知道妈妈为什么回来了,我和她对视了几秒钟,确定是她回来了,继续玩游戏,当时想大概妈妈忘记了东西回来取吧。妈妈倒了一杯水给我,放在了我的电脑桌上,我当时一饮而尽,当时心想"老妈还挺会来事的嘛,我正口渴,但舍不得停下来去喝水。"等我喝完,老妈又倒了一杯放在桌上,就走了。这是一个小到不能再小的生活片段,但是,现在想起来,却让我觉得非常温暖。因为老妈是一个事业很成功的人,也很爱面子。我不知道当时她看到我那副鬼样子内心是怎么想的。别人家的小孩都去上学,自己的女儿却在家玩游戏。

这只不过是生活里小到不能再小的片段了,但现在这杯水成了一个特写镜头,永远存在了我的记忆里,我决定回去上学了。

7 年过去了,虽然不知道这个小女孩现在生活得如何,但可以感受到她当时刚刚结束内观时的幸福感。

(2)通过主题回忆,确立新的生活态度,构建与他人的连带感。

看过一句话:城市是上千万人孤独地生活在一起的地方。而内观恰恰可以构建与他人的连带感,不再孤独。一位一起学习内观疗法的心理咨询师是个单亲妈妈,她和大家分享了自己在生活中运用内观疗法,让自己的女儿重建生活的连带感的故事:

一天下班接了小学三年级的女儿回家,女儿给我看了一幅画,是"我和妈妈"主题班会的一部分内容,请每个同学画一幅"我和妈妈"的画,和大家分享自己和妈妈的故事。女儿画了一个大苹果,红红的,中间有一个圆,里面画了一个树枝,上边坐着两个人,是我们俩。但是苹果外边都涂上了黑色。小女孩告诉妈妈,这个红红的大苹果象征我和妈妈的生活甜甜蜜蜜。妈妈听后问女儿:"为什么苹果外边都是黑色的?"女儿一下子情绪很低落:"因为除了妈妈,其他人都不好。"我听到这里很难过,一直担心单亲的家庭给她留下阴影。现在,看着一片黑色,心情也更加沉重,却又一时不知道怎么引导孩子,想到了自己刚刚结束的内观疗法,就对女儿说:"我们俩做个游戏好吗?""好,什么游戏?""你看,苹果外边的世界都是黑色的,都看不见,很不安全。这样吧,你来想一想,有没有其他人帮助过你?如果你想起一个人帮助过你,或者是别人帮你做过一件你认为的好事,妈妈就画一盏灯在黑色的地方,看看我们能画出多少盏灯,好不好?""好。"小女孩同意了,就开始了冥思苦想。

"妈妈,我想到一个,就是昨天,我们班的一个同学叫我小胖,他总是叫我小胖子,我很生气。于是昨天我就把他推倒了,虽然老师批评我不应该推别人,但是他了解了原因,让那个同学以后再也不准叫我小胖子了,如果再叫我小胖子,老师就要惩罚他。我觉得很开心,老师是好人。"

妈妈画下来第一盏灯。

"还有一楼的爷爷,上个星期你把我放在他们家,爷爷给我买了很多好吃的,还给我讲了很多故事,爷爷是好人。"

妈妈画下了第二盏灯。

"我的同桌,她很小气,不肯借橡皮给我。今天却借给我了。"

妈妈画下第三盏灯。

"好像没有了。"

"你再想想,记得我们去看电影,帮我们调座位的阿姨吗?"

"哦,是的,阿姨算一个"

……

就这样,我们两个一边想一想画,最后在苹果外面的黑黑的世界画了 17 盏灯。看着一盏灯一盏灯亮起来,妈妈的心也亮起来,没有了最开始的沉重。

这是一个智慧的妈妈,也是一个细心的妈妈,善于通过生活的点滴去浇灌孩子的心灵,相信那个小女孩的世界也在慢慢亮起来。

(3)生活事件的重新感觉,人际关系重新构建。

内观并没有改写生活的历史,只是对过去生活的重新感觉,却构建了不同的人际体验。

一个初三男孩的内观报告如下:

我不知道让我对妈妈进行回忆是做什么,我很难集中精力去按照要求回忆。在做训练的时候想到了自己第一次做蛋炒饭。我超级爱吃蛋炒饭,我有想过如果将来我要有一个笔名或是艺名,我就叫蛋炒饭。我第一次做蛋炒饭是去年暑假,中午肚子饿了,就去厨房看了看有剩饭,再看冰箱有鸡蛋和土豆、胡萝卜、洋葱。于是开始了我的第一次大作,之前从来没有烧过菜。开火,放油,已经记不得是先放的鸡蛋还是先放的饭菜,总之经历了半个小时,我把厨房弄得一塌糊涂,我的大作终于完成了。不知道其他人第一次下厨效果如何,那是我吃过的最难吃的蛋炒饭,我只吃了一口,就直接去买外卖了,留下了一片狼藉的厨房。

不知道怎么回事,我突然想到了平时为我烧菜的妈妈。我上了初中以后,学校比较远。每天 7 点早自习,我要 6 点 15 分就从家里出发。但是,每天早上 6 点,我都会看到热腾腾的饭菜放在餐桌上了。这样妈妈要几点起来做早饭呢?我那次下厨剩饭和鸡蛋都是现成的,我还搞了半个小时,妈妈要花多长时间来准备呢?有时候还要抱怨不好吃,吃一两口就走了,妈妈通常会再给我带盒牛奶。现在想想自己有些不太懂事,认为每天妈妈给自己做早饭是理所当然的。其实妈妈付出了很多的辛苦。

初中入学时,我坚持走读。如果我选择住校,妈妈就不用每天起大早准备早餐了。但是为了我吃得好,睡得好,从无怨言。想到这些,突然那个平时很能唠叨的妈妈变得更可亲了。

内观是对自己人生的回忆和整理,却产生了新的人际体验。

三、内观的三大主题

说到这里你一定好奇,内观的主题回忆到底是回忆什么呢?

1.内观的三大主题回忆

第一个主题:别人为我做的事。

别人为我们好心做的好事,不包括坏事。内观是指善,外观是恶,别人为我们做得不好的事,是外观。总看到生活的不公平,不好的事,这属于外观。从情绪记忆的特点来看,和负面情绪相关的事件记忆更持久。所以很容易外观,想到别人对自己的不好。

第二个主题:我为别人做的事,或我回报别人的事。

别人为我做了这么多,我回报了什么? 这个主题回忆的难点是经常想不起来我们为别人做了什么,或者也认为是理所应当的。

第三个主题:我为别人添的麻烦,或我给对方带来的烦恼。当我们回忆这个主题时,往往没有勇气去承认我们给别人带来的烦恼,更多地记住了别人给自己添的麻烦。

有了这三个主题的设置,内观不再是宗教的修行,而是一种改善人际体验的技能。

2.三大主题内观的要点:

(1)按照人物和时间线索来回忆

通常在内观之前,先将自己从出生到现在划分为几个阶段,以上学为例,可以分为:小学之前、小学、初学、高中、大学;然后按照人物进行回忆,例如,对妈妈进行回忆,先回忆的是小学之前"妈妈为我做的事,我为妈妈做的事,我给妈妈添的烦恼"三个主题回忆结束,再回忆小学"妈妈为我做的事,我为妈妈做的事,我给妈妈添的烦恼"……一直到最后一个时间段结束。如果第二是对爸爸进行内观,同样从第一个时间段开始,每个时间段进行三个主题回忆,到最后一个时间段结束。

在内观训练时,每一个时间段需要 2 个小时左右的时间,用 10～15 分钟的时间向内观指导师叙述在这两个小时内,最让自己印象深刻或带来启发的事件。如果在日常生活中自己做内观,可以根据人物和时间进行相应的调整。例如你的一个室友,只认识一年多的时间,可以在这一年多的时间段里,对室友内观"室友为我做的事,我为室友做的事,我给室友添的麻烦"。

(2)回忆注重细节

实际操作过程中三个主题的回忆并不容易,"想不起来,缺乏细节"是共同的问题。而没有细节的回忆,就像写流水账的日记一样,只是简单记录了过去发生的事件,难以激发相应的情感。细节就像一个个特写镜头一样,存在内观者的记忆中,才会有效果。

(3)主题回忆适当

这三个主题,是针对人性的弱点所设置的。我们往往忽视别人对我们的善,而记住了别人对我们的恶,通过第一个主题回忆自己从别人那里得到的恩惠,但回忆过度则会内疚;我们往往忽略了自己对他人的价值,把自己为别人做的事当成了应当做的事,通过第二个主题回忆自己给别人的回报,增强自我价值,但回忆过度则会自大;我为别人添的麻烦,难点是"我们有的时候没有勇气承认",通过第三个主题回忆给别人带来的烦恼增加自知,但回忆过度则会自卑或抑郁。

四、内观心理训练的流程

接下来介绍标准的内观训练设置给大家,如果有时间、有决心,建议尝试做集中式内观训练,整理你的人生。标准的内观训练是 7 天时间,每天早上 6 点到晚上 9 点。不仅仅限于内观的时间,实际上训练中每天 24 小时都应沉浸在内观的状态中。比如,我在回忆刷牙的时候,我要回忆,当我第一次刷牙的时候,母亲是如何教会我的。

内观是幸福训练,但训练过程是痛苦的,训练是重复的,反复想一个事,反复做一个事,反复说一个事,反复体验一个感受。内观训练的设置是:在相对封闭的空间(可以是独立的房间,也可以是屏风分隔开的屏蔽空间),除用餐和去洗手间的时间外,不能离开内观场所。每一位内观者有一位内观指导师,在内观时间内,指导师每 2 个小时和内观者见一次面,会谈 15 分钟左右时间,总结前 2 个小时内观内容,商讨接下来 2 个小时的内观内容。其他时间,内观者不能和其他人交流,不能开手机、不能看书或报纸,要全身心地投入到内观状态中。因此,有人称内观训练为"内关"。

用 7 天的时间来整理自己的人生,沉浸在内观的状态中并不容易。面对内观者,我们内心充满敬意,只有勇敢的人才敢于内观。

五、内观的作用机制

如此刻板的训练形式之所以会是一种幸福训练,是基于内观之后,内观者通常会产生如下四种欲望:

1. 感谢欲

当我们自己处在父母和朋友的关爱中时,往往对他们的这些关爱习以为常,不再察觉。我们总是期望他们能对自己付出更多的关爱,一旦他们稍有欠妥就恶言相向。可是陌生人给予些许帮助时,却让我们感激不已。不知道你是否也意识到了这种错觉。诚然,对于陌生人的帮助,我们应当报以感谢。可是对于亲友的帮助,我们是否更应该报以更大的感恩呢?

分享一个看过的小故事《请吃一碗面》:

一天,佳佳跟妈妈吵架之后什么都没带,就只身往外跑。走着走着,肚子饿了,看到前面有个面摊,香喷喷的,好想吃。可是,佳佳发现,她身上竟然一毛钱都没带!

过一会儿,面摊老板看到佳佳一直站在那边,就问:

"小姑娘,请问你是不是要吃面?"

"可是……可是我忘了带钱。"佳佳不好意思地回答。

面摊老板热心地说:"没关系,我可以请你吃。"

不久,老板端来一碗热腾腾的面给佳佳,佳佳吃了几口,竟然掉下眼泪来。

"小姑娘,你怎么了?"老板问。

"没什么,我只是很感激。"佳佳擦着泪水,对老板说道:"我们不认识,只不过在路上你看到我,就对我这么好,愿意煮面给我吃。可是,我自己的妈妈,我跟她吵架,她竟然把我赶出来,还叫我不要再回去!你是陌生人都能对我这么好,而我自己的妈妈,竟然对我这么绝情!"

面摊老板听了,委婉地说道:"小妹妹,你怎么会这样想呢。你想想看,我不过煮一碗面给你吃,你就这么感激我,那你自己的妈妈煮了 10 多年的面和饭给你吃,你怎么不感激她呢? 你怎么还可以跟她吵架?"

佳佳一听,整个人愣住了。是呀,陌生人请吃一碗面,我都那么感激,而妈妈辛苦地养育我,煮了 10 多年的面和饭给我吃,我怎么没有感激她呢? 而且,只为了小小的事,就和妈妈大吵一架。

匆匆吃完面后,佳佳鼓起勇气,往家的方向走,她好想真心地对妈妈说:"妈妈,对不起,我错了。"

当佳佳走到家巷口时,看到疲惫、焦急的母亲,正在四处张望,看到佳佳时,妈妈就先开口说:"赶快回家吧,我饭都已经煮好,你再不赶快回去吃,菜都凉了。"

此时,佳佳的眼泪夺眶而出……

有时候，我们很容易对别人给予的小恩小惠感激不尽，却对父母、亲人，一辈子的似海恩情熟视无睹，未曾感恩过！

通过内观可以让我们产生感恩之心，感谢生活给我们恩惠的所有人。

2. 道歉欲

人际冲突中的敌意与不满是认为自己是对的，是被害的，自己有权利要求对方的心态所导致的。一旦了解自己是错的，自己太任性，并且是个加害者，则怨恨与不满将无存在的余地，对别人的恨意与不满随之消失。不仅如此，还会对别人的温馨、恩惠产生感谢。

通过内观，可以放弃虚伪的面具，寻回真正的自我。一旦对于自己的脆弱与丑陋有正确的认识之后，就能平心静气地接纳自己、别人。如果家长能给孩子道歉、老板给员工道歉，还可以体现出平等。

3. 回报欲

产生了感谢欲和道歉欲，必定会产生回报的愿望，为这个给予自己那么多恩惠的人，做点什么事？回报的方式一定是自己力所能及的，对方真实需要的。

一位同学和我分享了自己的内观故事：我家乡是西北地区农村的，很多孩子都不读书，初中、高中毕业就外出打工了。我家里的经济条件不好，父母是地道的农民，但是，他们很希望我和哥哥读书，尽全力为我们创造了上学的条件。但是哥哥读到初中毕业就不肯读了，因为高中要到外地去上学。我喜欢读书，只是成绩一直一般。虽然考到嘉兴学院不是什么名校，但是对于村里的人来说，已经是很有出息的大学生了。爸妈非常开心，决定开学送我一起来，也顺便出来看一看，就当旅游了。之前，他们去过最远地方就是我们那里的县城了。但是我当时的想法是不想让他们来。因为高中的时候开家长会，看到同学的爸爸妈妈都很体面，只有我的爸爸穿着很老土，我不想大学同学看到我爸爸妈妈的样子，所以我坚持要自己来上学。到最后，爸爸妈妈还是不放心，送我过来了，但是因为我一路上都不高兴，所以他们来到这里帮我弄好床铺当天就回去了。做了那么久的车，我也没有让他们和我在新学校转一转，陪他们在四处看一看。当时只是顾着生气："为什么不让他们来一定要来？"

做了内观之后，我突然意识到自己有多自私，只是为了自己的面子，却没有考虑他们的感受。虽然家里经济条件不好，但是他们已经给予了我他们所有能给予的。我上学需要的东西，他们都会尽全力去满足。平时父母省吃俭用，舍不得花钱，但是只要是我学习用得上的，从来没有说过不。

我目前还没有毕业，我不知道能为他们做什么，但是我有一个想法，从现在开始利用课余时间和暑假去做兼职。就是等我毕业的时候，我邀请他们来接我。在这里四年，我已经对环境很熟悉了，可以用自己打工赚的钱带他们旅游。

听了他的内观心得，不由地为他喝彩！

4. 成长欲

人是活在关系里的，体验到关系中的关爱，由此产生与他人的连带感，产生回报的欲望，同时带给内观者巨大的成长力量，规划未来的人生。内观结束，很多内观者都会思考此生我要做什么样的人？将来我要做什么样的事？我要为之做出哪些努力？"

在给青春期的孩子做内观训练时，更能感受他们内心萌发出来的成长动力。很多孩子家长觉得孩子不爱学习是青春期逆反，没有办法，无奈送来做心理训练。经历7天的团体内观训练以后,发现孩子们更多的感悟是:"以前都把精力放在和父母对抗上了,根本没有去想自己未来要干什么。总觉得家长讲的大道理很烦,以后还远者呢。现在认识到父母对自己的爱很不容易,更想用心考虑一下自己以后到底想怎么过。"

六、内观在生活中的灵活应用

看过一期"心理访谈"节目,求助者是一家三口:爸爸、妈妈和儿子。咨询的问题是父子关系。儿子已经过了而立之年,但是一直对父亲耿耿于怀,节目开始就讲自己的父亲很少说关心自己的话,自己创业也不支持资金等,甚至坦言,一直怀疑自己不是爸爸亲生的儿子。年过七旬的爸爸话很少,听到儿子这样抱怨自己,也只是在一旁唉声叹气。随着节目的进行,妈妈讲述了很多爸爸和儿子的故事。儿子小时候体弱多病,经常半夜发烧,都是父亲带去看病。有一次,病的比较严重,需要到镇上的医院,晚上没有车,父亲背着他走了近4个小时去看病。随着一个一个故事的叙述,爸爸和儿子的眼睛都湿润了,这些故事,儿子是第一次听到,第一次感受到了父亲沉默但是厚重的爱。节目结束,儿子给了爸爸一个拥抱,这是从自己记事以来的第一次拥抱……

这期节目给我最大的启示是,生命过程中有很多的故事被尘封起来,内观是打开尘封记忆的钥匙,能让那些落满灰尘的珍珠散发出原有的光芒。基于现实生活中时间等因素的考虑,大部分人没有办法做到标准的7天内观,但是可以用回忆唤起我们拥有的生命故事。

1. 分散内观

第一次指导分散内观是在一个同学咨询和家里的关系时,他家里四口人在四个地方,爸爸在上海做生意,妈妈在南昌做生意,妹妹在老家台州读初中,由爷爷奶奶照顾,自己在嘉兴读大学。看到同学经常给爸爸妈妈打电话,自己却不知道说什么,没两句就挂掉了,都很忙,自己没有家的感觉。只有过年了四口人才都回到家里,难得的几天时间在一起,也没有感觉到幸福。我们约定用内观的方法进行心理咨询,在日常的学习生活中,只要有空就可以随时进行内观。她选择对自己的爸爸和妈妈做内观。每周咨询一次,60分钟的时间。请她讲这一周自己内观最大的体验和收获,同时布置下一周内观的主题和内容。一共做了7次,连续7周。因为怕忘记,她在内观的时候,把感动自己的事情写下来和我分享。7个星期下来,已经写满了一本厚厚的笔记本。

"周末我去上海看爸爸,不管他有多忙,爸爸都会带我去玩,带我出去吃饭,点的菜都是我爱吃的。我很好奇,爸爸怎么知道我爱吃什么?以前总以为爸爸只是知道问我钱够不够。"

"妈妈有一次通电话哭了,觉得很对不起我和妹妹,对我们照顾太少。以前总觉得别人的妈妈会问寒问暖,我的妈妈话很少,但是细细体会,我的妈妈也会在电话里嘱咐不停,多穿衣服,多吃什么,不能吃什么,注意身体等。"

……

7周结束了,她告诉我自己现在最大的变化是,可以和爸爸妈妈煲电话粥了。以前觉得和他们没有话讲,现在会把自己学校里的琐事和爸爸妈妈讲,他们也会和自己讲一讲生意上的烦恼,真没想到自己的爸爸妈妈也是这么能聊的!感觉和父母的心贴得更近了。

2. 讲述内观

团体内观训练结束，通常会举行一个恳谈会，参加训练的内观者集中在一起，每个人讲述自己的故事。恳谈会，是对内观的一个升华，使内观不仅是对自己人生的整理，更可以经由别人的故事，带给自己启示和感悟。每个内观者在讲述自己的故事时，比只是在内心里想或写出来更加深刻。以下写了几个印象深刻的故事，你是否可以从他们的故事中得到启示呢？

一个小伙子分享了自己对爸爸的内观故事：印象中爸爸一直不太讲话，不会像妈妈一样问寒问暖，有很多话说。读小学的时候，到了冬天，每个班级都要搭一个小火炉取暖。学校会给每个班级发取暖用的煤炭，但是木柴是需要每个同学从家里带来的。刚读一年级，第一次听到老师布置的任务，想到家里院子里有一大堆木柴，于是自告奋勇和老师说："我家有很多，让我爸爸拉一车过来。"回到家里兴奋地和爸爸汇报自己的吹牛成果，爸爸的回答是："那是咱们家过冬用的，都交到学校去了，咱们自己家就没有了哦。"接下来的几天，我在班级里不敢抬头，下课也老老实实在自己的座位上，因为担心同学和老师问我："你家的一车柴怎么没有拉来呢？"还好没有同学问起，是大家都忘记了，还是没有到交木柴的日期？ 在忐忑中度过了几天，我渐渐快要忘记这件事了，有一天的体育课，同学喊我"你爸爸来了"。爸爸真的来了，而且推了一推车的玉米秆。立即冲到爸爸身边"爸爸，你可真厉害！"爸爸拍了拍我的头："儿子，你以后再吹牛咱们家就要被搬光了。"没有批评和指责，爸爸坚守了我的诺言，又教育了我不能随便说大话……

一位女士分享了自己对老公的内观：平时家里都是老公做饭，每次出差前，他都会买很多速冻的食品放在冰箱里，饺子、馄饨、汤圆等，以至于家里两开门的冰箱都不够用了，换成了三开门的。买回来之后还要一一交代，这个要用微波炉，那个煮几分钟，感觉一点都不像一个大男人，婆婆妈妈的。来做内观之前的一个晚上，我正在埋头写博客，名字就叫"把冰箱吃光"：什么时候能把冰箱里的东西吃完？ 有的时候生气，老公买回来的我就直接丢到垃圾桶里，让他不要再买了，就是不听。刚写到这里，老公来电话："我明天要出差一周，现在在超市，这几天你想吃什么，我买点回来。"当时真是哭笑不得。做了内观，回想起了老公为自己做的很多事，自己却为他做的少之又少。内观结束，我要再写一个博客"吃不光的爱"……

我的一个同行分享了对妈妈的内观：从小妈妈就很强势，对我管得特别多，也特别严。上大学的师范专业也是她给我选的，毕业如愿成为一名人民教师。住在学校的教工宿舍，拿到第一笔工资，我内心暗自欣喜，终于不用受老妈的管了。结果没想到，老妈开始到处为我介绍男朋友。只要一回家，就和我说"最近又有一个小伙子，我了解了，各方面还都不错……"我一听就很火，从小到大，一直受老妈的管制，现在男朋友也要帮我选，那我的人生彻底没希望了。所以，只要老妈一开口，我就想办法和她顶。妹妹说我和妈妈已经是水火不相容了，还给我们两个起了外号叫"战斗机"。甚至我在想，什么时候把老妈气哭了，我就彻底胜利了。因为从小到大，从未见过妈妈哭。慈母严父，我家正好相反。我从来感受不到母亲的慈祥，只是觉得她很强，什么都难不倒她。在对妈妈的内观中，我想到了太多妈妈的付出：我和妹妹是双胞胎，为了给我和妹妹创造好的生活条件，妈妈每到冬天的时候，就会去农村挨家挨户的收粮食，再卖到外地去赚差价。冬天很冷，她穿着厚厚的军大衣，很重，还要一家一家跑。有时要去排队等货舱号，就一个晚上不睡觉，在那里排队……只要别的小孩有的玩具、学习用品,妈妈都会给我和妹妹买。想到这些,那个一直只是严厉的妈妈也变得慈祥起来了。我想好的回报方案,就是这个周末回家,我要给她买一件羽绒服,又轻快又暖和。过了一周之后的交流会,她和我们分享,她回家第一件事就是把羽绒服送给妈妈。老妈第一反应是:"说吧,你是不是有什么事情求我?"我当时真是觉得冤枉,赌气说:"没事求你就不能给你买东西啊。"吃过晚饭,我给妈妈洗头,发现妈妈老了,一直在我内心里强势的妈妈已经驼背了,50 岁出头的年纪已经一半头发都白了。接下来我和妈妈聊了很多话,很多心里话。爸爸不爱求人,内向,家里家外很多大事都是靠妈妈来支撑……聊着聊着,我看到妈妈的眼角都湿润了,我一直用战斗的方式对付老妈,却没想到,温情感动了她……

3. 聚焦内观

每个人都是解决自己的问题的专家,很多困境我们自己是有能力去解决的,甚至曾经很好地解决过,只是自己忘记了而已。以考试焦虑为例,我们经历过无数次考试,考试焦虑不是第一次就有的,也不是一开始焦虑就很严重了。这也说明在过去的考试过程中,每个人有自己的应对经验。我会邀请考试焦虑的学生对自己过往的考试做一个内观。

在参加过的考试中,你在考试复习方面感到效果好的作法是什么? 在复习考试方面你感到效果不好的做法是什么? 你在考试复习方面别人为你做的效果好的作法是什么? 你在考试复习方面别人为你做的效果不好的做法是什么?

当按照以上思路进行整理后,很多同学可以看到自己的资源,而这个做法是自己曾经做过的,就更有信心了。

无论目前遇到的困境是什么,我们都能在过往类似的经历中找到正向资源,可以根据自己在生活中遇到的问题,将自己的应对资源聚焦。

4. 体验内观,建立自己的感恩簿

内观疗法是一种心理治疗的方式,尤其针对亲密关系的改善。我更愿意把内观疗法称为内观,把它当作一种生活的态度。

内观能让我们学会心存感恩的生活态度。我们在每一天的生活中随时都可以处于内观的状态。一个咨询的同学说:"我觉得生活日复一日,三点一线,似乎什么都没有留下。"我给了她一个小小的建议:"做一本自己的感恩簿。买一个很小的便签笔记本,放在自己的包里,随时记下别人对自己的帮助,不管有多小,只要有就写下来。一周以后过来分享。"一周过后,她来和我分享了自己的日记。

5 月 10 日:周一,今天下雨了,在 1 号教学楼看书,准备回寝室,走到门口,发现没有带伞。这时一个陌生的同学出来看到我,问"同学,你是要回寝室吗?""是的。""那我们一起走吧。"于是她把我送到了寝室楼门口。

5 月 12 日:周三,今天晚上学生会宣传部的干事们要一起策划运动会的事情,到了快11 点才结束。匆匆回到寝室,室友说"水已经帮你烧好了"。

5 月 24 日:周五,今天下午下课后,身体有些不舒服,直接回寝室了,好朋友去食堂帮我买来了爱吃的牛肉面。

……

如果不记感恩日记,也就无法感受一周的生活,记下来就觉得很温暖,因为生活还是有变化的。

朱德庸的漫画《一无所有》，主人公的台词是：

我有一个成功的事业，但我觉得一无所有；

我有一个贤惠的妻子，但我觉得一无所有；

我有一个聪明的儿子，但我觉得一无所有；

别人都说我拥有所有人所没有的，但我还是觉得一无所有；

有一天，我决定辞了工作，甩了老婆，弃了孩子；

我现在真的一无所有，

这时我才明白，当时我确实拥有了一切，

我只是没有拥有感觉。

内观就是让人找到生活的感觉，找到感恩的感觉，找到和他人生活的连带感。

图 5.1

感谢给予我们生命，抚养我们长大的父母；

感谢让我们学会做人、学会奋斗与追寻理想的老师；

感谢见证我们成长的同学；

感谢成功，成就了我们人生的快乐；

感谢挫折，让我们学会了成长；

永怀感恩之心，

常表感激之情，

原谅那些伤害过自己的人，

人生就会充实而快乐！

学生应用案例

5.1　内观就是使人找到生活的感觉

开始回忆的时候，很多事情都跳了出来，她曾经那么委屈地让我发泄考试不好的痛苦，默默地忍受着我对她的无理要求，在我手受伤的时候，每天帮我挤牙膏，拧毛巾，但是让我最感动的是在高考前的两个星期，我们陷入了最严重的一次冷战，我们看着彼此都十分痛苦,但是谁也不想成为第一个放下身段的人,因为这无异于承认自己的错误。到了最后还是她先放下自尊,给我写了长长的信,说不想就这么放弃三年来的感情,觉得自己太愚蠢,居然在这么关键的时候,让我的心情有这么大的波动,这对高考的影响很大,可是她没说这对她也是同样关键的时刻。感谢她对我的宽容和忍让,我何德何能有这么一个好朋友!

想想自己为她做过什么,貌似自己也就帮她买个饭,拿个拖把,递个纸巾,原来自己没有为她做很多,那以前为什么理直气壮地认为她欠我好多啊!想来想去,最自豪为她做的事情应该是每天晚上开着手机,从来不错过失眠的她晚上发来的短信,陪着她在无助的黑夜。至于如何回报她,那就让自己一辈子记住她,绝对跟她做一辈子的朋友,这也是我能做到的事情了。

内观,让我不自觉地产生了感谢她的欲望,也让我为自己曾经做过的错事反省,还对她有了回报的想法,这样一种转变令我慢慢地觉得自己在长大。

"内观就是使人找到生活的感觉。"我自己觉得内观是一种很好的减压方法,能够让人深深地看到自己的内心,让自己更好地理解自己及他人,对生活能够有着乐观的理解方式,不会斤斤计较,宽容他人同样宽容自己。

5.2　内观与感恩

苏格拉底说:"一个没有经过审察的人生,不值得过。"看到这句话时,我觉得很讽刺:我这二十多年来到底做了什么。很多时候回忆起这二十多年,我不知道我到底是怎么过来的,就这样迷迷糊糊的,得过且过,每次有人问起这个问题,脑中总是一片空白,抓不住什么片段,也没留下什么痕迹。或许偶尔灵光一闪想起某年的某日,曾有过那欢快的笑颜,却忘记了和什么人、为了什么那么张扬地笑着,只有隐隐的某种幸福的味道,完全像是另一个人的生活。所以每当问起过去的种种事情时,我只能干笑地回味那剩下的感觉。而这也让我很苦恼。

现在,我开始试着用内观疗法来沉淀自己一直纠结的过去,一个人静静地坐着,慢慢地从父母开始回忆,再至身边的朋友,再到那些曾亲密无间的、现在却远隔天涯的朋友。怀着平静的心情用笔尖记录下所涌现的记忆,有欢乐、有无奈、有悲伤,也有许多愧疚的事情。直到想不出来,从回忆中惊醒过来的我总觉得欠自己的父母朋友诸多。不过,我看着这记录的点点滴滴,心中更多的是幸福与感激,因为他们现在依然留在我的身边,支持着我、祝福着我。

看着这点点滴滴的小事,力量却像是从四肢不断地聚集于心中,满满的像是要溢出来一样,给他们每一个人都发了邮件,耐心地在每封邮件中写着我和她的事,想要和她一起铭记和分享,并深深带上我来自内心深处的感谢与祝福,像做一件伟大而又神圣的事一样。不管他们的反应如何,我自己像是从没底的沼泽地中被救起,并有种从头到脚洗得干干净净的感觉,神清气爽,没有一丝忧郁在心中,这就是我的切身体会。虽然我做的并不是很全面的内观疗法,但却是以最平静的心来做这件事的,而且结果也令我满意。

内观疗法,让我学会了感恩,并学会表达那份感恩之情,如让我明白许多过去的事并不需要再去执着。在我看来,内观疗法帮我总结了一段过去,并为我开启了未来之门。

5.3　应用内观法最终实现我和室友矛盾缓解

那天,他的一个朋友要从农业银行给他汇钱,但他没有农业银行卡,于是,他打算让他同学把钱汇到我的农业银行卡里,然后我再取给他,当时我也没怎么想,就把我的农业银行卡号告诉了他。下午的时候,我和他一起去取钱,到了银行的取款机前,当我插卡进去要输密码时,他主动转过身往边上站着,当我输好密码时,他又站到取款机旁,还没等我反应过来,就按了取款机上"查询余额"的键,我当时非常吃惊,想不到他竟会这样,出于一种自我的保护,我立即按了"取款"的键,他若无其事地笑了笑,说:"不查看一下余额了?"我没有回答他,心里充满了对他的不满。取了钱后,我就把钱交给他,他就去忙他的事了,我也独自返回学校。

在回学校的路上,我一直思考着刚才的情景,越想越生气,越想越对他不满。我的脑子里围绕的就一个问题:没有经过我的同意,他怎么可以这样做呢?毕竟存款余额是一个人的隐私。说真的,之前我的朋友从没这样做过的,他竟这样,而且还若无其事的样子。越想越多,也想起他做得一些事情:他经常拿寝室里一个人的手机来上网,弄得那个同学的手机欠了很多话费,每次都说帮他交,但从未交过;还有一次寝室里要集资,虽然每个人就几块钱,可他就一直拖着不交,到最后不了了之。想得越来越多,对他的看法也就越来越否定,渐渐地也形成了一个看法:他不是我想要的朋友,他不是我的朋友!

从那以后,我对他也变得冷淡了,不跟他说话,跟他拉开了距离,平时见面也不打招呼,只是象征性地点个头,但表情依旧是很冰冷的。他也应该察觉到了,也沉默了。我跟他像进入了冷战状态,关系一直僵着。从那以后,自己再也难以回到以前的快乐。在没有发生这件事之前,我自己在寝室时还经常唱歌,过得挺快活的,但那之后,一进寝室就觉得心里很不舒服,一看到他就产生厌恶的情绪,整个人都变得有些压抑了。

后来,自己一个人跑到一个安静的地方,让自己平静下来,慢慢地思考着他做过的事,才渐渐地发现他的好。比如,当初他把他的兼职推掉,不是让他的好朋友去接替,而是让我去,原因只是我比他朋友更困难。同时,也渐渐感觉到自己做事是那样的偏激,无论怎样,对别人那样冷漠、那样敌视,都是不对的。于是,我渐渐地改变自己对他的看法,改变对他冷漠的态度,开始试着和他交往,渐渐的,我和他之间的僵硬关系也打破了,又恢复了正常。

很多时候是我们犯了错但我们没有察觉,还是坚持己见,让错误进行着。所以,我们需要内观疗法来分析自己的行为,纠正我们的错误。古人云:吾日三省吾身。或许我们还不能做到,但是,不定期的内观自己的行为,却对我们有很大的帮助,它可以让我们及时发现不足,纠正错误,从而不断地完善自己。

5.4 感恩日志

在感恩日志的方法中,它教会我们如何发现生活中的关爱,如何将其内化成自身内心的感动,让我们变得更幸福、更温暖。都说好记性不如烂笔头,有些事记在心里,随着时间的流逝,会慢慢地消失。但记在本子上,只要保存本子,数年后再翻,还是会记忆如新,还是会情不自禁地涌上一股暖流。因此,我要自己每天睡觉前花几分钟,写下一天之内五件让自己感动的事。

2009 年 12 月 1 日

1. 今天天气很好,阳光很温暖;

2. 今天同学帮我去火车站买了去杭州考试的火车票;

3. 一大早看到在寒风中扫落叶的大叔,好敬佩;

4. 忘了打水,回到寝室室友已经帮忙打好水了;

5. 收到高中同学的祝福短信。

2009 年 12 月 5 日

1. 一大早 12 个人一起赶火车;

2. 第一次坐上了动车;

3. 终于来到了浙江大学紫金港校区,那个大啊;

4. 浙江大学的同学帮我们预定了房间,不用自己到处找了;

5. 见到了所谓亚洲第一大的食堂。

感恩日记记录的其实都是很琐碎的小事,如果不去回想,不去记录,那种感觉不会那么深刻,隔天或许就忘了。当在一天即将过完前去回想,去记录一天之内的感动,内心又会再一次涌现一股感动。或许当天心情不太好,但想想一些事情,或许从另一个角度看问题,心情就不至于那么糟糕。每天回想的时候,又会联想起以前的事,会发现自己忽略了好多。比如说自己的爸爸妈妈,在家里给我们做饭洗衣服,我们觉得很平常,觉得那都是理所当然的,直到他们不在我们身边,什么都要自己做,才会深深感受到父母平凡又深厚的爱。

5.5　内观自己

一直以来我就与宿舍的一个舍友合不来,确切地说是我们三个都与她合不来。一直没有深究原因,觉得这很自然,讨厌她是应该的,我们的关系已经近乎陌生人了。但是在同一屋檐下,这样的关系是非常难受的,至少我心里一直是不好受的。在听说内观之后,我便试了试。

花了两个小时左右的时间一个人静静地回想与她的相处。仿佛时间倒流般,一切都回到大一刚开学的时候。回想、回想……两个小时我把我们这一年多的相处浓缩地回想了一遍。我惊奇地发现原来我并不是真心地讨厌她。她是个北方人,性情很开朗,带有北方人的豪爽,其实像她这样不怎么计较的人应该是很好相处的。我一直很纳闷,不知怎么的彼此之间就关系破裂了。而我的性格一直带着懦弱,哪人多往哪靠,即使明知不对也不敢站出来,于是就成了今天的局面。

在内观的过程中,我发现她一直帮我很多。有时候我来不及打水,她就会帮我打水;早上我经常找不到梳子,她就会借我梳子;以前我不开心的时候她也会安慰我的……而这些就在我随大流的时候埋没了。想了这些以后,我就一直在找机会和她谈谈。出乎意料的是,在我还没找到机会的时候,她们已经给我机会了。因为一天晚上她们三个吵了一架,具体的原因我不是很清楚,因为那天我回家了。而我回来后,她们就决定要谈谈了。于是,我们把自己想说的都说了一遍,发现一切都是从小小的误会开始的。我说完自己的想法后,感到前所未有的轻松。从那以后,我们的关系有所改善,我也不再讨厌她,至少在一起不会觉得别扭了。

经过这一次内观,我更深刻地了解了自己的懦弱,也让心灵释放了许多的压力,心境豁然开朗。凡事只要静静想一想就会找到答案,其实很多事离解决往往仅是一步之遥。

5.6　感动生活

老师叫我准备一本小册子,把生活中让我感动的事,不管大事还是小事都写在本子上。我按照老师的说法做了。因为我想知道生活中哪些事情值得我感动,我和同学到底相处到什么程度,同学是否有做过让我感动的事。我细心地留心身边发生的点点滴滴,发现真的有很多小事让我感动。

有一次,下雨了,我没有带伞,班里的一个女生就让我和她合撑一把伞。当我们快到食堂时,我告诉她我不去食堂吃饭了,我自己跑回寝室吧。可她却坚持把我送回寝室后再去食堂。我知道每次当我们下课后如果不走快些很可能买不到饭,即使买到了也是些剩菜了。因为这个原因,我才不好意思耽误她。而且,雨也下得不大。我跑回寝室的话也湿不了多少。可她却说,淋湿头发很不好的。我没有办法,只好让她送我回寝室。虽然我们寝室离食堂很近,耽误不了她多少时间,但是从中可见她十分关心我。这件小事让我体会到同学间的温暖和互帮互助。

还有一件更小的事让我也体会到了同学的关切。有一次,我因为前一天晚上没睡好,导致第二天精神不振。喝了咖啡也想睡觉。所以当第一节课下课后,我马上趴在桌子上小睡了一会儿。可刚好这次老师布置了作业,身为学习委员的我要把大家的作业收好并按学号排好。可我实在困,就懒得动,想着等上课的时候再理那些作业吧。当上课铃声响起时,我抬头却发现坐在我旁边的她居然在帮我理那些作业,而且还告诉我有多少人没交。即使我自己去收也不会去数多少人交了、多少人没交。她说看我这么困,就帮我整理了,让我多睡会儿。也许有些人会觉得不就是理下作业,几分钟就搞定的事何必要那么感动呢。但是,我却从中体会到了同学对我的好、对我的关心。

我把生活中发生的这些让我感动、让我觉得自己是幸福的事一一列在我的小册子上。我相信,不久之后,当我再次翻看这本册子时,会觉得自己好幸福。

5.7 内观外公

我的外公是一个很唠叨、很小气,又有点自私的老头。有时,说到他气便会不打一处来,小的时候,我觉得自己很委屈,也很讨厌他。因为我觉得他更喜欢我的妹妹,老是对我凶巴巴的。我和妹妹一吵,准是骂我,所以我很不服气,老是和他抬杠,故意和他对着干。

可有一次,我突然得知他胃穿孔,住院开刀了,我一听,吓了一跳,突然才意识到我并没有那么恨他、讨厌他。想到原来一直那么健康的他,住院了,我好紧张,很难过,突然才醒悟,小气的他,其实也并不是那么一无是处,脑子里关于他的一切回忆感受都涌现出来。以前,他总是故意装喝醉酒,走起路来摇摇晃晃的。我十分生气,理也不理他,其实他也是想我们多关心他一点,像个小孩一样撒娇了,渐渐地发现虽然我说他小气,可其实并不然,他只是习惯了他们那一代人的节俭生活方式。菜放坏了,也不肯倒掉,我一生气,就把他的菜全给倒了,省得让他放那么久,他总是对我很无奈。给他买了新衣服,他也不穿,偏要穿破的那件还说凉快。他平时也就吃些豆腐、豆腐干。一方面是因为牙不好,另一方面也是为了省钱,所以我不喜欢和他一起吃。老是说他菜烧得难吃,天天都是豆腐,吃得烦死了。他呢,任我抱怨。但其实,这么多年了,妈妈在外工作,我放假回家都是外公做饭给我吃的。虽然他自己平时不吃,但我一回家,必定是有肉,有鸡翅,只是我故意和他作对,故意不吃,给他倒了好让他觉得心疼。还记得有一次,在大街,他问我想吃什么,我挑战似地说我要吃草莓。因为我知道那时的草莓最贵,要十多块一斤,差的也要七八块。以前我买,他总说我奢侈。但那一次,他二话没说,称了一斤放在我手上,让我一下不知举措,愣了半天。那天,我没再和他抬杠。我去外面上学以后,回家的次数越来越少。有一次,我打电话回家。是妹妹接的。她说,外公老是问起你,问你什么时候回家啊,最近有没有打电话回来啊。还说,我刚回校那段时间,他老说他睡不着,老冲着我妹妹喊我的名字,叫我去吃饭。我越来越感觉到,外公并不是不喜欢我,只是我一直在和他抬杠。我沉默了。想起了好几次回校的场景。一个瘦小的老头,站在家门口,呆呆地望着我离开,嘴里还不停喊着:"路上小心一点啊,钱够不够花啊,东西放好啊,晚上别踢被子啊!"我记得那时的我是头也不回地走了,嫌他话多。越想越觉得自己不应该这样。第二天,请了一天假回家看我的外公。看到他那样难受地躺在床上,我崩溃了,只是想,如果他好起来,我一定要好好陪他。

也许,只有在我们感觉到要失去的时候,或者已经失去的时候才会懂得珍惜,会说如果,可是现实没有如果。当静下来,好好地想一些事的时候,或许事情并不像我们想得那么糟糕,只是我们失去了理智,让它变得糟糕,因此要好好珍惜身边的人。

5.8　换位思考

马同学和我一个寝室,她学习很好,反应十分敏捷。但是不怎么顾及旁人感受,有时可能有点自私、吝啬,我们寝室的其他两个同学对此也很反感。她喜欢玩劲舞团,这可能是一种团体游戏,她也不顾我们是否在学习,就在寝室里戴着耳麦大声地和团里面的其他男生讲话。提醒之后,的确会收敛,但过几天就会旧病复发。我们平时有吃的,都会与大家分享,而她很多时候都是自己独吃。马同学属于急性子,有时候一些问题我们没听清,都不敢问她第二遍,因为她那种不耐烦的样子使我们很恐惧。可是仔细想想,马同学又很好,她会帮我晒被子、收被子;会帮我买水果、买药;会帮我提行李;还陪我去医院……给我印象最深的一次就是考后放假,我急着赶车。匆匆忙忙地把行李打点好,妈妈又临时打电话让我把床单扯下带回家洗。我就在床上乱扯一气,因为里面的花絮有点旧,一阵狂扯就"雪花"漫天飞了,撒了一地。紧急关头,袋子又找不到。这时候马同学无私奉献了一只她的袋子,还催我快去校门赶车,寝室里的烂摊子她帮我收拾,还帮我提行李,送到校门口时车还没来她也就没回,一直到目送我上车才走。这一切我并没有要求她,都是她主动帮我的,而且等车时我让她先回,她也拒绝了。对这件事我很感动,甚至有感于平时对她的单方面误解,我觉得内心很歉疚。内观让我成为一个能换位思考的人,也让我能看到别人的优点。

5.9　内观妈妈

我内观的对象是我的妈妈。总的来说我的妈妈是个严厉的妈妈。

从小学开始,我妈妈就对我十分严厉,双休日让我去老师家补习,回家还要做很多的奥数题。每天下午放学的时候也要去练奥数,暑假也基本是在老师的辅导中度过的。那时候没感觉到压力,就是觉得挺不自由的,每次考试完了以后总会担心成绩如何。我的语文很差,经常被妈妈批评。那时候就感觉特愤慨,我和别人一样地学,考得不好我也不想的,又不是故意考不好的。现在进行了内观的几个步骤之后,我认识到了,母亲所做的一切都是为了我。我是个调皮的小男孩,从小就爱惹事,小时候偷偷跑去游戏厅玩,要不是母亲阻止了我,说不定现在已经是个"坏小孩"了。要不是母亲安排我参加了奥数,我觉得我的思维也不会像现在这样灵敏。

母亲给了我很多。记得有一次在午夜时间我发烧了,是母亲和父亲一起背着我连夜赶去了医院,陪我打针,那时的我并没有什么感觉,就觉得自己生病了,好可怜,他们这样做是应该的。可是现在想来,他们为何非得这么做呢?他们又不欠我们什么!就因为他们爱我,所以才会如此不惜一切代价地疼我!再想想,母亲给我压力难道错了吗?不正是压力让我们不断地前进,不断地进步?想起了上课的时候讲过的一个故事情——一群人背着十字架在路上行走(十字架代表压力,路代表人生的道路),有一个人为了走得更快就把十字架切掉了点,结果在遇到悬崖的时候,别的人都可以踩着自己的十字架过去,而那位把十字架切掉了点的人就无法过去了。在这里,悬崖代表人生道路上的坎坷。这个故事告诉了我们有一定的压力其实是好事,它可以推动我们进步,让我们在关键的时候越过障碍。

内观后,之前那个"讨厌"的母亲变得无比的和蔼可亲,于是我马上与母亲进行了视频,母亲老了,不过仍然是那样精神,她向我嘘寒问暖,当我向她问好的时候,母亲的眼睛红了,原来只需要这么一点的关心就可以让母亲感动成这样。我们总是对来自父母的爱不屑一顾,其实他们的爱才是最伟大的。

5.10　学会感恩

说实话,我一直认为自己是个相当不错的人,很感谢上天所赋予我的一切,包括我的家庭、朋友、物质条件、在学校阶段的成就等。

在以前,别人为我做的事我忘了,我为别人做的事也忘了,我给别人添的麻烦更记不起来了。我原先在学习、工作、生活中只注重一些事情的结果,我根本没有注意与感谢那些背后支撑我的人以及我在执着于追寻美好事物过程中所麻烦到的人。

当我在孜孜不倦地追求美好的同时,我却无情地忘却了我身边最普通,同时也是为我付出最多的那群人,如家人、朋友等。但我从小就一直很努力地学习生活,从小我就认为我为家人攒足了面子,我认为他们应该看到我的付出与成功,认为我提的要求他们应该满足。而我的朋友,当我处在人生高峰,站在领奖台,一次又一次地接收表扬时,我没有想到我的朋友,我到现在还是认为那是通过我自己的努力所取得的,成功无可厚非。

但是,我的想法都是对的吗?人会随着环境的改变而改变,高中及高中以前的环境让我成为一个自私骄傲,又有点顽固的人。其实,家人没有对不起我,他们已经为我做了很多,我却没有为家人做过什么,一点家务都没做过;而朋友,过往的记忆已经淡忘,而如今的朋友之间的友情却惨不忍睹。

因此,我要改变自己,我不能再把自己放在高人一等的地位,我不再去追寻那些不切实际的美好,我要好好洞察自己,看清自己是一个什么样的人。以前的我每天都想着去追求最好而压力缠身,又同样我追求不到最好和不被人理解而痛苦万分。我的生活中没有快乐,在每天强颜欢笑的背后是内心无数的悲凉。丢掉好的习惯、学习坏的思想十分容易,而学习好的思想、放弃一些坏的观念却十分困难。所以,改变自己对任何人来说都是一条漫长而又艰难的道路。但是人活着就是要面临挑战和困难然后战胜它,否则人生将会留下遗憾。

快乐的源泉在于纯朴率真,要与人分享自己平时对人对事的一些感受,才能发现适合自己的生活方式。

内观让我学会了认识真正的自我,让我意识到了曾经所犯的错误,让我学会放下压力,放下那份盲目追寻的执着,让我学会了真正客观地看待自己和他人,同时也学会了用谦逊感恩的态度对待他人和社会,用乐观自信的状态看待生活!

5.11   自己才是烦恼的制造者

我是个喜欢安静的人,最无法忍受的是旁人制造的杂音。高一那年,我遇到一个同桌,他是那种跟谁都能打成一片的人。于是前后左右的女生都成了他的密友,无论是上课还是下课,都聊得火热。这是我所最不能忍受的,渐渐地我的忍耐被蚕食掉了,于是我终于怒不可遏地对他大声斥责。而他也对我莫名其妙的发火感到很不爽。就这样,我们保持沉默。那节课对我来说十分漫长,而就在快下课前,他将一张小纸条递给了我,上面写着"对不起"三个字。而我当时感到非常羞愧,同时对他的道歉感到很感动。道歉说起来容易,真正做起来是多么困难。

或许是我们太过自私,总是想着别人的种种过错,却从来不会静下来正视自己;或许是我们认为自己对自己是太过熟悉,不需要再去熟悉,正是这些原因,我们才会被自己的自以为是蒙蔽了双眼,从而迷失了自己。就像大多数电影所演的那样,最终我们还是成为好朋友。因为这件事,让我们都感到需要为别人所着想。时隔那么多年,我依旧会想起那个午后,那张纸条,还有那双真诚的眼睛。我永远无法忘记,我当时的内疚感,最后我鼓起勇气,在我空间里发了篇日志,对我曾经的无知表示深深地歉意,而他也很不好意思地表示要是早知道我这么讨厌吵闹,就不会做这些让我生气的事。

现在我渐渐地明白了,这些烦恼并不是别人施加在我们身上的,而是我们自己想去招惹它。我们不能天真地认为别人会为我们做出改变和牺牲,我们所能做的就是以坦然的心态去接受和包容。

5.12   焦点内观——自信的自己

我是个对自己特别没有自信的人,所以我尝试着用了内观疗法,发现通过内观疗法能重新了解自己,减轻烦恼,提高自信。

就在2月1日,我的奶奶刚刚去世。这件事对我打击挺大的,因为奶奶向来都很疼爱我。2月6日,我去参加日本语言能力一级考试,考试结束以后,我更加灰心、失望。又是一次失败的考试。短短一周,发生了好多伤心的事,回来的车上我哭了,奶奶离开了我,考试又考砸了,我对自己失去了信心。

现在已经是大三了,回过头发现自己浑浑噩噩地过了这些日子。寝室里四个人三人每个学期都拿奖学金,就属我成绩最不好。英语六级考试每次都参加,可终究过不了。

我特别讨厌失去信心、意志消沉的自己,什么也做不了,只会哭着埋怨自己一无是处。就因为我常常感到很郁闷,生活很压抑,感到很痛苦。所以,我试着用内观疗法,引导自己,来重新观察自我。这样,通过回想过去的日子,想想自己以前有过的快乐,发现身边还有很多关心自己的人。我也不是那么一无是处,寝室里唯有我考出了驾照,英语四级我是521分,比她们都高,因此我要是认认真真学英语,六级也是有可能过的。我也是个孝顺懂事的孩子,村里人都这么夸我……所以我不能再失落颓废了,而是要重新振作。

5.13   内观男朋友

我对我男朋友做了一次内观疗法,感觉很有用。

内观前:觉得男朋友对我不信任,总是发短信打电话询问我的去处。

内观程序:

(1)男朋友为我做过哪些事情?

①每次跟我一起吃饭,总是会点我爱吃的菜。

②每次都会在我生日的前几个月就会想着如何给我一个快乐的生日,而且在生日的前一天晚上会打电话跟我聊上一个多小时,然后到零点祝我生日快乐,然后会在生日那天收到他的礼物。

③当我心情不好时会打电话给我,哄我开心,尽管我每次都会把气撒在他身上。

④手机从来不关机,即使是充电时,他说这样我就能在碰到状况时,随时找到他。

⑤为了能来看我,会一直省钱,还会出去兼职挣钱。

(2)我为男朋友做过哪些事情?

有一次年前通宵排队买火车票去他学校看他。

(3)我给男朋友带来的困扰有哪些?

①只要心情不好就冲他发脾气。

②在他20岁生日那天忘了他的生日。

③半夜睡不着时会打电话把他吵醒,然后叫他陪我聊天,不管他睡意正浓。

④老是不带手机,导致不能准时回他短信、接他电话。

⑤看到别人成双成对时,我会很惆怅,跟他说分手。

内观后:感觉长这么大,除了父母,没有人对我这么好过。他会在每分每秒都为我操心。开始理解他时时给我短信电话只是为了能确保我在他能"看"到的范围内,这样他才会感觉到踏实。

我感觉内观疗法的本质在于学会感恩。是的,怀着一颗感恩之心你才能发现别人的好,否则你很难发现别人对自己的付出而只专注别人对你的伤害。内观疗法让我们学会了不要把别人对我们做的事都认为是理所当然。要看到自己对别人的不足之处,并加以改正。

我学会了存有一颗感恩之心,学会了人应该要自己寻找幸福。

5.14 情绪的平衡

我一直是一个很内向的人,所以情绪没出现过什么过激的情况。直到那一次,我才发现原来自己也是会偏激的。其实是件很小的事。高中那会儿,时常听爸妈的朋友谈论自家孩子怎么怎么沉迷网络,自己怎么怎么应对的。父母也觉得学习为重,打算学朋友那样停掉自家的网络。而我觉得网络让我和更多的人有了交流,人也开朗了很多,而且它并没有对我的学习有多少影响。平时住校,周末才回一趟家,适当的娱乐也是需要的,再者,父母有样学样的行为让我觉得自己不被信任。于是我与父母吵了一架,然后还把自己锁在黑暗的房间里,父母以为我气的睡觉去了,也没管我,而事实是我在房里想了好久好久,开始的时候越想越委屈,甚至还有哭的冲动,可等到冷静下来,脑袋就开始放空。过了一会儿,我觉得我要找一些理由来说服自己原谅父母。我试着想他们为我的付出,对我的爱,我记得有一次考试我没考好,成绩差点垫底了。学校要开家长会,我觉得爸妈去了肯定很丢面子,就建议他们随便找个理由推掉。结果老妈说了句话,让我一直特感动。她说:"你是我女儿,即使考得再差,我也会去,面子哪有你重要。"然后我又想到,其实老爸也挺爱我的。别人都说父亲是严肃的,难以沟通的。但我家这问题并不十分严重。虽然老爸有时会有点大男子主义,偶尔发发威,可大多数时候还是蛮好说话的人,还会跟我抢零食。这样想着想着,我忽然也不觉得这么难受了。至少我很清楚,父母都很疼爱我,我是个幸运而又幸福的孩子,尽管有时他们会用些忽略我的感受的方法,但初衷都是为了我好。这样想后,我就没什么脾气了,心理平衡了。

一旦在情感中找到一个平衡点，我就能恢复心情，虽然之前用的不是正规的内观疗法，但也是我用来控制情绪的法宝。

5.15　内观让我学会爱

学了"内观"这种减压方法之后，在一个阳光明媚的周末午后，我特地挑选了一个空闲小憩的时间，想简单地对自己进行一个"内观"。我在寝室的床上静静平躺，戴上耳机，将一切干扰隔绝在外。或许由于条件有限，我无法进行一次长时间的正规内观，但那次的"简单内观"也给我带来了不少收获。

我从自己的记忆中搜索父母为我做的点点滴滴：幼儿园时，母亲每天早上起个大早，给我准备营养的早餐并准时将我送往学校；小学每一次参加学校中的各种文艺活动，母亲总是不辞辛苦地陪在我身边，看我排练，为我准备各种必需品；初中某段时间，我身体不适，得了一场病，那时由于住校母亲无法陪在身边，于是母亲每天下班后赶往我的寝室，给我送熬好的中药……太多太多爱的举动浮现在我的脑海。她的任劳任怨，起早贪黑，都是为了我有更好的生活、学习条件，为了让我拥有一个更快乐的童年。

然而，我对她精心准备的早餐挑三拣四；我埋怨她为我准备的演出服不是最好看的；我常说她小气，原因是她总念叨我会乱花钱；现在我还动不动就挂她的电话，要知道，她是因为想我才会给我打电话，才会一遍又一遍的唠叨让我照顾好自己……想到这么多，我的鼻子一阵发酸，我的心开始颤抖。原来，在这20年来，母亲给我的爱是那么的丰满而又无私，可我对她的回报却是那么的稀少而不对等。之后，我又将父亲对我的关怀回想了一遍，发现自己每次总是自私的，深深的自责已将我的内心填满，而我想的更多的则是如何改变自己的自私，做一个懂事、会感恩、有爱的孩子。

一场短暂的内观结束了，我的内心百感交集。此刻，我最想做的一件事便是给他们打个电话，告诉他们我其实是多么爱他们。最终我的确拨通了电话，告诉了他们我所想的。而此刻，我才明白了"内观"和"爱"的真正内涵。

5.16　关心他人

跟一个人相处久了，自然而然就会发现她的缺点，可能有些缺点会让人不耐烦。如果因此而疏远了就太可惜了。因为毕竟每个人身上都有缺点的，只是某些人你还没有发现而已。或许哪天分开了，就会觉得好舍不得。现在跟我天天坐在一起的朋友，性格跟我不太合得来。我比较喜欢和性格开朗的人相处，那种无拘无束的感觉特别好，所以和她比较处不好，她让人觉得有点装弱小的感觉，甚至有一段时间都不想和她说话，所以关系挺僵的。我开始回顾跟她从认识到现在的经历，发现其实每次我有困难的时候她总是会站出来帮助我，我需要人陪的时候，她总是在我身边。其实她一点都不弱小，反而在那个时候显得很强大，所以后来我就改变了对她的态度，想着她好的一面，也就觉得还不错了。

但是我似乎陷入了一个怪圈中。大三有好多证要考，当在准备考一个证的时候，的确很辛苦、很累，但是我每次都告诉自己，只要考完了就轻松了、开心了。但事实上并不是，考完只会轻松那么一下、开心一下，马上又会有下一个目标，紧接着又会是下一个目标。或许我对自己的要求太高，我的时间被安排得满满的，但是我真的不敢说自己是幸福的，或许不认真学习，不好好准备考证，我会感觉更不幸福。因为那样会觉得虚度光阴，而掌握知识，尤其是那些本来不懂，但通过自己努力地钻研，想明白了，让我会觉得很开心。但是，我觉得真正的幸福并不只有这样，我想让我的生活充满更多的幸福，我想自己的生活里只有学习。

5.17　内观的平静

前段时间,我开始重新写日记,之前是由于学业太忙,又觉得写日记太浪费时间,况且现在大兴微博、博客之类,所以更多的时候日记只是发表一下简短的心情状态。然而写日记的过程中,我发现我的心能获得难得的平静。那是繁忙过后的自我释怀,令我很轻松、很自然地回忆起我跟父母的关系。从有记忆开始到大学,把印象最深的记录下来,包括父母为我做过的事、我给父母带来的种种麻烦以及我为父母做过的事。列举其中的一件事吧,记得高三那年,由于高考在即,紧张、忧虑等情绪困扰着我,我变得易于暴躁。有次模拟考试结束,回到家刚准备吃饭,看到饭桌上的菜又跟昨天一样,火气立马上来了,吼道:"人家孩子要高考了,父母变着花样做好吃的慰劳,你们呢? 天天给我吃这个!"母亲诧异极了,问:"这不是你爱吃的吗?""再爱吃,天天吃不会吃厌呐!"说完,头也不回地走回自己的房间。在进房间时,还用力把门一关,"砰"的一声响,以发泄我的情绪。后来,我在日记中反省到,那天母亲给我做的菜是红烧大鲳鱼,由于价格比较贵,他们自己不舍得吃,总是做好之后留给我吃。而我却这么不体谅不理解他们的用心。

父母为我做的太多了,而我为父母做得少之甚少,我突然感觉世界上最真、最美的爱莫过于父母对子女的爱,他们是那么无私,这种爱是用金钱买不到、时间换不来的。一个人只有懂得爱父母,才能学会爱他人,学会感激,学会回报,也才能学会做人。

通过内观疗法,我认识到过去也是一种自我的东西,在复杂多变的社会中成为客观和主观冲突的根源。通过自我洞察和自我发现,我惊奇地感受到心灵能够得到进一步的净化和祥和,达到一种心灵的境界。

5.18　内观,让我学会感恩

在亲自实践内观疗法后,第一次深刻地体会到:有一种爱会让人泪流满面。

我出生在一个普通的农村家庭,父母都是普通的农民。但他们凭借着自己的一技之长把家维持得井然有序。曾经在我的印象中父亲对我是冷漠、专横的,把自己年轻时未实现的理想毫不留情地加在了我的身上,好多好多的"不准",好多好多的"必须"。除了让写作业就是让看书,让我丝毫感觉不到一个父亲对女儿应有的爱,而纯粹的是一个被利用的"工具"。直到那天,我花了一个下午来重新思考我与父亲的关系,才发现原来我一直对父亲有深深的误会。

大一的寒假,那个冬天特别的寒冷。一天晚上我突然发高烧,爸爸、妈妈都不在家,被妹妹发现后,她急忙打电话给爸爸。一个小时后看到寒冷冬天却满头大汗的爸爸,我惊呆了,他急忙把我送到了最近的医院。原来因为路滑爸爸没有骑车,他是以最快的速度跑回家的,那一刻,我突然明白——原来父亲也是爱我的,只是表达的方式不一样而已。

父亲的爱,如暖日阳光,温暖我生命。历经沧桑的容貌,留下岁月的痕迹,留下丝丝的皱纹,为的只是为我们创造一个良好的生活环境。日出而作、日落而归的劳作,东奔西跑的谋生计,他却没有说过一个苦字。而我却把这些当作理所当然,全然接受,非但没有一丝感恩之情,还抱怨他做得不够好,对我太严厉。叛逆,耍脾气……这些他都用慈爱的心包容了。他用一个父亲的身份告诫自己的儿女不要重蹈覆辙,而我却把它当成了一个负担。如今,回想起这一切,只有父亲为我在付出,他的一生都是为我劳累,他无怨无悔,心甘情愿。而我连最基本的"谢谢"都从未对他说过,除了有事外从没有给他打过电话。

那天下午,我怀着无比内疚的心情拨通了爸爸的电话,很坦然地对他说:"爸爸,谢谢你,谢谢你的良苦用心!"电话那头的爸爸显然对我的举动很吃惊,沉默了一会儿,然后笑着说:"丫头,你终于长大了,只要你好好学习,我的付出就没有白费。"那一刻,我从未如此轻松过。原来,我和父亲也可以相处得这么融洽。那一刻,天是那么的蓝,阳光是那么的明媚。

我们都是父母的宠儿,被他们捧在手心里。我们的无理取闹常被他们一次次容忍,他们都把我们的需求当作他们理所当然的责任。你可曾发现,父亲为你奔波留下的缕缕白发,母亲为你操劳留下的丝丝皱纹?被我们视为理所当然的爱何时才能补偿给他们?

因为有父母,我们一路走得坦坦荡荡,陪伴我们成长的人太多:如朋友,在我们无助时给予我们关怀,高兴时分享我们的快乐;如老师,让我们在知识的摇篮里成长;如匆匆离去的路人,教会我们要珍惜……感恩一切的一切,让我们在人生路上不寂寞。

5.19 人际关系与内观

我一直觉得自己是一个特别敏感的人。旁边朋友说一句很正常的话,我就会觉得是在针对我。有时候,为了一点点小事,就会和别人闹别扭,搞冷战。事后我自己想想也觉得可笑。但就是控制不住自己。然后在心理课上学到了内观疗法,开始像老师说的那样慢慢地审查自己的行为。

我有一个很好的朋友。我们住一个寝室,一起吃饭,一起上课。总之,形影不离,别人看到我们其中一个,就会问:"怎么只有你一个人,那谁呢?"甚至还有人说我们像双胞胎。可我有时候会觉得两个人并不像看上去那样亲近。我会不自觉地将她的玩笑当真,自己在那里对号入座还怪她待我不好。甚至有时候会觉得上天不公平,没有给我找到一个很好的朋友。但当我上过内观课后我觉得我错了。她真的为我做过很多事情,每次自己去打开水会带上我的,会帮我带饭,听我发牢骚,提醒我及时加衣服……想到这些我就觉得很感动。再想想自己,每次都要麻烦她干这干那,学习上有问题了要找她,生活中有事了也找她,而她有了什么问题,我却一点忙都帮不上,原来自己是个那么失败的朋友,却还在一直挑别人毛病。于是,我采用了老师教给我们的方法:专门用一本小册子,记下别人为你做的事情,不管那件事有多么小。等半个月下来,我收到了意想不到的结果:发现自己真的好幸福,被这么多人爱着,关心着……

是不是有很多同学存在同学之间关系不能相处融洽的困惑,那么试试感恩吧!

5.20 感恩大学

因为大学同学给我一种不同于高中同学的奇怪感觉,所以我对身边的同学回应的只是基本的礼貌礼节,也没多少注意她们为我做了什么。可是直到我生日那天,我发现她们待我真的很好!

那天,天气很好,因为是周末大伙都喜欢赖床,可是不知怎的,其中两个室友比往常早起了好几个小时,没说什么就出去了,然后在中午又两手空空地回来了,当时因为只顾自己聊天也没发现什么异常,一直以为她们不会因为我生日而有活动,就这样大伙就各自忙各自的。过了几个小时,到了快晚饭的时候,我出去买了些小零食,好歹也是 20 岁生日嘛。回到寝室大伙分着吃了些,但是她们都只是礼貌性地尝了一点点,这让我感觉很不爽,当时就想:"好歹我生日,你们就不能捧捧场啊!"但终究没有讲出口,因为我感觉对她们没有这个必要。于是我又坐回我的座位,吃我的零食,玩我的游戏,没有注意她们干的事,只知道期间她们因为电话出去了几趟,而且也不是三个一起走的,只是一次一个地走,虽然有点奇怪,可我也没问。

直到晚上8点多了,另一个寝室的人突然打电话给我,说找我有事。我像平常一样去找她,结果她说她无聊让我陪她走走,我想想也没什么,于是就出去了。过了20来分钟来了一个电话,她没接只是说有人找了,回去吧! 那好吧,回去就回去了,可是到寝室门口发现寝室里灯都没亮着以为她们三个都出去了,掏钥匙开门,突然一道烛光在寝室中间亮起,七八个人冲着我唱生日歌,我呆了,我看到了放在中间的六个水果拼盘,很有特点地放着,在中间是一根蜡烛,那烛光很漂亮,寝室长走到我面前说:“我家最小的这位20岁,没有蛋糕,但有蜡烛,没有奶油,但有水果,没有礼物,但有我们。”我感动了,眼泪在强忍中还是下来了。好感动好感动,画面好温馨好温暖。在这一瞬间我突然发现一直以来,她们都以姐姐的姿态照着我。因为年龄我最小,体型我也最小,寝室活动我的活好像一直都最轻,别人开我玩笑时总会有其他三个帮我顶……一直以来,我都把这些当成理所当然,压根没多想,也没有感谢过她们……

突然发现生活是由美组成的,只要我们细细品味,慢慢就会发现。学会感恩,学会感谢,你就会拥有一份别样的幸福……

5.21　内观舍友

都说宿舍是我们的另一个家,很温暖,但宿舍中有六个人,每个人的性格都不一样,发生矛盾是不可避免的。我和五妹走得比较近。我们俩时常一起去上课、一起下课,晚自修也是一起坐的,相处多了,彼此的缺点暴露无遗,性格、兴趣、喜好的不同也日益显现,大矛盾没有,小矛盾很多,最后一触即发,说不清谁对谁错,我们俩开始冷战,将近两个星期没有说话,各自和其他舍友们说说笑笑,但都默契地不理对方。

在那段时间里,虽然没有大吵大闹,但和舍友闹矛盾总是很难受的,我也想了很多:还是距离产生美;哎,当舍长的,怎么弄成这样了,以后还是要忍着,可是也不能次次都让我去主动和她说话呀……有时候还会越想越上火。那时,老师刚讲完内观不久,就试着就那三个问题对五妹进行了简短的内观。

五妹为我做的事:帮我网购;帮我网上报名;虽然学习上问她问题的时候不多,但每次都会很大方地把她记下的重点给我;我们买了一样的随身听,当我的保修单丢了,她把保修单放在了我这里;我伤心时,她会安慰我;会借我水卡。

我为五妹做的事:每次去上课、吃饭,我都会等她;会借钱给她;会帮她打饭;会陪她出去。

我给五妹添的麻烦:向她借电脑时,她肯定有不太乐意的时候,但从不会表现出来。

我自己想来想去,觉得五妹其实待我不错,甚至比我待她要好多了。后来我们俩可能都想开了,都试着和对方说话。虽然没原来那么黏了,但我觉得这样挺好,毕竟,距离产生美,还是有一定道理的。

其实,内观,我还对其他人用过。虽然只是简单地想想,想得最多的是别人对我做的事和我给别人添的麻烦,这会让我的心情好很多,然后正确地对待每件事。

5.22　内观父母

我找了一个没人的教室,为自己做一次内观。首先,让我想到的是我的父母。生在偏远农村的我,从小没有很好的物质基础,父亲是面朝黄土背朝天的农民,而母亲是被人贩子骗到这里来的，家里矛盾不断，让我体会不到家庭的温暖，一不小心没有完成任务，就要被责骂或是体罚，童年我只记得母亲说得最多的一句话是："要不是你，我早就走了，还用在这里受气受累。"随着年龄的增长，我对家的依恋在减少。有时，我就在抱怨这个世界真不公平，为什么别人的父母像是朋友，我的父母像是仇人，为什么我的家庭如此悲惨。14岁那年，母亲终究还是离开了家回了四川老家，之后的所有年份中，大多数是我和爸爸、弟弟相依为命，我又开始抱怨母亲的无情、冷漠，父亲的固执。到现在为止，我还是想不通父亲的固执己见。在我18岁之前，我忽略了一个最重要问题是：我没有感恩之心。像是一个抱怨狂一样充满了对现实的不满。很庆幸，在我20岁时，我把这些抱怨扔进了人生的垃圾箱里。

我开始带着感恩的心去回想父母所给予的爱。记得7岁那年的一个大雨天里，父亲冒着倾盆大雨，用他已经瘸了的腿，骑着自行车去接我，路上摔了多少跤我不知道，我只看到泥都在从他身上往下掉。记得初中放假，到了家发现没人，去农田里找父亲，远远地，看着父亲跪在地里，慢慢挪动着身体，天上乌云密布，依稀有小雨落下，我分不清楚那是汗还是雨水从父亲的额头落下。"爸，该回家了，下雨了。""等会儿，马上就干完了。"我真不知道该说什么，我只清楚，有了爸爸，就算天塌下来，我都不怕，为了我，父亲忍受着怎样的风吹日晒，只是为了让我把书读下去。

母亲尽管在四川老家，但每次打电话的第一句话是"吃饭了么？钱够不够，不要不舍得，难为自己"。我看不到母亲给我打的每笔钱背后的艰辛，但我可以感受到拳拳的母爱，我也可以想象到一个女人在外打工生存的不易。我选择理解母亲。我理解母亲作为女人、作为母亲的不易，和她为整个家庭付出的艰辛，我原谅母亲离开我们的冷漠，我感谢母亲把我带到这个世界。

5.23   内观——爱一直都在

13岁的时候妈妈生了弟弟。我想那个时候的我应该意识到了这个弟弟的到来会分走我本来所拥有的爱。青春期的孩子应该不止叛逆，还容易悲观吧！那个时候的我总是觉得谁谁谁不好，谁谁谁讨厌。甚至有一段时间，我认为即便我消失了，也没有人会伤心（不知道是不是大部分的学生都这样，反正那时候的我挺悲观的）。

随着年龄的增长，也开始意识到自己其实是在和弟弟吃醋，但那个疙瘩却始终是存在的。一直到大二第一学期开学，那个时候盛行H1N1，然后国庆之后的一个星期六，早上一醒来就觉得不对劲，浑身酸痛，而且被窝很热。勉强爬起来，量了体温，接近39度。自己一个人去校外的诊所打了两天针，体温一会高，一会低，起伏不定。我们班有近一半人都发烧了，不确定自己是不是真的得了H1N1，但根据当时的情形判断应该是。因此不敢和家人说。晚上家里来电话也只是敷衍几句，一直到几天后确定自己不再烧了，才和妈妈打电话说了这件事。为了不让妈妈担心还特意用了开玩笑的语气，妈妈也没有什么夸张的回应，只是也用玩笑性的语气，问我是不是真的，然后照常叮咛几句。一切如常，我也没有特别在意。然后第二天一大早还在床上睡觉就接到爸爸的电话，爸爸的语气很平常，但是带了些许急促，问我病好了没。我笑着说早好了，前两天就不烧了。"那就好，昨晚你妈哭了一夜"，爸爸淡淡地说了一句话，却在我心底掀起了很大的波澜，一股酸气袭上鼻尖，说话声也立马带上了哭腔。我努力地压抑自己，让自己说话正常一些，挂了电话，眼泪汹涌而出。我静静地想着，大一有次得了肠胃炎，是妈妈一天三个电话叮嘱我要吃什么，不能吃什么；大学刚开始，是爸爸妈妈和奶奶一起送我来的学校；大热天，奶奶却陪我一起打扫寝室，因为那是我第一次住宿舍；高三晚修回家，妈妈总是坐在沙发上等着我，看到我回来才安心地回房睡觉，可是第二天四点多就要起床买菜；节假日或者过年，爸爸照例会从弟弟的零花钱或压岁钱中匀出一份给我，他说这样才公平；读大学后每次回家，刚按门铃，楼下大门就会打开，弟弟会很热情地迎出来抱着我喊姐姐，然后用他的小身板帮我一起把行李扛上楼。

原来大家对我一直都很好，只是我一直蒙着眼睛没去看。

5.24　内观与自我为中心

曾经我对于吵到我睡觉或不顺我心意的人，十分厌恶。在家的时候，妈妈经常会吵到我，我就会十分不耐烦。可到了大学，第一次住校，更容易被吵醒了。一开始，我不好意思说，就在心里默默地想：她们不是都住过校吗？怎么都不会想想会不会吵到其他人。其实我心里十分恼火。终于到了一定时候，我忍不住了，就明明白白地讲了。我是个直肠子，心里有什么不说出来就憋得慌。一开始她们有注意，可是后来，我放弃了，我不再提醒她们，我散发出一股寒气，让她们不敢靠近我。我就用这种方式来表达我的不满。我不说话，我冷漠至极。渐渐地，她们发现了不对，可是我的巨大寒气让她们不敢接近，她们甚至不知道自己做错了什么事。一个礼拜过去了，我仍旧对她们不理不睬。虽然我自认为友情很重要，可是一旦我不理睬某个人，除非她先低头认错，否则我将会一直持续这个状态。一个礼拜的低气压让室友承受不了了，平常我是我们中话最多的，可这次，我不说话了，我觉得整个世界都安静了。她们买了瓜子要好好谈谈，当她们主动来服软的时候，我就已经消气了。但表面上还很强硬，我说我们没什么好说的，这是一句多么有震撼力的话啊，要是别人这么对我说，我肯定立马就走了，从此不相往来。可是她们说了很多，有她们这么多天来的感受，不知道什么原因惹我生气，最终我原谅了她们，试想她们也不容易啊！

现在回想起来，当时的自己似乎有点可笑。内观让我学会站在他人的角度看问题，我要从自己身上找原因，而不能一味地责怪别人，我总不能老是以自我为中心。当不能改变他人的时候，就试着去改变自己，知道自己有许多不足，总是要慢慢改过来。现在，我被吵得睡不着时，我就对自己说：别把注意力放在这里，否则更加睡不着觉。

5.25　内观让我找回快乐

令我最苦恼与难受的是一次班级竞选"上党校"的名额，团支书先让班里想要参与竞选的同学把名字写在她传下来的纸上，写完后在晚自修下课时，她把名单抄到了黑板上，然后她要求每个人拿一张纸写上自己想选的五个人的名字进行投票决定。然而就当大家都写完自己想选的名单准备收的时候，我在同寝室一位同学的点拨下，发现黑板上没有我的名字，然而我明明在纸上写上了自己的名字，顿时，我的心情全无，我说不上一句话来，她最后在别人的提醒下终于意识到了，然后补写上了我的名字后开始收票。

经过短时间的唱票后，我落选了。虽然表面上我看起来还是很镇定的，但内心早已心碎。在短时间内，我始终无法让自己的内心平静下来。我不知道我该怎么去改变自己的内心。但是烦恼必须解决，尽管在接下去好几天我一直都很郁闷，每天如同熬时间，但心情也在逐渐恢复。我时刻问自己："如果当初自己的名字并没有被遗漏，结果会不会不一样？""我真的那么肯定自己会被选上吗？""自己虽然在班里成绩很好，但人际关系就一定比别人好吗？""我对别人做了什么？""我给别人添了多少麻烦？""别人又为我做了什么?"……

这一连串的问题一个接一个地抛给我,我一次又一次地反省自己,我至于对别人工作上的一个小失误怀恨在心吗?如果我真的很优秀,别人在最后时刻也许会选我的,但是我不是,所以我不应该责怪别人,而应该努力做好自己。

"内观疗法"使我现在遇到类似不愉快不公平的事件而感到烦恼痛苦时,我会时刻反问自己3个问题:"我得到什么,我付出哪些,我给别人添了多少麻烦?"

"内观疗法"让我重新找回了快乐,让我懂得了感恩,让我变得更加有自信。

5.26　内观弟弟

或许每个女生从小到大都有这样一个梦想,那就是有个哥哥,至少对于我来说是这样的,可是这是个永远都不可能实现的梦了,因为上帝给我找了一个调皮捣蛋的弟弟。我可以说,在他5岁之后,我的生活都是在噩梦中度过的。

其实5岁前的他特别可爱,以至于我走到哪都会带着他,到处炫耀我有个多么好的弟弟。可是随着年龄的增长,我开始厌烦,每次跟小伙伴玩的时候,最令人讨厌的事就是有个跟屁虫在旁边,想撵都撵不走。平时,妈妈什么好吃的都留给他,就只是因为我是姐姐。我们俩打架的时候,明明被欺负的是我,最后被骂的那个人永远都会是我。每次看见他见到我被训斥还一幅理所当然的样,我的气就不打一处来,凭什么呐?如果没有他,我将会得到爸爸妈妈全部的爱。

然后细细回想之后,我突然发现,如果没有这个惹人生厌的弟弟,我的生活该是多么无趣。依稀记得,我小时候并不十分开朗,所以在学校时常被同学欺负,有一次放学,竟然被低年级的一个小男生打了。当时我就不争气地哭了。令我意外的是,弟弟二话没说就冲上去给我"报仇"了。其实现在想想,当时的他,真的像个大哥哥。其实越想,就越觉得,有个弟弟挺不错的,他可以帮我找妈妈要零花钱,让我有个不那么无聊的童年。然而除了欺负他,我为他做的似乎少之又少,真的很惭愧。大学后,每次回家,他都兴奋地围着我转,完全忘记了以前所谓的"深仇大恨"。

通过对自己的内观,我发现我是幸福的,有个朴素但却温馨的家庭。也许是人都不懂得知足吧,人们总是在努力珍惜未得到的,而却遗忘了所拥有的,只有经历过,长大了,才会意识到自己所拥有的才弥足珍贵。

所以,从现在起,不求做个伟大的人,只求做个幸福的人,过最简单的生活,珍惜身边的人,少点抱怨,多点理解。

5.27　内观前男友

通过对我的前男友做一次内观,让现在的自己多少有些感悟。

一是他为我所做的。一直以来,他对我的照顾无微不至,刚开始我们俩一起泡图书馆的时候,他会每天早早地去排队占座,给我买早饭,接我一起去图书馆;学习累的时候,他会帮我放松,给我讲笑话逗我开心;生病的时候,会比我还要紧张,一定坚持带我去看病、买药,时时关注我的病情;每次出门都帮我背书包,生怕书包太重而累到我;每隔几天就会给我买一堆水果;每次随口提起的东西,他总是默默去替我买好,然后给我一个惊喜。

二是我为他做的。我不敢说为他做了什么,只是尽我最大可能去关心他,他很爱他的英文名。我就特意为他定制了印有他名字的文化衫,给他一个惊喜;他寝室很热,我就买了一个电风扇给他;他喜欢出去骑行,我会时时刻刻关注他的安全。

　　三是我给他带来的麻烦。我觉得我给他带来最大的麻烦就是让他牺牲了很多,包括时间、金钱、精力。我想出去玩、出去逛街的时候,他总会推掉一切手上的事陪我去,我觉得我太自私了,没有替他着想;我一遇到事情的时候,就会找他帮忙,无形中增加了他的麻烦,但他从来没有一句怨言。

　　总结我对他的内观,就是他真的是一个很好的人,体贴、善良、温柔、有梦想、勇敢。即使我们没办法在一起,我还是很感激他曾经、现在对我的好,如果可以,我们会是一辈子的好朋友,我会用我的真诚去回报他。当然,真心希望他遇到一个好女孩,一辈子都能幸福。

5.28　内观闺蜜

　　我有一个很好的闺蜜,从小学到初中,到高中,我们都是同班同学,直至现在,我们都是在一个大学,只是专业不同。佛说"前世的五百次回眸才换得今生的一次擦肩而过",可想而知,我们的缘分比海还深。曾经的我,比较任性,相对来说比较"以自我为中心",可能这与家里人都宠爱我有关。在她面前,我也时常展现出任性的一面。她是一个很善良、在情感上处于弱势的人,别人的请求她不会轻易拒绝,尤其是我的要求。但凡我提出一些小要求,她都会欣然答应。比如上课我不想做笔记,她会很善心地帮我抄;比如我想去小店,即使她在写作业也会搁下陪我去;比如她去上课早一些,会每天不落地帮我带早餐……这样的例子很多。但当有一次,我让她帮我抄下作业时,她出乎意料地拒绝了,而且很果断。我听了之后,立马生气了。接下来的两天我都没理睬她。我是个心高气傲有时特别别扭的一个人,坚持不肯先低头,即使心里难受,因此还是她先向我道歉,我们才和好的。现在用内观的方法想想。她为我做了这么多事,有时甚至把我的请求置于自己的事前,该是多好的一个人!再想想,我为她所付出的远不及她的,自己为她添了许多麻烦,耽搁了她不少时间。回首观望,原来,我应该要补她一句"谢谢"和"对不起"。至此,我也逐渐改变了自己的"小任性",人长大了,心智也成熟了些。我该为他人多付出一些,凡事多站在了人的角度考虑。有付出,才有回报,不是么?

第六章　认知改变生活

在开始这一章的内容之前,先做一个小练习。请你想象一个场景:你和几个好朋友约定好了周末一起去放风筝,你用了一周的空余时间都在做风筝,最终做成了自己喜欢的风筝。到了周末,你带着自己的作品和朋友们到约定的公园集合。你把风筝放在了公园的椅子上,帮助朋友一起弄风筝线。有一个人走过来坐在椅子上,刚好把你辛辛苦苦做的风筝坐坏了。此刻你体验到的情绪是什么? 难过、伤心、生气、委屈、失落……

当你准备和这个做坏风筝的人理论的时候,你发现他是一个盲人。此刻你体验的情绪是什么? 倒霉、同情、好过些了?

风筝坏了,这个事实没有改变,但是,你的情绪却有所好转。

通过这个练习,可以认识到当一件事情发生了,或许我们原来的视角只是看到事情的一部分,当视角改变了,发现了一些内容以后,我们的情绪体验会有所改变。那么,生活中的很多事情是不是也会有多种可能性呢?

一、认知简介

从信息加工角度来说,认知是指信息被人接受之后经历的转换、简约、合成、储存、重建、再现和使用等加工过程,也就是感觉、知觉、记忆、思维、注意、想象等过程。从社会心理学角度来说,认知是指个体对他人、自我、社会关系、社会规则等社会性客体和社会现象及其关系的感知、理解的心理活动,即社会认知,可以简单理解为你的看法和观点。

二、认知特征

1. 认知的多维性

"横看成岭侧成峰,远近高低各不同。"这句古诗诠释了从不同的角度看问题,得出结果不一样的道理。如图 6.1 所示,是我们耳熟能详的成语故事"盲人摸象"。或许在几个盲人的努力下,大象变成了这副模样。但仔细想想,盲人们错了吗? 大象的耳朵是不是像扇子? 尾巴是不是像草绳? 腿是不是像柱子呢? ……

从认知的多维性来看,盲人只是从不同的角度得到了不同的信息而已。从这个意义上来说,我们似乎都会在生活中存在"盲人摸象"的现象。例如,当我们和亲近的人在一起,常常只看到他的一个方面。记得有一次咨询,一个大三的同学很痛苦的和我讲了她最近发现好朋友很自私,以至于自己没有办法再和她做朋友,并且不明白,为什么自己如此失败,在大学里唯一交到的好朋友是自私的。她们是从大一开始就很要好的朋友,但我很好奇,你的朋友为什么最近变得自私了? 当我提出我的好奇之后,这位咨询的同学又谈到了朋友的善良、热心、勤奋及节俭等她比较欣赏的品质。之后她沉默了一会儿,自言自语

图 6.1

道：“会不会是我变了，而不是她变了？”或许两个人都变了。可以确信的是自私这一点只是那个朋友身上的一个特征，而不是全部。

问大家一个问题，如果一个长方形的桌子只有一条腿，你们能猜想那个桌子是什么样吗？摇摇晃晃、立不起来、重心在这条腿上估计可以立起来；这些是我听到的答案。如果增加一条腿呢？会稳固一些。如果有三条腿支撑，会更稳固。如果在四个角上有四条腿，那就会更稳固。当桌子的支撑点越多的时候，桌子就会越稳固。同时，某一个桌腿出现问题，对桌子的稳定性影响也不大，即便是我撤掉一个桌腿，桌子依然可以稳稳地立起来。但是，如果桌子只有一条腿，即便是通过巧妙的设计，让这个桌子可以立起来，而这一条桌腿就决定了整个桌子的稳定性。

也经常有父母咨询：孩子注意力不集中怎么办？作业拖拉怎么办？自理能力差怎么办？……似乎孩子的问题已经成为父母的心病，如果孩子没有问题了，父母就安心了。或许父母本身认为的问题也不是问题，只不过是父母把全部的精力都放在了那个问题上。

或许你在为自己个子不高而苦恼，或许你在为自己成绩不好而郁闷，或许你在为自己失恋而痛苦，或许你在为自己所读的专业不理想而失落……如果你不把自己的生活当成只有这一个支柱，你会豁达得多。

每个人的认知都具有多维性，不要忽略了自己已经具有的多个视角。

2. 认知的相对性

塞翁失马，焉知非福？相信大家都会有过这样的感受：很多当下的经历，过一段时间回想起来，和原来的感受大不相同。当下特别痛恨的事情，此后回想起来，却给了自己成长的力量。在我参加工作后体会最深刻的一件事情是学校每年会组织35周岁以下的教师进行讲课技能比赛，最终评出每年讲课比赛的十佳青年教师。比赛的过程非常辛苦，首先是自己学院里35岁以下的教师分成几个小组，每个小组初赛，初赛胜出的教师，还要进行一个全院公开赛。由全院的教职工进行打分，根据平均分高低选出规定参赛人数再去学校参加比赛。即使小组出线了，也不一定有资格参加学校比赛；参加学校比赛也不一定获得前十名。只要不获得十佳,在 35 周岁以下,就要每年都参加这个比赛。所以,当时会有一个想法"什么时候过了 35 岁就好了,不用再参加这样的比赛了"。每年都要比拼好几轮,所以也要经过很多次修改和练习。如今想起来,正是这样的历程让自己的教学水平得到不断提升,从小组出线,到学院出线,到学校出线,到最终获得十佳荣誉,真心感谢这个"折磨人"的过程。

图 6.2

正如图 6.2 所示的太极图,现实世界的事物都是由两个相对的部分组成的一个整体,当我们学会了辩证地看世界,就更加理解自己了。

3. 认知的联想性

认知的联想性是指个体的认知总是与既往经验相联系。仔细看看图 6.3,你看到了什么?课堂上我听到学生的答案有"树、草丛、雪、狗、牛、人、企鹅、人参、鱼、斑点狗……"

图 6.3

不管大家看到了什么,都和我们过往的经验有关,如果我们从来没有见过狗,或是根本不知道狗长成什么样子,即便把图 6.4 中的狗勾画出来,都没有办法去识别。

如果我画一个符号,13 你看到的是什么呢?

如果我把这个符号加一个上下文,12 13 14,你会更倾向于把它解读为 13。如果我把上下文改成:A 13 C,你会更倾向于把它解读为 B。过往的经验会影响我们当下对这一事物的判断。从这个角度出发,我们会更好地理解他人。设想:甲是在没有数字、只有字母的世界里长大的一个人,乙是在没有字母、只有数字的世界里长大的一个人。两个人同时见到这个符号的时候,一个就会自然地认为是 B,另一个就会自然地认为是 13。在捍卫自己的认知的同时,也会认为对方的认知不可思议,因为在自己的世界中从来不知道对

图 6.4

方所说的是什么,而自己的经验告诉自己"我说的是对的"。其实,从认知的联想性角度就可以理解彼此的差异,也理解了很多时候不是对错的问题,而是理解的角度不同。经常听到这样的感慨:"我真的不知道他是怎么想的?""我不明白他为什么这样做?"我通常的回应是:"是的,因为你不是他。"

"存在的就是合理的",当你放弃对错的判断,回归到理解的角度,就可以接受发生的一切了。

4. 认知的整合性

对事物的认识往往是综合了有关感知、记忆、思维、想象等过程后获得的。你在下面的图 6.5 中看到了什么呢?

在这幅自然风光的图中,当你看到婴儿的图像时,或许你会感慨大自然的鬼斧神工。下面我就借用这张图片来诠释认知的整合性。很多分散的片段,整合在一起构成了全新的整体认识。认知的整体性给了我们一个全面的角度去认知世界,可以将分散的信息集中,更充分地去勾画我们的认识。例如,在一个长期咨询的个案中,来访者有一些片段存在了我的记忆里:谈到生活中发生的事情让自己不开心的时候,她说自己太小孩子气了,一点都不成熟;谈到报考志愿的时候,妈妈给自己选的专业自己并不喜欢,但是觉得妈妈是为自己好,不应该反对妈妈;我对她表达赞赏的时候,她会很快速地转向其他的话题;谈到别人找自己帮忙的时候,说这些都是小忙,帮一下自己也不会损失什么……把这些片段整合起来,我就对她的人际模式有了一个猜想:通常她会在人际交往中委曲求全,压抑自己的真实想法。

有一次一个同学咨询时谈到自己朋友:"我以前还没有感觉,经过了一件事情以后,把以前的很多细节串起来,现在我明白了,他真是一个自私的家伙。"那一刻,他整合了过往经历中这个朋友所有和自私有关的碎片。或许自私是他朋友的一个特质,但绝不是全部,

图 6.5

如果可以把整合性和多维性结合起来，就会对这位朋友有更全面的认识。

我们认知世界的方式，决定了世界呈现给我们的样子。我们都不喜欢被别人用有色眼镜来看待，但是我们会不知不觉地戴上有色眼镜去认知别人或世界。如果我们只采用一种色彩来看待世界，无论这种色彩多么美丽，世界一直是全然一样的。如果我们可以丰富自己的视角，多配几副眼镜，世界就会五颜六色。

三、不合理认知

这里我们把那些让自己远离目标的认知统称为不合理认知，如你想去考研究生，但是你的想法却是：我英语不好；我记忆力很差；我的学校不好……这些让你越来越失去考研信心的想法可以称为不合理认知。

分享一个小故事：一家鞋业公司派了两位市场调查员到一个海岛去进行市场可行性的调查。这个岛上的居民没有穿鞋子的习惯，男女老少一律打赤脚。不久，公司收到两位调查员的报告。甲写道："此岛上的居民都不穿鞋子，因此没有市场前景。"乙写道："此岛上的居民都没有鞋子穿，这里大有市场。"

同一个海岛，两位市场调查员得出的结论截然相反。这个故事告诉我们一个道理：同样的世界，会因为我们看待的角度不同而得出不同的结论。而现实生活中，我们往往认为是生活中发生的事情决定了结果。例如，考试考砸了，一下子没有信心了，什么事情都不想做；参加竞选失败了，对类似的活动不再感兴趣了；这次涨工资没有我的份，工作没有了积极性……这些消极的结果通常会被认为是因为发生了消极的事情。如果每天的事情都很顺心就不会有消极的结果。而生活的真相是一定会有不顺心的事情发生，真的是这些事情让我们过得不好了吗？认知疗法中的一个方法"合理情绪疗法"，诠释了"影响事情的发展及结果的是对发生事件的认识，而不是事情本身"的道理，即你的想法而不是事情本身让你处于糟糕的状态中。

以大家最熟悉的考试为例,我在课堂上征集了同学们的认识,如果准备的一个考试失败了,知道结果的瞬间,你的想法是什么? 回答的内容各式各样,列举如下:

(1)下次再努力,还有机会;

(2)报考费白花了;

(3)我怎么这么笨;

(4)别人都比我考得好;

(5)其他人考得也不怎么样;

(6)运气太差了,我怎么总是很倒霉;

(7)我已经尽力了;

(8)题目太难了;

(9)我准备得不够充分;

(10)只是一个考试,没什么大不了的;

(11)完蛋了,要补考了。

······

大家可以体验一下,每一种想法带给自己的情绪体验是什么? 带着这样的情绪体验,你的结果会是怎么样发展的? 例如,我认为"下次再努力,还有机会",我认为还有希望,为此我不会放弃,在下一次考试之前会认真地准备。如果我认为"我的运气太差了,我总是很倒霉",会变得怨天尤人,在下次考试之前仍然不会充分复习,甚至会影响到做其他事情的信心。

当经历挫折,自己的情绪很糟糕的时候,是不是可以问问自己,此刻你的想法是什么?

总结在学习和心理咨询过程中常见的引发消极情绪及结果的不合理认知,主要有以下几种:

1.绝对化的要求

当看到"绝对化"这三个字的时候,你脑海中出现的词是什么? 绝对化的要求通常和"必须""一定""肯定""应该"等词联系在一起。例如,如果在考试之前,你的想法是"我必须考第一名"。这个绝对化的要求,虽然有置之死地而后生的决心和勇气,但也失去了灵活性。考试的结果有很多不可控制的因素。带着这样的想法,在没有考取第一名的时候,就会特别沮丧。这样的绝对化要求不仅在对事情上,在人际关系中也常常存在。

"你是我的孩子,必须听我的。"

"咱们是好朋友,我必须帮你。"

"他一定能做到的。"

"我都帮过他很多次了,这件事情找他肯定能答应。"

这些绝对化的要求,带给自己的烦恼就是当事实不如自己要求时的负面体验。解决的办法是替换:我尽力考第一名;我非常希望你能帮助我;他很可能会答应我。想法改变一点点,结果也会改变一点点。

相比"必须""一定",更容易伤害到我们内心的是"应该"这个词。通常我们已经习惯了某些思维模式,形成一定的思维定式,越是细心、善解人意的人,越容易受到"应该"的束缚。有一个印象深刻的咨询,一个学生讲述:"老师,我真是不明白,为什么他们都在教室里练习《疯狂英语》。我一大早想到教室自习,可是走遍了1楼的自习室,每个教室都有人在晨读。晨读不应该找一个没有人的地方吗？怎么会在教室里？"我相信如果这位同学晨读，一定不会选在教室里。还有一个学生很苦恼班级的凝聚力："老师，我当班干部，真的是希望我们的班级很团结，大家像一家人一样。可是，这次组织春游，本来就跑了很多旅行社，够烦的了，但是同学们还提意见，想法不统一。你说，有人组织就不错了，大家是不是应该配合好工作，一起努力把春游搞好？"更有一个学生和我抱怨："老师，我现在不想回寝室，觉得寝室的人都没良心。平时谁有了不舒服的时候，我都会主动地去问需不需要帮忙打饭啊，或者陪着去医务室的。结果这回我不舒服了，她们是不是也应该来问我需不需要帮忙？结果没有一个主动问我的，想想就火大，不想在这个寝室再住下去了。"我问她："如果你和寝室的人讲，你不舒服，让她们帮你打饭，她们会去吗？""不知道，我没有让她们帮过。"

"应该"的想法，其实就是拿我们自己的想法在思考别人，潜在的台词是："我想的是对的，是再正常不过的想法了，别人也会理所当然认为这是对的。"所以在别人没有按照我们的想法去做的时候，会非常不理解。反过来想想，如果周围的人都和我们的想法一致，也是很可怕的一件事情。如同一个班级、一个学校、一个城市、一个国家所有的人都喜欢一样款式、一样颜色的衣服，大家穿的全一样，那会如何？印象中只有学校开运动会的时候，要求穿校服才会这样，跑来跑去大家都穿得一样，找个人很费劲，不容易区分。有时候去逛服装店，总觉得这样的衣服能卖出去吗？怎么会有设计师设计这样的衣服？仔细想想，也确实是差异性带来了这个世界的丰富。

2.过分概括化

当看到"过分概括化"的时候，你脑海中出现的词是什么？过分概括化通常和"全部""总是""一直""都""从来"等词联系在一起，也叫以偏概全。当事情由局部代替了整体，内心体验会有不同吗？

一个学生报怨："我们寝室的卫生从来都是我一个人打扫的。她们就可以一直挺着不打扫，但我受不了。但是凭什么一直是我一个人打扫？"

一个孩子对父母说："你总是让我学习，除了学习，就没和我谈过别的。"

一个员工评价自己的老板："没有一天不批评人的，整天板着脸，谁欠他钱似的。"

类似的言语或是想法，经常可以遇到，却没有想到过，这其实是一种不合理的认知造成的。这样的认知方式其实是夸大了事实本身。

有一个咨询的学生，开场的第一句话是："老师，我想退学。"那个瞬间我的想法是，这个同学一定遇到了很大困难，比如专业不喜欢，挂科太多等。没想到一了解才知道，她是转专业的学生，从另外一个专业转到了我们医学院的临床医学专业。这意味着她一定很喜欢这个专业，因为从一个四年制的专业转到临床医学五年制专业需要降级一年，意味着她将要用六年的时间读一个本科。既然这样，是什么原因导致她想退学呢？再仔细一问，才发现是她们班的同学都不喜欢她。"都"的概念是全部的意思，整个班级的同学都不喜欢一个人，可能性大吗？我问她，你的想法是怎么来的呢？她讲到，原来的班级大家都很活跃，很爱玩，自己也是一个爱玩的人，同学们一起经常聚餐或者一起外出旅行，很开心。转到这个班级，虽然都是新生，大家起点一样，但是氛围很不一样，没有什么集体活动，大家基本都是各干各的，所以觉得在班级里没有朋友。我问她："班级里有多少人呢？"答案是"52个"。"如果同学都不喜欢，那就是51个人都不喜欢你，对吗？"听了我的问题，她愣了一会儿笑了："那倒没有,还有一半没说过话呢。""那到底有几个呢?"经过一番思考,她的答案是"2个"。我在纸上写了一个分数(2/51)送给她。看到这个数字,她又随口说了一句:"就是这两个人,一直和我作对。""一直"的概念是没有停止过,我回馈给她:"在你说的时候,我脑子里出现了两个同学,她们从早上起床开始,就商量怎么对付你,上课也不听,还在商量怎么对付你,吃饭的时候也在商量,一直到晚上睡觉,每天都在做这样的事情。"等我说完,她笑了:"老师,哪里有你说的那么夸张,只是有时候而已。""什么时候呢?"后来了解到,这两个同学是班级里比较活泼的同学,很爱聊天,也很爱思辨,刚好也是这位同学喜欢的事情,只是多数情况下,那两个同学的观点比较一致,她感觉被孤立或是被敌对了。

从"都"到"有几个";从"一直"到"有时候",仅仅是一个想法的改变,咨询结束,她说:"老师,我把这张纸带走了,再有不开心的时候,就想想这个分数 2/51。"

3.糟糕至极

当看到"糟糕至极"的时候,你脑海中出现的词是什么? 糟糕至极认知的内在想法通常是"完了":

"考试通不过就完了";

"孩子不肯上学就完了";

"这次选不上就完了";

"项目验收通不过就全完了";

"如果不被录取就完了";

"真的失业就完了"。

……

"完了"是一个并不少见的口头禅,其实也是一个不合理的认知。通常对于结果的过分担忧,让我们停留在了一种"怕"的感觉里。而这种"怕"的感觉带来的焦虑体验,让我们没有办法静下心来应对面临的困境,仅仅是停在怕里。

"怕一件事情,比事情本身更可怕。"

举个例子:几年前一个学生在选修课结束时和我聊起了他的大学生活。他报考了"2+2"的考试(大二可以报考,如果考上了可以去另外一个学校读余下的两年大学,毕业证也是另外一个学校发的),很多同学把这个考试作为弥补当年高考留下遗憾的机会。他从一入学就知道有这个考试,所以一直在关注这个考试并做了积极准备。还有两个月快考试了,他很焦虑,对我说:"老师,还有两个月不到就要考试了,我看不进去书。我一直在准备这个考试,对于学校里学习的内容我是觉得及格就行了。所以没有得过奖学金、没有当过班干部、没有参加课外竞赛,为了这个考试我放弃了其他的很多东西,如果考不上我就完了。"每周一次的选修课,他会到了课间的时候来和我讲,讲得最多的是"如果考不上,我就完了"。我试过教他一些放松的方法,他都告诉我没有用。我尝试开始对他的不合理认知做些工作,"成绩现在就出来,你没有考上,可不可以告诉我,你是怎么完的?"他愣了一下,说:"老师,你真是乌鸦嘴。"我告诉他:"我是非常认真的在和你讨论,成绩已经出来了,没考上,你会怎样?"他想了一会:"我真的没有想过考不上会怎么样,一直很害怕考不上。""可以现在认真地想一下? 真的没有考上,怎么办?""哎,那能怎么办呢,总不会因为这个不活了吧,继续在嘉兴学院读书呗。"

凡事不要停在怕的过程里,事情本身真的没有我们想象得那么糟糕。

4. 非黑即白

以非此即彼的方式来评估自己的倾向,学名叫"二分思维"。该思维认为一切事物要么是黑色的,要么是白色的,中间的颜色是不存在的。对他人的认识要么是朋友,要么是敌人;要么是好人,要么是坏人。做事情的结果要么是成功,要么是失败。

有一次课间一个学生问我:"老师,如果你是从事国家机密工作的,我问你做什么工作的,你会告诉我么?"我当时回想起的是我高中的一个同学读了国防科技大学,后来从事的工作内容据他说是保密的,连他爱人都不知道他的具体工作内容。当时我的第一反应是"不会告诉"。然后她又问:"你觉得自己是一个真诚的人么?",这个问题让我好难回答,我直接告诉她我的为难,她继续提出疑惑:"老师,这个世界上根本没有真诚对吗? 如果你对我真诚你就应该告诉我;"听了她的话,你有什么感觉呢? 这是一个非黑即白的思维:如果你是一个真诚的人,需要所有的话都实话实说,不能有一句不实,哪怕是"善意的谎言"。

课堂上我请大家讨论,找到自己的非黑即白思维:

"我六级考试没有通过,我就觉得白复习了,没有用,尤其是分数越考越低的时候。其实自己的单词量和听力还是比以前提高了"。

"如果我做一件事情,做得挺好的,我就觉得很自信,自己什么都可以干好。但是,如果没有做好,就会觉得自己很没有用,一事无成"。

"找同学帮忙,如果同学拒绝我了,我会觉得自己人缘很差,没有人愿意和自己交朋友"。

类似的思维方式如果你也有,应试试找到黑白之间的灰色地带。

5. 夸大或缩小

夸大或缩小的思维方式就像拿着放大镜看自己的缺点,而拿显微镜看自己的优点。在学校开展的自信心训练团体心理辅导的招募访谈中,有一个画面特别熟悉,当我问报名的同学:"你有什么优点"的时候,回答通常是"没什么优点"。而问到"你有什么缺点"时,通常大家就打开了话匣子,如数家珍。看过一个报道,一个中学老师惩罚班级学生迟到的措施就是写出自己的优点,并在全班同学面前大声朗读。第一次迟到写10条,第二次迟到写20条,第三次迟到写30条,以此类推,并且要求写过的优点不能重复写。后来班级再也没有同学迟到了,原因是大家觉得写出自己这么多优点十分困难,当众大声朗读更加困难。

谦虚是我们国家的传统美德,但是也不能过度谦虚。如果我们看待自己的方式是找不到优点,只有缺点,又如何有自信面对需要处理的难题呢? 如果我们看待其他人的方式也是这样"放大镜看缺点,显微镜看优点",那么与我们共处的人会是什么样的感受呢?

6. 主观猜测

你是否对这样的口头语熟悉?

"我感觉……"

"我觉得……"

我们有很多感觉,如此真实,以至于让我们认为我们的感觉就是事实。

7. 人格化倾向

对发生的消极事件认为是由于自己的过失引起的,而实际上你不必为它负责。这样的思维方式有一个潜台词"都怪我"。在一次心理咨询师培训课课间休息时,一个同学和我讨论有关抑郁症的问题,讨论结束,他非常自责地说:"老师,我早一点来学心理咨询师就好了,那样我们寝室的那个室友就不会休学了。现在我知道他是抑郁症,当时不懂,如果多给他一点开导,就不至于休学,耽误了一年的时间。"这位同学有人格化倾向,即便他参加了心理咨询师的培训,也未必能帮助到他的室友,却让他如此自责。我问他生活中有类似的现象吗?他回答有的。例如,坐公交车,有一次爆胎了,就觉得是不是因为自己坐了这辆车才会爆胎。

对于不合理认知的识别,可以统一理解成为那些让你越想越消极、越想越没有信心的想法。在日常生活中,你是如何应对它们的呢?

四、认知改变生活

和大家分享几种简单地改变不合理认知的咨询方法,可以在自己情绪很差的时候,自己调整,改变结果。

1.质疑法:直接问自己,我的想法有事实根据吗

因为"主观猜测",让我们把自己观念中的世界,当成了现实世界。很多时候我们的想法没有事实根据,但却让我们信以为真。举一个常见的场景:走在路上,一个熟悉的同学路过却没有和自己打招呼,我们通常会有的猜测是"我有什么地方做得不对,他不理我了?"记得一次咨询的时候,一位同学经常的口头禅是"我这辈子没什么出息了",听起来好有沧桑感。于是我问他"你觉得你有信心活到多少岁?"他很惊讶怎么问这个问题,于是在我邀请下,他做了回答:"怎么也能活到 80 岁吧,我家人都挺长寿的。""听你经常说自己这辈子没什么出息了,我以为你活不到 30 岁了。"开过玩笑,他开始认真思考自己的思维方式,还有几十年没有经历,谁知道会发生什么呢?现在就给自己一个消极的暗示,确实没有事实依据。

2.价值式:质询目前的情绪和行为反应是否确有价值

"长他人志气,灭自己威风",这句话大家很熟悉,那么如何做到这点呢? 和我们的认知有很大关系。有一个小故事"Who are you working for"和大家分享:一个人和自己的老朋友抱怨:"我打算离开这家公司,怎么说我也算是老员工了,怎么不给我涨工资,领导也很少表扬我,在这里干下去有什么意思。"朋友问他有没有想好辞职后去干吗? 他说没有。朋友劝他先在这里努力工作,更多地开发客户资源,更多地了解公司的运营机制,这样过一两年自己可以有很多资源,为自己创业做准备。他觉得很有道理就按照朋友说的去做了。过了两年,朋友问他:"你有没有离开你的公司?"他回答说:"没有,我按照你说的去做了。这两年内,我的工资提了好几倍,现在也是部门经理了,领导也经常征求我的意见,我觉得在这里还不错。"当主人公为老板工作的时候,经常想到的是"领导不表扬我,公司不给我涨工资"。而当他觉得这是在为自己工作,努力后就获得了自己想要的结果。在生活中,当我们抱怨一些事情的时候,也可以问问自己:"这些想法对自己的价值是什么?"否则我们就会做一些南辕北辙的事情,希望是达成这个目标,而想的和做的事情对实现这个目标没有任何价值。

3.极端式:质询这件事最坏的结果是什么

这个方法特别适用于经常有"糟糕至极"想法的人,问自己"最坏的结果是什么",并做

好如何应对最坏结果的打算。这样就会发现，一切都没有想象的那么糟糕。也有很多时候，最坏的结果真的发生了，但也没有我们想象得那样可怕。"一切都会过去的"，在很多困难的时刻，我就勾画出最坏的结果，然后告诉自己这 7 个字，给自己以鼓励。如果此刻你正在担心一些事情的发生，可以试试这个方法。

4. 更新式：从另外的角度想一想

有这样一个故事，一位老奶奶有两个女儿，大女儿卖鞋子，小女儿卖雨伞。老奶奶整天愁眉苦脸，因为在晴天的时候想到小女儿的雨伞卖不出去了，在雨天的时候想到大女儿的鞋子卖不出去了。后来有人劝她能不能倒过来想："下雨天的时候小女儿的雨伞卖得好，晴天的时候大女儿的鞋子卖得好。"老奶奶改变了想法以后，再也不愁眉苦脸了。同样的两个女儿，同样的天气，卖的东西也没有改变，老奶奶的心情却改变了，所以换个角度想一想，也是一种好的调节方法。我的心理减压课是任选课，学生的成绩不参与到奖学金的评定。开始上课的时候，看到同学们坐的座位很靠后，前排空出来，心里的滋味也不是很好受。觉得很用心准备的课，大家怎么会是这样的态度呢？然而换一个角度想，本来就是减压课，或许同学们能够在海量的学习中有一个课程是让他们放松的，也是一件好事，这也是一个减压的过程。只是做了这样的一个调整，自己就好受多了。后来下课的时候和同学们聊天，发现其实同学们听的还不错，并不是坐在后边不听课，好像任选课大家有这样一个习惯一样。

5. 夸张式：故意夸大不合理想法，看到它的不合理之处。

刚刚和大家分享了很多不合理的想法，这些想法在不经意间就会产生，尤其是在情绪低落的时候，可以理解为防不胜防。我经常会提醒自己，这样想只能让自己感觉更糟糕。有时候为了让同学们体会到自己想法的不合理性，我会用夸张法。把不合理的想法夸大，让学生意识到不合理性。比如有一个女同学说："老师，同学都说我这个人毕业了到社会上是会饿死的。什么都干不了，也找不到工作，我就是那种被卖了还帮人家数钱的。"我问她为什么说你什么都干不了，她开始列举证据："做销售口才不好，也不会忽悠，东西卖不出去；还是一个路痴，走出去都不认路；英语也不好，计算机就会基本的上网聊天……"看到她如此焦虑，我尝试用夸张的方法让她看到自己想法的不合理性：

"你是怎么来的？"

"怎么来的？"

"对呀，你是怎么来到咨询室的？"

"吃好饭就过来了呀，约定的是六点半，所以我特意晚一点吃，吃好了就过来了。"

"这么说你是自己过来的？"

"那当然了。"

"哦，我听你说自己什么都干不了，我还以为是同学把你抬来的。"

"哈哈，走路还是可以的。"

"那晚饭也是自己去食堂吃的，不是别人喂的？"

"当然，生活自理能力还是有的。"

"那怎么说什么都干不了？"

"就是找工作，对自己没有信心，不知道干什么？"

"那你有做过兼职吗？在大学里，哪怕一天。"

"还真做过一天,跟同学一起发传单,赚了70块钱。"

"至少还可以发传单啊。"

"这种很简单的,只要站在那里就行了。"

慢慢她开始意识到自己可以做一些事情,而且骄傲地和我说自己跑去苏州旅行了两天,也没有丢,还是回到学校了。

我把夸张式比作"遇到一个认为自己不正常的人,你如果表现比他还不正常,他就觉得自己正常了"。往往当问题被放大的时候更容易被觉察到。

6. 做自己的认知调节师

当我们作为旁观者的时候,容易觉察到自己的不合理认知,但往往在情绪低落的时候容易沉浸在不合理的认知中。这时就需要用一些小方法来提醒自己。我推荐大家用一个小小的便签本,方便携带,如同内观法中提到的感恩簿一样,可以随时记录下自己的想法。先写下情绪低落时的想法,然后尝试找到这种想法的不合理性,再尝试新的想法。下面分享一个同学的随身记录。

2011.5.20 周五

今天早上第一、二节课上课迟到了,主要昨天睡得太晚,早上睡过头了,被老师批评了一顿。觉得很丢脸,同学都看到了,好尴尬。坐下来觉得很倒霉,老师怎么只批评我,其他同学也迟到过,以前好像都没有批评。是不是我比较好欺负?

仔细想想,其他同学也有被批评过,我只是当时觉得好倒霉,事后其实也就没什么了,我也知道其他同学也不会太在意这件事情。后来同学告诉我,今天迟到的特别多,上课后陆陆续续有十几个同学迟到,我是最后一个到的,估计老师前面已经很火了,所以也不是针对我一个人的。我平时很少迟到的,以后要多注意。这样想想就感觉好多了。

2011.5.23 周一

下午和同学打篮球,结果投了好几次都没有中,感觉自己很差劲。打得很热,但是还是穿着背心。看到其他同学都打赤膊,自己也想这样,但是觉得自己很瘦,锁骨露出来都不好看。又为自己不能这样做觉得很没用、很懦弱。打好球回到寝室以后还是觉得很沮丧。

仔细想想,我也有打得好的时候,上次篮球赛还是我投的三分球,让班级获胜了。偶尔投得不准也很正常,没有人一直可以百发百中。也不是所有男生打球的时候都是打赤膊的,还有一些穿短袖的,即使很热的夏天也是,我没有办法赤膊打球,我就穿个背心打球,其实也不错。同学说我争球的时候还是挺有劲的,应该不是那种娘娘腔的男生。

学生应用案例

6.1　关注什么,什么就成为事实

我通过自我分析,发现自己是那种很没有安全感、自卑又没自信的孩子,从很多事情上可以看出,比如演讲比赛、运动会报名,自己其实很想参加,但心里总有一个声音说:"你什么都比不上别人,去参加肯定只有丢脸的份,还是不要参加的好。"因此,往往在最后关头放弃参加的念头,自己心里其实很难过。"关注什么,什么就是你的现实;你的关注造就你的现实",想想觉得很有道理,如果我一直缩在自己的塔内,不去面对、改变,就永远适应不了外面的生活。从那以后,就有意识地改变自己的心态,多往好的方面想,不总去想自己能做什么，以前上专业课时很害怕，因而上课总是不能专心，害怕老师提问我，而我答不出来，心里越急结果就越说不出来，感觉很丢人，课也上不好。现在，自己有意识地锻炼自己，提问时心态放稳，能答出多少就说多少，老师还会给我补充。慢慢发现，其实自己也还是可以做到的，这对我来说是很激动的好消息，自信心也增强了很多。

6.2　这就是生活

学会正确认知对我这个爱胡思乱想的人来说是最有效的，不开心并感到压力存在的时候，思维往往会朝着消极的方向发展：这个世界太复杂；生活也太复杂也太无趣了；这件事情为什么会这样发展；这个结果离我预期的太远太远……诸如此类的话语，在脑海中盘旋不去，就会越想越郁闷，越想压力越重。在这样的状态下，我首先要做的是找面镜子，对着镜子抹平皱眉，双眼聚集，然后微笑，告诉自己"相信自己"。无论何时，不论何种情况，健康总是我的第一追求。保持平和是女人年轻美丽的秘诀。有压力，是因为我把生活想得太复杂了，而生活的复杂与简单只在一念之间，你觉得它复杂，它就越加复杂，你觉得它也就这样，就会简单很多。生活的快乐与否，取决于你选择的生活方式。在无法改变结果的情况下，就要学会坦然接受，告诉自己说：这就是生活！生活偶尔还需要挫折来添加一抹色彩。

6.3　南辕北辙

我记得在初二下学期，我突发性地"抛弃"了电脑与电视，近乎疯狂地"迷恋"上数学。于是我每晚都将数学老师推荐的课外辅导书专习到十点左右，并预习第二天要上的内容，然后早上准时到她那报道。结果我的数学成绩突飞猛进，每次章节测试及期中考都是第一名（以前是中间位置）。但在期中考过后，我又"回归"了"脑视一族"，可想而知，数学排名又退了回去。起初仍像之前那样觉得无所谓，但在期末考前又几度失眠，总感觉很烦躁、心慌，害怕同学的嘲笑。于是，心烦意乱到失眠，也就没有好精神去复习了。而如果换种情绪与态度对待期末考，即使我这段时间的确不像之前那样刻苦，但基本的内容能掌握，公式可以背出，再将错题重做一遍（努力将其弄懂并理解所测知识点），名次应该不会太差。另外，名次作为个人隐私，是对自己的激励和警示，并不能太过执着。重要的是掌握课本内容，那就够了，而且学习内容并不只是数学一门，英语也是我的强项，语文基础也不错。由此，我就有信心了。在将心沉淀之后，专心投入复习，掌握知识点后适当鼓励自己，夜夜好眠。

6.4　认知管理情绪

从小到大我就是一个特没自信的孩子。总觉得别人为我做事都是带有目的的，总是不怀好意，同时也严重地感觉到别人为我做事的话，自己会给别人带去麻烦，心里会不自在，有内疚感，内心很不安。记得有一次放学回家，两手抱着一堆书，突然从旁边经过的楼颖（我同班同学）告诉我说我鞋带散了，我脑子里第一反应却是：鞋带散了，你告诉我就是想看我笑话，让我难堪。因此，不怀好意的"哦"了一声就匆匆忙忙地走了。回到家向妈妈抱怨，妈妈说这是同学好心提醒，怎么可以这么想呢，回校后应该谢谢人家。我的心一下子就凉了，总觉得有块石头重重压在心底，有内疚感，倒不是因为当时自己的那种想法，而是觉得自己鞋带散了，人家特意告诉我一声，自己却不领情，感觉欠了她什么一样，很是难受。最终我还是没有把谢谢说出口，让那种压抑一直陪伴着我，沉在心里。直到上了高中，老师教我要从不同的角度看问题，我才学会了如何表达自己的情感，如何正确地认识事物,摆脱了不良的思想。

　　记得有一回我晒在寝室新买的裤子不见了,当时真的很恼火,心里烦啊,坐立不安,后来想起了认知疗法,告诉自己要管理好自己的情绪,裤子丢了,再怎么烦,裤子还是不会回来的。再说,裤子丢了,又可以买新的了。就这样自我安慰以后心情舒服多了,也少了不少抱怨。和室友同住一个屋子里,每个人的性格、脾气都不一样,发生矛盾是在所难免的,吵架拌嘴也是常有的事。我和J虽然走得最近,但也难免会有意见分歧的时候。当出现分歧,两人就会保持沉默,然后就是冷战。有一回,我参加"我是购物达人"的活动得了二等奖,拿了一盒超级可爱的水彩笔,我很喜欢,特别是草绿色。后来J看了也很喜欢,问我能把那支草绿色的水彩笔送给她吗?我马上说不行,她很失望,我也不知道说什么好,就这样我俩就沉默了。寝室很安静,安静得有些可怕。我走出寝室,站在阳台上吹着风,风很舒服。我想J也是一位很爱草绿色的女孩,我们都是好朋友,她并不是想要和我抢东西,而是真的很喜欢,更何况我还有剩下的11支。能和好朋友分享是一种幸福,只要我送她一支,她就不会失落了,而我又能很自然地和她相处,我们彼此都能很开心。于是,我走进寝室,把草绿色的水彩笔送给了她。果然我们都很高兴。而事实上,我并没有因为失去那支水笔而有任何不高兴。相反,我还觉得很开心。

6.14　认知与幸福

　　关于幸福,我一直认为它是靠别人给予自己的,靠物质条件获取的。因为自身条件差,既不会唱歌,体育也不好,学习成绩还一般,导致很自卑,每每想到这些,我就感觉胸口闷闷的、喘不过气来⋯⋯也就压根感受不到自己幸福。

　　看着别人的家长把他们的小孩当成宝,回到家后就是公主王子,什么也不用干,还有很多好吃的东西等着他们吃;看着其他同学花钱如流水,而我必须精打细算地过日子;看到别人到了大三之后都找到了心仪的男友,而我还只是一个人,形单孤影;看着别人轻轻松松地就能拿到奖学金,而我付出了很多,却得不到⋯⋯想到这些,我真的觉得幸福离我好遥远啊!

　　"幸福不是别人或外界给予的,幸福是自己真真切切的感受而已。"我应该无条件地接纳自己,做我真真实实的自己。

　　所以,对我之前那些悲观的想法,我现在要重新定义:

　　第一,虽然我家境不好,父母不能给予我富裕的生活,但我知道我的父母是非常爱我的,他们会竭尽他们所能,给予我最好的,再加之我的叔叔阿姨也对我特别好,每次我来学校,他们总给我买很多好吃的让我带上。我不光有我爸妈疼我,还有叔叔阿姨疼。

　　第二,虽然我不能像有些同学一样在家里什么活也不用干,但跟爸妈团聚在一起,为他们做一顿丰富的饭菜,岂不也是一件非常美好、非常幸福的事吗?能为父母减轻负担,会让我觉得我在家是个有用的人。

　　第三,虽然有些同学家境很好,会有充足的生活费,但我有些同学,父母给的钱越多,他们越不够花。钱不需要太多,够用就好,钱花到了该花之处,也是一件很幸福的事。

　　第四,虽然目前我单身,但并不代表我以后找不到自己喜欢的。我相信,只有自身条件好了,才能找到与自己相配的好男生。在大学里,男女朋友间谈了分、分了谈是一件稀疏平常的事,现在想想,这又何必呢。想到这里,我突然觉得单身也不错啊!

　　第五,拿到奖学金说明不了什么问题,我现在付出了努力,就算不能在考试中发挥出来,掌握的知识总还在的,说不定能用在实际工作中呢。

这就是我目前对幸福的理解。我要继续努力感受幸福,让幸福永远伴随着我!

6.5　我的不合理认知

随意推论是指没有充足及相关的证据便任意下结论。这种扭曲现象包括大难临头,或对于某一个情境想到最糟的情况。自己当年在高考时就有这样的想法,常想到自己万一没考上本科怎么办? 在高中时,每每想到这样的情境,自己很慌。真不知自己该干什么? 后来慢慢分析,认为我怎么会考不上,我在重点班,而且是班上前几名,如果我没考上,那班上没几个人考得上了,而当时我们学校前年考上了190多个,今年预计能考上200多个,如果我们重点班只考上几个,那么这个目标根本无法实现。再说,我万一没有考上本科,我也可以读专科,一样有很多成功人士都是专科毕业生。这样我的心情舒畅了,也能静下心来继续朝着高考前进。

个人化是指一种将外在事件与自己发生联系的倾向,即使没有任意理由也要这样做。有一次,参加一个同学的聚会,我一有机会就拿起酒杯向同学敬酒,有一次拿起酒杯朝着一位同学大喊敬酒。可是,那位同学没理我,当时很尴尬。还好有另一位同学马上拿起酒杯跟我碰杯敬酒。自那以后,自己总以为那位同学一定是有跟自己过不去的地方,自己总是在想以前到底跟他有什么过节,总是想起一些小事来烦自己。有一次听了老师的课,自我分析了下,说不定那时很吵闹,那位同学没听见,就算他有生我气的地方,我也可以主动跟他道歉,都过去这么多年了,肯定能化解的。于是自己轻松了许多,有一次碰上了他,主动说自己有什么不对的请原谅,而他很莫名其妙,因为他根本没有对我生气过,而是一直想找我一起玩。

6.6　关注积极面

记得高三的时候非常郁闷,被灌输的思想就是考个好大学,却不知道自己将来真正要干什么,用空虚和迷茫形容自己不为过。有时候我会经常对自己产生困惑,感觉自己就像一辆被废弃在沙漠中的汽车,失去了动力,看不到前方。有时到了深夜,我会躲在被窝里默默地流泪,因此,我总不能处于一个很好的学习状态,越想克制住自己的情绪就越控制不住。

我的大学生活开始了,然而大学生活并不尽如人意,而且工业设计这个专业课很多,课后作业需要花大量的时间来完成,还有晚自修,感觉仿佛回到高三,一整天的忙碌却不能让心灵充实起来,我总在思索,大学和高中有什么区别,没有自主时间,没有自由。

换个角度思考,学校不是我开的,当然和我想的不一样,我所能做的就是遵守规则,适应大学生活。如果你善于发现,大学当然有它的不同之处。上课不是在固定的教室,晚自修也不会像高中那样用来上课,食堂也可以选择,还有很多的社团活动可以参加……不应把注意力放在你不满意的地方,要学会看到其他有趣的事物。我想这应该就是对客观事物的正确认识与积极服从。

6.7　庸人自扰

无可避免,我们希望别人用自己喜欢和适应的方式对待自己,希望周围事物的发展依自己的意愿改变,希望每一件事如自己所预想的成功收尾……

曾经的自己,也这样"希望"过,甚至让"希望"根深蒂固。即使这种根深蒂固的后果是陷入一个失去快乐的世界,也全然不会认知到有什么不合理。为此,开始对周围的许多事敏感。为现实中没有与理想中重叠的人失望，为没有达到预想效果的话沮丧，为朋友无心的一句话伤心，为自己的一个小失误抑郁……

很多时候，如果能想到：世界上找不到两片相同的叶子，同样也找不到与自己理想中相重叠的人，所以，不应总想着改造他人来适合自己；世界上也找不到一个人能达到十全十美的境地，每个人都应接受人是有可能犯错误的。这样，原先的负面情绪总能冲淡一些，虽然只是一些简单想法的介入，但改变却是很广泛的。由此，乐观的心境开始逐步构建。即使是面对不好的事情，也能努力地去接受现实，有时在可能的情况下也会去改变这种状态，而在不能改变时也能学会如何在这种现实的状态下生活。

其实，人真的不是被事物本身所困扰，更多的是被自己对事情的看法所困扰。

6.8　应该

我经常用"应该"来评论我的室友：她们应该节约水资源，应该在晚上保持安静等。因为每幢楼都进行卫生检查，所以每周固定时间里我们都要整理自己的床铺和书桌，虽然大部分人都会去整理，但是总会有几个动也不动，平时乱点没人会在意的，但这个时候总该收拾一下吧！但是她们雷打不动，而且位置还在门口，检查卫生的人一进门就看到了。可能就是这个原因，我们宿舍一直是 C 等。她们就是应该整理！以前我就是这样想的，但现在我换了一个想法，地方是她们自己的，再乱只要她们自己待着舒服就行。宿舍的评比相比四年的生活和谐，简直不值一提，我只要搞好自己的卫生就行。这样一想，心情就舒畅了，和宿友的相处也就开心和简单了。不要把自己的标准强安在别人身上，每个人都是独立的个体，有自己的思想，正如自己也不可能完全照别人的要求来做一样。少用"应该"理论，日子会更轻松些。

6.9　绝对化要求

坏情绪产生的主要原因：①绝对要求化；②过分概括化；③糟糕之极。我一直觉得自己性格很有问题——我不会吵架，或者说嘴笨。上了大学之后室友经常会让我不开心，我的确也没办法吵回去，只能一直闷在心里。从第一个学期开始，两个室友嘴边常有一些"神经病啊""这人脑子不行啊"等口头禅，这些话用在别人身上没关系，有时却会用在我身上，这时，我就受不了了，心里很难受，可是也不知该做何反应，我是想表达不满但又不知如何表达。于是闷在心里，很是烦躁。现在想想别人的确做错了，可是我却把小事扩大化，用一件小事，对人家反感良久，最后也只是苦了自己而已。用"价值式"想，绝对不划算。我所做的应该是改变自己，最起码表现出我在生气，吵架虽然吵不过人家，思考一会再反驳回去也是可以的，只要觉得自己是对的，就可以说出来！

6.10　认知与考试

和大多数女孩一样，我也是一个多愁善感的人，时常为生活和学习中的一些事担心。例如，每一次考试结束以后就会担心考得怎么样，会不会很差，到时候老师会不会专门提我考得不好等。试想，你已经考好了，可以说成绩已经定了，就算你一直担心也改变不了结果，分数也不可能因为你多担心一点而高一点，老师也不会因为你的担心而给你一个更高的分数，那你的担心又有什么用呢？除了让自己烦恼，让自己心情差一点之外，什么也得不到，与其这样还不如放宽心，让自己不去想它。想想自己这次考试中的不足，明确自己今后该怎么做反而更有价值。以后，我会在考试结束后，以一个更加平和的心态去面对它，不再给自己徒增毫无意义的烦恼。

6.11　结果没有那么糟

学完认知，我有了这样一个感想：如果不能想得彻底，那就不要多想。多想了容易神经质，并且会自我创造出许多不存在的东西，比如你发现某人看了你一眼，你不想什么，也就不当回事；如果你非要想他干吗看你，你就会回忆他看你之前，你有对他做过什么？自己衣服没穿好吗？自己有得罪他吗？他难道喜欢自己吗？……很多事情就变得复杂了。

但是很多事情，我们就会去想，比如你准备了很久的一个舞台剧，你希望它能圆满结束，突然你想，万一音乐出问题了怎么办？忘词了怎么办？话筒没声音了怎么办？观众没反应怎么办？××道具会不会没立好倒了……经过这样一串思想斗争，你开始惶恐、紧张，结果上台就心思混乱，节目很可能就砸了。若上台前什么也不想，或随意激励一下，节目就很可能如平时排练时一样顺畅。

我有这样的练习：其实结果并没有你想得那么糟，只是你的信念暗示你要毫无差错，你应该能做得更好，导致对自己要求过高。所以在最后没达到期望值时，就觉得一切都太糟了。如果把信念换成一切照常即可，管好我要演的就好。那整个人感觉就都轻松多了。

第七章　以死观生

看到这一章的题目，在你的内心里激起了什么呢？

"死亡"这个话题在我们的日常生活中是避而不谈的，人们都很忌讳说"死"这个字。关于"死"有各种委婉的说法：死于意外事故叫"遇难"，年幼而亡叫"夭折"，生病而死叫"病故"，年老在家安然而故叫"寿终正寝"，受尊敬的人死去叫"与世长辞"，古代天子之死称为"驾崩"，现代人用"不在了""走了""去了"来代替"死"。甚至连"死"的谐音"4"也成为避讳的对象。2001 年，刚刚到嘉兴工作的时候买手机号码，营业厅的工作人员告诉我号码 50元一个，都是不带数字 4 的，带 4 的号码都是免费的。一次拜访同事家，住在××小区新三期，当时打趣问："为什么叫新三期，还有旧三期么？"同事解释："这个小区建了三期后，又加了一期，叫四期太难听了，大家都不高兴，就叫新三期了。"

对死亡的避讳除了不吉利以外，还有更多的是源于对这个话题的恐惧。有一次咨询，坐在对面的同学说："老师，不知道为什么我很怕死。"我回应："我也怕。"他就笑得很得意："老师，我知道你为什么学心理学了，因为你有心理问题，怕死。"好吧，我在想如果怕死是心理问题，那大概心理无问题的人寥寥无几了。

郑重其事地问一句："你怕死吗？"

反正我很害怕。

为什么怕呢？

或许可以归结于"未知"两个字，未知会带来恐惧，而死亡是人生命中面临的最大未知。我们可以通过自己的经验或者他人的经验来学习如何将未知转化成已知。唯独死亡不可以，我们没有经历过死亡，也没有一个死去的人能告诉我们死后是怎么样的。古希腊大哲学家伊壁鸠鲁说："当我们存在时，死亡不存在，死亡存在时，我们已不存在了。"

无论怎样避讳与害怕，死亡的话题却如影随形，影响着我们的生活。在医学院从事医学教育工作，"死亡"这个话题是我一直想和学生讨论的话题，却又碍于话题太过沉重而迟迟没有讨论。感谢我读研究生时自然辩证法的任守双、岳长红两位老师给予我的启示和分享，"以死观生"这个题目融入了积极心理学的色彩，也给了我勇气在课堂上和学生谈论死亡。

我的本科大学是医科大学，入学宣誓医学生誓言的第一句就是"健康所系，性命相托"。这个庄严的誓词让我觉得医生是一个神圣的职业，"白衣战士、白衣天使"是可以救死扶伤的希望化身。随着两年半的基础医学课程学习结束，我搬到了医院开始了临床实习。我们那一届实习生是所在实习医院接受的第一批本科生，医院十分重视，尽力为我们创造便利的学习条件。住宿在院内的一个三层小楼第三层，上课是在同一层的大教室，课程也是由临床医生讲解的内科、外科等临床课程。这一切让我很兴奋，因为这样的学习环境让我更靠近自己成为好医生的梦想。然而接下来学习生活中发生的事情却让我有了新的担忧。经常可以在宿舍听到哭声，后来听同学讲才知道楼下一层是医院的太平间。有一天晚上有一个家属哭得特别厉害，一直在楼下哭了大半个晚上。绝望的哭声也让我开始质疑自己的理想，如果有一天，我治疗的患者在我的面前逝去，我会是怎样的心态？我还可以成为医生吗？虽然这些想法不是我最终成为一名教师的主要原因，但却让我开始了对死亡议题的思考。有一个学生的咨询也给我留下了深刻的印象。她是临床医学专业学生，大四的时候知道爷爷得了癌症，尽管爷爷已经八十几岁的高龄，但是仅有几个月的生命的现实仍然让她十分悲痛。小的时候爷爷最疼爱自己，觉得爷爷是世界上最懂自己的人，希望能够通过自己的努力，好好照顾爷爷。但是，现在却来不及了，瞬间觉得一切失去了意义。所以开学到现在，不想学习，也不想考研究生了，觉得生活没有什么意义。咨询结束，她决定从现在开始做一个月的兼职，不管能赚多少钱，也要送给爷爷一份礼物，是她自己赚钱买来的。

看到这里，死亡让你想到的是什么？

在开始分享下面的内容之前，邀请你跟着我做一个体验好吗？请你找一个安静的地方坐下来，准备好一张纸和一支笔。接下来请你想象你正坐在一架飞机上，去你一直向往的一个目的地旅行。随着飞机的缓缓升起，此刻飞机已经载着你平稳地飞翔在空中。机组服务人员正在为大家提供饮料和可口的饭菜，而你正在想象着去往目的地的行程安排，如此的熟悉而宁静。这份宁静被突如其来的颠簸打破了。服务人员停止了供餐服务，广播里传来乘务员的声音，提醒大家系好安全带，飞机没有停止颠簸，忽上忽下，耳边传来乘客们各种担心和祈祷的声音。此时，空中小姐发给每个人一张纸和一支笔，请大家在纸上写下自己想说的话，万一我们的飞机失事了，可以放在飞行数据记录里，可以被看到。你会写下什么呢？

你写好了吗？或许你觉得这只是一个想象，但却是如此近地让我们有机会去体会死亡带给我们的体验。

2012年，我右侧的胳膊意外受伤骨折，手术后第二天，医生让我进行功能锻炼，做屈伸肘部动作。这个平时做起来非常简单的动作却带给我巨大的恐惧。无论我如何用力，手臂一点反应都没有，一次又一次的努力都没有反应，我非常好奇，为什么不动？不是骨头已经接好了吗？向医生询问，得到的答案是"再等等看"，可能是神经水肿，也可能是神经断了。如果神经断了，就要再次手术接神经，而且神经的恢复周期非常长。我在想："天呀，要是左手就好了。右手不能动有很多事情做不了了。"至今都能回想起，第三天早上，当我再次努力的时候，整个手臂在抖，虽然只有一点点，但是让我很兴奋，至少说明神经没有断。这表明我很快可以康复了，用起死回生来形容虽然有些夸张，但却让我切实体验到了生命的脆弱以及身体不由自己支配的可怕。我开始锻炼身体，注意饮食及生活习惯。后来看了亚隆先生写的《直视骄阳》一书，知道了一个名词"觉醒体验"。下面是摘自书中的一段话：

研究表明，直面死亡能够引发癌症患者戏剧化的长久改变。很多人感慨：

"癌症治好了我的神经症！"

"太遗憾了，我直到现在，直到身体里长满癌细胞了才知道该怎么活。"

"不再对其他人感到恐惧，有勇气去冒险，很少会担心被拒绝。"

觉醒体验：悲痛和丧失使人觉醒，让人真正体会到自身的存在。

觉醒体验，让我想到给癌症患者团体讲座的场景。讲座的想法源于一个在肿瘤内科做护士的学生告诉我："老师，有的时候晚上去打针，看到有的患者深夜一两点钟还坐在床上，望着窗外一动不动的。一开始吓一跳，后来经常看到有病人这样，慢慢知道是因为病人的无助、抑郁而睡不着。"在癌症俱乐部曹会长的帮助下，为康复期癌症患者做了一次心理调适讲座。到了约定的日期，我以为团体会很压抑，大家心情会很沉重。真正出现在我面前时，平均年龄近 60 岁的团体，没有一丝压抑的感觉，对生命的豁达让我很震撼。其中一对夫妇，阿姨告诉我，自己 60 岁得癌症，老公 64 岁得癌症，8 年过去了，觉得自己越来越想得开了。原来和儿子住在一起，很多事情看不惯，生病以后就想开了，管那么多干吗，我还能活几天都不知道，管好自己就好了，于是化疗结束我就去跳排舞了。他（爱人）一开始生病很难过的，后来看看我这样蛮好的，他也想开了，没事搓搓麻将，也挺开心。一位 78 岁的老伯，发言非常积极，还和我们分享了自己做的打油诗，到最后我才知道，他在 70 岁的时候患了膀胱癌，今年复发，第二天他要去做第 4 期化疗。曹会长问我："王老师，你猜我们这里做手术最多的人做了多少次？只是针对癌症这个病。"我猜不出来了。曹会长告诉：一个胃癌的患者，做了 13 次手术。那一刻我真的惊呆了，不是被 13 次这个数字，而是看到了对生命的渴望。我想，每一个生命本身就是最好的讲座，他们在用自己的生命故事告诉这个世界，直面死亡而生的力量。

也让我想到了我带的一个学生，贾倩。2008 年硕士毕业回到母学，我做了她的班主任，她原来的班主任退休了。从大二开始接班，我需要认识每一个同学，于是从原来的班主任那里要来了带班级同学照片的名册，我要一个一个面谈，认识大家。第一个打电话给贾倩："我想和班级的同学聊一聊，认识大家，第一个打给你，是因为我的名册上没有你的照片，所以很好奇。"贾倩回应："那老师见面聊，我带一张漂亮的照片给你。"她如约而至，开场的第一句话贾倩告诉我："老师，交照片的时候，我刚刚结束化疗，头发都掉光了，所以我没照，我想等头发长起来再照。你看，我觉得这张漂亮。"

平静的话语，让我很难想象面前这个漂亮的女孩是一个癌症患者。永远记得她笑着说："老师，我是 2006 级的。读了半年，发现得了骨癌，不得不休学了。其实我很感谢这场病，让我改变了很多。原来我非常内向，大学读了半年还有很多同学没有讲过话。生病以后我想了很多，我想要改变自己，做一个开朗的人。于是，我到了这个班的时候，很努力地和大家交流。一开始还担心，其他同学都已经在一起交往半年了，我还是住在原来的寝室，大家会不认识我。所以，我努力地让自己和大家认识、交流。现在发现大家都很好相处。我很喜欢现在的自己，如果没有生病，我或许不会改变自己。"两周之后班干部竞选，贾倩竞选班长获得了满票。遗憾的是，一个月以后，她因为癌症转移而再次休学了，她来办休学手续："老师，我的书还是放在这里吧，等回来的时候，就不用再拿了。"我一时不知道怎么回应，只说了"好的"。这是我们最后一次交流，一年以后，贾倩永远离开了我们。在最后的毕业留念册上，大家把贾倩 PS 进去了，同学告诉我："老师，这张照片叫一个也不能少。"贾倩的离开，让同学也感触很深："老师，以前好像只是在电视上看到的剧情，却真实地发生在自己的身边，还是感受到生命的脆弱，要做什么事情，真是要趁早。"贾倩走了，留给同学的除了怀念，也让大家更多地意识到，该做自己想做的事情。

觉醒体验不仅仅是指患了癌症，丧失身边亲爱的人、患有危及生命的疾病、亲密关系的破裂、一些重要的生命里程碑、重大创伤、失业或更换职业、同学聚会等，都可以唤醒我们对生命不同的态度。

医生朋友讲了一个故事给我：一个得癌症的老人，当医生告诉老人他得了癌症的时候，老人平静而面带微笑地说："感谢上帝让我得了癌症。"医生很吃惊，得了癌症，不怨天尤人，就已经难得，为什么还要说感谢呢？老人："到了我这个年纪，死亡就是我的邻居了，随时可以来敲门，如果我得了脑出血、心肌梗死，我很可能一句话也来不及说就死了，那样我的亲人接受起来该多么困难，而且我还有很多要交代的事情没有着落。现在我得了癌症，我有充足的时间和亲人告别，能把诸事安排得清清爽爽。当死亡一定要来时，还有什么比这种方式让人更安心，这是上帝给我最好的礼物了。"

有人说，死亡是最好的老师，但有些人像考试交卷之后想起了答案，恍然大悟，而为时晚矣！

真如海伦·凯勒所说：有时我想，要是人们把活着的每一天都看作是生命的最后一天该有多好啊！这就更能显出生命的价值。

我们不必把每一天都当成生命的最后一天，但在我们活着的时候，直面死亡，希望可以让我们恍然大悟，也为时未晚！

庄子说："方生方死，方死方生。"生死两者相含相续，有生命就随之以死亡，死亡同时意味着生命。当我可以去学习、去讨论、去面对死亡的话题时，死亡带给我的就不仅仅是恐惧，而是力量。

现在如果让我去做医生，我想我不会再畏惧面对死亡，而是更加珍惜能够做的工作。如同面对心理咨询中的失败一样，还是会有遗憾，如果自己的能力再好一些，或许我的来访者会更多，但这份遗憾会给我更多的力量去学习，让以后的遗憾少一些。在学习存在主义心理治疗的工作坊中，督导老师有一句话让我印象深刻："死亡的意义就是在提醒我们好好活，到了该死的时候就得死。只有充分的活过了，死的时候遗憾才会少。"

从这个意义上说，死亡也不仅仅是生命的终结，死亡的本质是丧失！失去一个机会，一个朋友，一本书……总之，他（们）/她（们）/它（们），将永远不再出现在你的生命中。

一、死亡让我们学会珍惜

有一英国人做了个统计，说一个人若能活到 70 岁，他一生就用了 23 年即 32.9％ 的时间睡觉；18 年即 22.8％ 的时间工作，8 年即 11.4％ 的时间看电视；6 年即 8.6％ 的时间进餐；6 年即 8.6％ 的时间搭车；4.5 年即 6.5％ 的时间娱乐；4 年即 5.7％ 的时间生病；2 年即 2.8％ 的时间穿衣。

虽然我们做的事情远远多于以上列举的事情，但不难看出，我们真正可以用来做自己喜欢做的事情的时间并不太多。

珍惜生命中的分分秒秒，认识死亡的突发性，就当珍惜每一刻生存的光阴。

人的本质是向死而生的生物，本质上每活一秒钟，就失去一秒钟。过去的时间再也不会返回来了。

洗手的时候，日子从水盆里过去；吃饭的时候，日子从饭碗里过去；默默时，便从凝然的双眼前过去。我觉察他去的匆匆了，伸出手遮挽时，他又从遮挽着的手边过去，天黑时，我躺在床上，他便伶伶俐俐地从我身边跨过，从我脚边飞去了。等我睁开眼和太阳再见，

这算又溜走了一日。我掩着面叹息。但是新来的日子的影儿又开始在叹息里闪过了。摘自朱自清《匆匆》

时间很像一个零存整取的过程。在读书的时候,经常有这样的感觉,觉得平时的时间不够,总盼着放假的时候,有整块的时间做事情。真正放假了,有时间可以把拉下没有复习的内容好好复习了,于是背了一大书包的书回家。结果等到开学,再把一大书包的书背回来了。慢慢想来,那些零零碎碎的时间,就像我们的储蓄罐,累计起来也不少,没有必要一定要有一个整块的时间做一件事情,更何况有了整块的时间也没有去做。现在很流行拖延症,甚至有一段时间流行拖延癌晚期。如果可以把零散的时间用起来,大概可以治愈拖延癌晚期吧。有一个咨询的同学讲述自己一个很苦恼的现象:"老师,我喜欢凑整。有时候下午第五、六节下了课,想想还有一会就吃饭了,也不能干什么了,就回到寝室里和同学东扯西扯;吃好饭,想好六点钟准时去上自习的,结果和室友聊聊就过点了,那就七点钟去,结果又聊过来了,就不想去了。"

死亡教会我们全心全意地活好每一天、每一刻,因为过去的时间一去不复返。

二、死亡教会我们珍惜生命

虽然死亡让我们充满了恐惧,但是我们似乎也都很珍惜活着的生命。珍惜生命,离不开对身体健康的维护。有一次在新生班上课,我问大家大学的理想是什么,让我吃惊的是,很多人异口同声地说:"上大二。"我在想,这也是理想?不出意外的情况下,都可以上大二,为什么大二让大家如此期盼?原来是大二不用做早操,也就不用早起,好朴素的愿望。后来,我发现越来越多的同学说不喜欢早操,因为要起早。我的心理课只有一个学期是周一早上的一二节上课,经常可以看到同学带着早餐进来,课间休息便是早餐时间了。回想自己读大学的时候,也经常有同学在8点钟带着一袋面包奔进教室。如果等我们的身体健康出问题,再去维护就不容易了。

做过一个自杀干预的咨询,公选课的学生带来他的室友,说老师他经常不想活了,我很担心他。我们第一次见面,很高大的男生,非常沮丧地告诉我,他得了"干眼症",一开始是复习考研的时候眼睛很干涩,后来越来越不舒服,去上海看了,医生说是干眼症,治不好的,只能滴人工泪液,严重了要失明。他听了以后觉得天都塌了,想象这个世界他以后都看不到了。回到嘉兴他又到眼科看过了,医生的回复也是严重的话会失明。他一下子就崩溃了,其实他考研的成绩已经出来了,总分过线了,但英语差5分。其实他知道,他英语本来也是可以过线的,因为他没有写作文。只要写了,5分肯定有的。但是在考场里,已经没有了写的欲望了,考上研究生又怎么样呢?早晚要失明,还不如不考。他说:"现在我才觉得人体真是一个精密的仪器,没有任何东西能比得上人本身的结构。以前总是关了灯看手机、看电脑,室友劝我不要看了,也不听,现在很后悔。"

他有一个不合理的逻辑,就是干眼症最严重会失明,我是干眼症,所以我早晚会失明的。这是最轻松的一次自杀危机干预,我们开始讨论疾病的康复,从我自己的康复,到他经历的疾病,慢慢改变了他对干眼症的认识。

趁我们现在还健康,好好保护我们的身体。如此想来,早操也不是那么让人恨之入骨了吧。

谈到珍惜生命,不得不说的话题是"自杀"。

"自杀的人渴望生命。"期望死亡是为了从苦难中摆脱出来,这实际上并不是想死亡,而是想生存。

——叔本华

要自杀的人却不知道叔本华所说的道理,他们之所以求助于死亡,在很大程度上是出于对生活的热爱,而不是对死亡的爱。如果他不是那么热爱生活,也许他不会那么执着地去寻死。面对死亡,需要很大的勇气。这很像一个悖论,如果死都不可怕,那么这个世界上还有什么事情可以难倒你呢?

时常会看到青少年自杀的报道,有的因为学业问题,有的因为工作问题,有的因为情感问题,对此大家会感叹压力太大了、竞争太激烈了,或是自杀者太脆弱了……我想还有一个原因,是对待生命的态度,没有觉得生命的来之不易,没有觉得生命的宝贵,没有对生命的敬畏,只是把结束生命作为解决痛苦的方法。

"好死不如赖活着",话虽不好听,但也是一种生命的态度,只要活着,就会有希望。课堂上我让大家做了开场提到的体验,如果你的生命只剩下两分钟,你会写下什么? 写完我请同学们来分享自己写的内容,其实在邀请大家分享的时候,我还是挺忐忑的,因为在大学里,通常课堂提问如果不是点名,很少有同学主动发言。没想到,我刚刚说完,就有一个女同学举手发言了:"其实这是我第一次主动发言。但是我的纸上却什么都没有写。可能大家奇怪,什么都没写为什么还要来发言,我只是想说我内心的体验太强烈了,我想和大家分享。我从来不敢主动发言,是觉得自己没有什么特别的,很自卑。从小到大,我一直觉得自己长相很一般,个头也一般,家庭也一般,学习也一般,考上嘉兴学院这个学校也一般(大家都笑了)。所以,我的世界只有两个字:一般。从来没有像别的孩子那样有什么出色的地方,可以让自己的爸妈为之骄傲。以至于我经常问自己,我来到这个世界的价值是什么,我不知道。但是在这两分钟里,老师让写下什么,我还没有来得及写,脑子里就都是:如果爸爸妈妈知道了飞机失事的消息会有多痛苦;如果我的姐姐知道了会有多痛苦;我的室友知道了会有多痛苦;我的朋友知道了会有多痛苦……一个一个痛苦的画面让我找到了我的价值。我的存在,就是有价值的。所以我要发言,是想告诉那些有过和我一样体验的同学,如果你也经常为自己的一般而质疑自己,就去想一想失去你之后,亲人有多痛苦吧。"虽然这位同学用了很多个"一般"来形容自己,但是她的第一次发言让我觉得很不一般。

卓别林的电影《城市之光》。女主人公要自杀,结果让卓别林救了。女主人公说:"你为什么救我? 你有什么权力不让我死?"卓别林的回答妙极了,他说:"急什么? 咱们早晚不都得死?"

死是一件不必急于求成的事,死是一个必然会降临的节日。剩下的就是怎样活的问题了。

——史铁生

虽然我们有权力决定自己的生死,但是从生命诞生的那一刻起,我们的生命有太多的链接,不仅仅属于我们自己。每一次当我看到自杀的案例,内心都会觉得自杀者是自私的。我第一次分享我的这个观点,收到了同学们的反驳:"老师,他已经自杀了,说明他很痛苦,怎么还说他自私呢?"自杀者用自杀的方式解决了自己的痛苦,却给他最亲近的人带来了无限的痛苦。先不用说自杀的人,看到汶川地震、马航失联的家属们的悲痛,足以了解失去亲人带来的痛苦,更有一些家庭因为自杀,失去了唯一的孩子。

三、死亡教会我们珍惜情感

500年的修行换来今生的擦肩而过,那么今生的同学、朋友、亲人或伴侣,何等的缘分修来今生的陪伴。"天下没有不散的筵席",总是会用这句话来安慰我们内心对分离的不情愿。而真正想来,我们在一起的时候会不会因为一些小事而不那么珍惜在一起的情感?在一次批改公选课结束的论文时,有一位同学的开头是这样写的:"老师,你一定不认识我。但是你一定记得有一次课堂上有一个女生哭了,我就是那个哭的女生。哭的原因是坐在我前面的同学,她是我的室友,也是我的好朋友。我们都为在大学还能遇到这么好的朋友而庆幸,但是不久前我们闹了别扭。都知道也不是什么大事,但是谁都不愿意先低头,谁也不理谁。彼此看到的时候也不打招呼,但是心里很难过。我没有想到她会怕到讲台上去发言,分享她的生命如果只有两分钟的时候她会写什么。她先说了爱爸爸妈妈,然后就说了我,让我原谅她的斤斤计较。那一刻,我实在是惊呆了,没想到,她在生命最后的时刻还想到我,还在那么多同学面前和我道歉,我的眼泪再也忍不住了。下课以后,我们坐在一起,约定再也不要因为一点小事而不理对方了。从此以后,我们又恢复了原来的快乐。再听到同学谁和谁闹别扭了,我就把我们的故事分享给她们。不要因为一点小事,而失去一个好朋友,等到毕业的时候只留下遗憾了。"

"在一起"是一个多么美好的事情,想想高中的时候,你再好的朋友、再好的老师,因为毕业而分开了。不管我们怎么打电话、聊微信,我们都在各自不同的生活中了。即便是我们有同学在大学毕业以后,分到了一个城市,也不会像现在一样,天天朝夕相处了。所以流行的一句话"有空我们聚聚",就变成了"永远都没有空,希望能聚聚"。分离让我们学会珍惜,珍惜我们考入同一所大学,在同一个班级,住在同一个寝室。

四、死亡教会我们学会宽容

"人之将亡,其言也善。"在生活、小说、影视作品中经常出现的镜头:"到了这个时候,还有什么不能原谅的。"难道真的是到了生命的终点,我们才能真正释怀?

很喜欢金庸的小说,《天龙八部》里有这样一个镜头:乔峰的父亲和慕容复的父亲,两位老人30多年彼此的愿望就是杀死对方报仇。化解这段仇恨的是一位扫地的僧人。扫地的僧人将其中一个老人"打死"(不知道是什么功夫,看上去和死了一样,没有呼吸和心跳),问另外一个老人,你终身的愿望是杀死他,现在他死了,你接下来的生活要怎么过?老人望着"死去"的仇人:"我终身活在仇恨里,知道他真的死了,我却不知道该干什么了。一生生活在仇恨里,即便他死了,我也没有什么快乐。"老僧问他:"如果他活过来,你会原谅他吗?"老人说:"会的"。当扫地的僧人将两位老人交换位置,让另外一个"死去",得到的是同样的答案。

不能原谅,也很难快乐。没有原谅一个人,或是一件事,会一直留在心里。细细想来,是不是对他人的宽容,让自己更舒服?在心理咨询师培训的课堂上,经常听到学员的感慨,学了心理学以后,我发现自己不和自己别扭了,以前总是看不惯别人,觉得他怎么可以这么想、这么做。现在发现,这不是别人的问题,是自己的问题,为什么总要求别人和自己一样?当不要求别人的时候,发现自己放松了。

五、死亡教我们学会感恩

试想一下，如果有一天，你已经很老了，不能吃饭，不能走路，不能看书，不能做事情……但是也不能死，那会是什么样的场景？有一次网上听国学大师傅佩荣老师的课，他讲到自己一个同事退休以后问自己，为什么最近总是害怕死呢？傅老师的回答是："你不应该怕死，应该怕不死。如果你的朋友、亲人全部都死了，你还不死，那才害怕呢。"

如果从古至今，没有死亡，地球估计早就毁灭了。

死亡，更能突显出活着的价值。以死亡为师，我们才能认识到人生的无常，才能学会"真正地活着"，好好地活着。

闻名世界的威斯特敏斯特大教堂安置着无数名人墓碑，包括丘吉尔、史考特、莎士比亚、牛顿、达尔文、狄更斯等在内的政治家、诗人、艺术家等，以及许许多多的无名战士。地下室的墓碑林中，有一块扬名世界的墓碑。这是一块十分普通的墓碑，没有姓名，没有生卒年月，甚至上面连墓主的介绍文字也没有。但就是这样一块墓碑，却是名扬全球的一块著名墓碑，每一个到过威斯特敏斯特大教堂的人，都被这个墓碑深深震撼着，准确些说，他们都被这块墓碑上的碑文深深震撼着："在我年轻的时候，我曾梦想改变这个世界。可当我成熟以后，我发现，我不能够改变这个世界，于是我将目光缩短一些，那就只改变我的国家吧！可当我到了暮年的时候，我发现我根本没有能力改变我的国家。于是，我最后的愿望仅仅是改变我的家庭，我亲近的人。但是，唉！他们根本不接受改变。当我躺在床上行将就木的时候，我才突然意识到：如果起初我只改变我自己，接着我就可以依次改变我的家人。然后，在他们的激发和鼓励下，我也许就能改变我的国家。再接下来，谁又知道呢，也许我连整个世界都可以改变。"

再次，邀请你做一件事，或许会像开场的2分钟死亡体验一样，让你觉得不可思议，想邀请你来为自己写"墓志铭"。既然死亡一定会到来，终有一天，当我们离开这个世界的时候，你希望在你的墓碑上刻上什么样的碑文呢？

因为我们还活着，还有时间去实现。

要真正理解生命，必须理解死亡，"只有理解死亡的人才是真正活着。"

你的墓志铭是……

死亡让我们学会珍惜和享受每一天，就像这一天是我们生命中的最后一天一样，就像我们没有明天一样。每天早晨睁开眼睛时，我们都应该告诉自己："我还活着，我要做回我自己！"

一个人对生的态度往往与对死亡的态度相一致。认识死，恰恰是为了更好地活！一个人对死亡理解得比较透彻之后，反而能够把怎样活得好作为自己思考的中心。

死并不是人生最大的损失，虽生犹死才是。

——卡曾斯

六、活出生命的意义

努力寻求生活中的意义和目的是人类的一个独有特征。缺乏意义感是现代社会中存在的压力和焦虑的主要来源。

正因为人能够考虑到死亡才能赋予生命的意义。

生命的意义是什么？你会觉得这个问题太过高大上吗？

走在去食堂的路上,两个男同学拎着打包的盒饭,一边走一边感慨:"我现在觉得打游戏也没什么意思。"另一个说:"那干什么有意思?"

咨询的一个初中生问我:"老师,为什么一定要考高中,不读书怎么了?"

一年级的小朋友一边哭一边写作业:"为什么要写作业?"

……

当类似的镜头闪过的时候,是不是我们对生命意义本身产生了困惑?胡适写过一句话:"生命本身没有什么意义,你要能给它什么意义,它就有什么意义。与其终日冥想人生有何意义,不如试用此生作点有意义的事。"是啊,生命本身没有意义,生命最终一定会终结。那我需要给它赋予的意义是什么?其实没有人可以告诉我。

有一个同学走进咨询室,开口就说:"老师,我就问一个问题,请你告诉我生命的意义是什么?"我从来没有遇到过这样的开场白,一时愣住了。他看看我说:"这个问题我问过很多人,答案五花八门,如你是不是发烧了;你想这个干吗;意义就在于赚钱呀;不知道……后来问的多了,大家说我有心理疾病,让我来找老师咨询。"原来是这样,我也很认真地回答他:"这个问题我也思考过,你想听我找到的答案吗?""当然。""好吧,那我告诉你,我找到的答案是生命一点意义都没有。"当我说完的时候他也愣住了,然后就很愤怒:"老师,好歹你也要安慰我一下吧,怎么找来找去没有意义,那我们活着干吗?""是呀,活着干吗?生命本身没有意义,最终一定会终结,所以需要我们自己为自己的人生确立意义。读大学的时候,我的好朋友告诉我她这辈子最大的愿望就是养一个孩子,见证生命成长的历程,就觉得很有意义了。或许在别人眼里这根本都不算什么,但是对于她来说,这就是她的意义。所以,你问别人人生的意义是什么,你很难找到你的答案,如同没有人可以给我答案一样。"沉默了一会儿,他说:"老师,我知道了"。希望他真的可以知道,生命的意义只能靠自己去确立。

推荐大家看一个演讲视频"真正实现你儿时的梦想",也叫"最后一堂课",可以在网上下载。主讲兰迪·弗雷德里克·波许是美国卡内基·梅隆大学的计算机科学、人机交互及设计教授。2006年9月,他被诊断患有胰腺癌。尽管进行了手术和化疗,还是于2007年8月被告知癌细胞已经转移至肝及脾脏,至多可以再存活3~6个月。2008年7月25日,他在家中去世,终年47岁。演讲开场就已经让我很震撼了,波许教授讲到:"我们学校每一位老师在离开学校之前,都要讲最后一次课。终于我有资格讲了。这就是我的癌细胞,我在和它斗争,现在我的身体还好。"现场就做起了俯卧撑,谈到了自己儿时对太空的梦想到最终的实现……大家有空记得看看。

生命就像是一列永不回头的列车,载着各式各样的生命,向前驶去;没有人知道下一站的地点,也没有人知道下一站的景物,对于自己的终点站,更是无法得知。所有的生命一起乘着这辆列车,体验一个充满挑战的旅程。

学生应用案例

7.1 生命的意义是什么

生命的意义是什么?我正在想。有人说:是为了更好履行做人的职责,是为了迎接美好的明天!是为了寻找我的山林小木屋以及陪伴我一生的另一半而存在!是为了荣耀上帝而活着!为了活着而活着吧!这似乎是个不可聚论的问题,现在的社会那么浮躁,能泡杯咖啡,坐下看本闲书都是一种奢侈,更何况思考一个没有准确答案的问题。

对于每个人,生命的轨迹也许不同,但是我们最终的归宿殊途同归。我们的生命价值意义不是靠别人给的,如果我们足够优秀,我们的生命价值意义不会因境遇改变而贬值或消失,因为我就是我,我们的生命意义由自己决定。

7.2　活着

现在大学生因为种种原因自杀的报道时有发生,这值得我们每个人思考。母亲十月怀胎生下儿女,倾注了多少心血,社会投入了多少资源来培养。生命不仅属于自己,也属于那些爱我们的人。因为死亡留下来的悲哀不属于自己,而属于那些深爱着我们的人。所以,我们应该审视生活中对生命价值的蔑视或者说对死亡的恐惧。死亡终有一天会降临,那就让我们好好活着。

当每天醒来的时候应该这样想:我很幸运,今天又能安然地起床,而且还有崭新的一天。即使生活误解了我们,使我们遭受挫折和打击,我们也应该感恩。因为苦难让我们学会了勇敢与坚忍,也练就了我们释怀生命之起落的能力。愿感恩的心改变我们的态度,愿诚恩的态度带动我们的习惯,愿良好的习惯升华我们的性格,愿真诚的性格使我们收获美丽的人生。

7.3　儿时的梦想

波许教授的"最后一堂课"让我所受触动极深,在追寻梦想的途中,肯定会困难重重。但这面墙所能够挡住的其实是那些没有诚意的、不相信童年梦想的人! 波许教授说:"这面墙让我们知道,为它后面的梦想而努力是值得的,这面墙迫使我们向自己证明,我们是多么渴望墙后面的宝藏——我们的梦想!"这句话让我重新回想起自己的梦想,被遗忘许久,被忽略许久,甚至不屑去想了,而当初的自己就是被各种各样的缘由砌成的墙所阻拦,从而选择放弃,遵从了自己的惰性,躲进了自己的"安乐窝",没有试着突破,没有试着鼓励自己鼓起勇气再去尝试。这面墙一遍遍地出现,我也终于看清是什么阻挡了自己追寻梦想的脚步,是自己不够坚韧的心,是自己不够热爱的心!

人的一生确实犹如乘坐一列火车,从来到人世间的那一刻开始便登上了一趟人生列车。人与人皆如此,只是各自上车的站点不同,下车的站点也不同而已。当我们在某一节车厢落座后邻座的乘客便会与我们相知、相识,成为朋友,进而成为知己。他们能够陪伴着我们走过一段人生,给我们带来欢乐,同时也需要我们相互分担彼此的忧愁,所有的酸甜苦辣都围绕着我们,处于我们周围,让我们欢喜,让我们忧愁,这便自然而然形成了我们的生活。人总有自己的追求、爱好,假如我们耐不住邻座的寂寞或厌烦邻座的喋喋不休,便想重新找个适合自己能让自己快乐自在的新环境,于是我们便动身走向另一节车厢,走上了新的人生之路。如同列车的运行可能会出现意外一样,人生也可能遇到坎坷。假设前方出现路障而不能继续前行,我们不得不进行新的选择,变更我们的列车路线。这固然是迫不得已,但是我们万万不可沮丧懊恼,也不宜轻率从事,因为这关系到今后的目标取向。因人生短暂,相遇相处更短暂,它教会了我好好珍惜彼此之间的相处时光,并试着为有缘相识的人们做点什么而不是冷漠处之,这既是情分也是义务。想通了这一点,在生活中就会试着为别人留一些方便,为别人多着想一些,渐渐地便会发觉你心中不管有什么都结都会因由于帮助他人得到的感激话语,或是一个笑容、一个眼神而解开,一些犹如绳索一般把人紧紧拴住的压力也会因此消减。

7.4　亲情、友情、爱情

在生命列车的第一站，我们遇到了我们的父母，他们不但给了我们生命的权利，还给了我们生命的力量。无论我们的生命列车开到哪里，他们总是第一个牵挂我们的人。在我的生命中，父母对我的意义最大。无论我离家多远，发生什么事情，在我感情脆弱的时候第一个想到的永远是回家。家对于我来说就像心灵的避风港。只要一回到家，什么压力烦恼都能抛诸脑后。父母就是支撑我的最大力量，同时也是为我付出最多的人。从小到大，他们不知为我花了多少心思，吃了多少苦，但是在我面前，他们从不会有任何抱怨和责备，还是会一如既往地在背后默默支持我。

从没想过他们会在我生命中的哪一站下车，也不敢去想，现在的我只想好好地成长，将来有能力回报父母。子欲养而亲不待的痛苦是一辈子的，我不想将来遗憾。

友情是我生命列车途经的第二站。我相信一个人的成长过程中一定少不了知心朋友。在生命列车行进中，不可能一帆风顺，会有困难，会寂寞，会茫然，在这个时候朋友就会走进我们的心，他们的每一次安慰与鼓励，都能让我们在行进中鼓起信念，树立自信，回归自我。朋友是我们生命列车中的战友，是求知路上的学友，是战胜困难的挚友。

生命列车的第三站到达的是爱情。爱情是人类永恒的美好话题，在旅途中我们迟早都会遇上自己的另一半，他将陪你度过接下来的旅程。在下雨的时候，他会撑着伞为你遮风挡雨；在你无助的时候，他会做你的靠山，给你依赖；在你伤心难过的时候，他会借你肩膀让你哭泣……但是，也许在我们寻找伴侣的过程中，可能会在错误的时间里遇到错误的人，他们会给你带来一些伤痛和泪水，不要难过，这也是我们成长的必经之路。只有经历过伤痛的磨炼，我们才会真正地蜕变和成长。所以当你遇到伤痛之后，不要自怨自艾，擦干眼泪，继续前行，去寻找真正属于自己的幸福。

7.5　收集快乐

以死观生，当时看到这个题目时，我的心里犯起嘀咕：这该是多么压抑的话题。设想自己，只有两分钟的生命，要写下临终遗言的时候，我似乎明白了，以死观生是不想让有限的生命留下什么遗憾。正是抱着这种心态，现在我给自己一个小任务，每天去收集简单的快乐：去找书，一本书写得很好，值得一看，受益良多；今天吃得很满足；今天阳光暖暖的，我的心也满满的；昨晚睡得很好，今天一天精神都很好。

把生活看简单点，每天一点一滴地去累积，可以发现，累积的不仅是一种阅历，也是一种素质，每天把小事做好，也是为做大事打基础。

7.6　死亡也是开始

虽然世界上充满了痛苦，但同样也充满了快乐。关键在于我们如何去认知，抱何种心态、观点去看待他们。

在我初中的时候，父亲因为意外离开了，当时可能因为年纪小，只知道害怕，渐渐地死亡成为成长中的阴影，鼓足勇气看了电影《入殓师》，心态由害怕到冷静最终因震撼而感动，从而改变了自己潜意识对"死亡""逝者"的认知。入殓师带着严肃又宁静的神情，严格地按照特定的程序与仪式，虔诚地给死者洗浴、穿衣、化妆，让生者感到死亡不是永远归去，而是他们先踏上新的旅行，我们不久又会再见。通过入殓，生者欣慰地认为死者依然"活着"，从而含着温暖的眼泪去面对死亡。在佛学中，从来没有真正的死亡，死亡其实是某种诞生的开始。我不应该惧怕而应该尊重它，重新认知他们的意义。

7.7   重生

假如你在飞机上，突然飞机失事，你拥有两分钟时间，给自己写篇墓志铭。

或许在那个时间，我不会显得那么冷静、沉着，还会静下心来给自己写篇墓志铭。但课后想了想，为自己写下墓志铭也是一件很有意义的事情。于是，为自己写下了下面一段：

亲爱的爸爸妈妈，亲爱的朋友们，恕我悄然离开。不要因为我的离开而难过，因为时间不会因为我而停止。我飞往那边，寻找我的下一个梦想，我并不孤单，我很快乐。希望你们能记得我，但不要想我，希望你们祝福我，我会在遥远的那边，默默为你祈祷，我最亲最爱的人。

很多人不愿意提到死(也包括我自己)。因为死就意味着悲痛、痛苦。死的背后就是让活着的人承受着撕心裂肺的感觉。死的人对周围的环境已经全然不知，而活着的人却因难以割舍而痛不欲生。

对于一个正遭受着病痛折磨但已无药可救的人来说，或许死亡是解脱。自己可以解脱，摆脱病魔的掌控，不必整日都活得如此痛苦。而亲人也可以解脱。看着自己最亲、最爱的人被病魔不断折磨着，却无力可施，只能眼睁睁地看着你在病床中挣扎，看着你在死亡的边缘徘徊；看着你渐渐地憔悴，看着你慢慢失去生命的光芒，直至你的离开。他们目睹了你生命的全过程，每一次都是剜心的痛。时间可以冲淡一切悲伤的回忆，但永远也抹不平心中留下的痕迹。有关你的一切，对你的一颦一笑的回忆，总能触动他们的心弦。

但对于一个有望获得重生的人来说，拼搏是自己最后的希望。已到生命的尽头，为何不为自己而搏斗一回呢！如果你不顾一切地想摆脱现实，想为自己找个安静而轻松的地方，想永远这样安静地睡着，没有压力，没有烦恼。那么你有设想过你最亲最爱的人吗？其实你是在不负责地抛弃他们，不顾他们的感受，不顾他们的压力，不顾他们的一切。你解脱了，却无情地留下了一大堆残局让他们独自承受；你放松了，却无形地留下了永远的悲痛让他们独自"享受"；你走了，却无意间为他们的世界添上暗淡了的颜色。

死亡虽是大自然的基本规律，但死亡的背后却是无数的泪水和永远的悲痛，如此，生才会变得如此美丽而有意义。

7.10   每一天都是最后一天

"死亡教会人一切，如同考试之后会公布答案。虽然恍然大悟，但为时晚矣！"好好体会了一下，感觉这句话是很有道理、挺有深度的。当人们面对死亡的时候，他们会想明白很多活着的时候想不明白的事。比如，当你感到死亡跟你距离很近时，你会明白时间的流逝，因而会去珍惜时间。你也可能会去回想自己这一生的意义，从中明白很多。因此，从这个方面来讲，你需要"死亡的洗礼"。但我们只有一次肉体死的机会，所以我们也就没办法去经历真正的死所带给我们的改变。那么，是不是真的没办法了呢？海伦·凯勒的那句话，解决了我的疑惑。她说："有时我想，要是人们把活着的每一天都看作是生命的最后一天该有多好啊！这就更能显出生命的价值。"

是啊，我们若把每天的光阴都当作自己最后机会，相信虽不是真正地去经历死亡，但仍可以取得比较满意的效果。

于是，在近几个星期中我就把每一天都当作最后一天来生活，也收到了挺不错的效果。这效果就体现在上课的效率上。这个学期我在上课的效率上出现了很大的问题，尤其对于自己兴趣不大的学科,上课经常睡觉。这件事情同样让我感到苦恼,因为我很想得到好的成绩去回报父母,成为品学兼优的学生一直是我的理想。从小到大,我的成绩总是挤不进班级的前五名,真的让我感到很无奈。同时也十分渴望在这大学几年中可以达成这个小目标。下面简单介绍一下我是如何将这一方法运用在学习上的。

这几个星期,当我上课想要睡觉的时候,我会轻声对自己说:"今天是你人生的最后一天,好好珍惜自己上课的时间吧!"然后,我会好好去想一下最后一天的含义。结束之后,我就会发现我可以更好地集中自己的精神了,上课效率也因此得到了提高。

7.11　虚拟即现实

虚拟场景中,那架将失事的飞机,对我来说真的太重要也太有意义了。我没想到对那样一个虚拟的场景,我会那么认真,也没有想到,它竟然可以告诉我那么多……那时,想到自己的生命将走到尽头,恐怖、忏悔、愧疚、无助,就不觉涌上了心头。听到老师让我们在这生命最后的几分钟写下你想说的话时,我想了一下马上开始动笔写了。原本喜欢啰唆的我不再啰唆了,我只想用最快的速度、最简洁的话语,尽可能多地把我想说的都跟那些重要的人说,用心地想着写着,不自觉地哭了,原因有很多我也讲不清楚。但是那时候,正是在那几分钟里,我才意识到,才明白,原来有些人,虽然之前我曾和她们吵过架,虽然曾经也恨过她们,可是其实,我还是那么在乎,那么放不下,那么担心她们。我相信在那种情况下那种感觉和想法都是真的,而那些话也是发自我内心的!也是那时,我感觉到自己真的要好好改一改了,因为天有不测风云,人有旦夕祸福,再加上生命的短暂性,我还能有多少时间跟她们怄气、赌气,而又有多少时间可以和她们一起生活呢?真的不会有太多的……但是当老师说时间到了并告诉我们飞机安全了的时候,我很激动,也很庆幸那一切都不是真的,庆幸自己还有机会去改变,去做一个懂事的好孩子,去珍惜她们……于是,从那以后,我一有机会或者想到她们的时候就会发短信或者打电话给我们,而对身边的人更加珍惜了。因为我不能没有她们,她们都是如此的唯一、珍贵。同时,这次"演习"也告诉了我:人活着,不能太在乎金钱、名利、地位,因为面对死亡的时候,它们什么都不是!我也记得那时我真的根本没有想到这些,而只想到了我的那些亲人、朋友们,只希望她们能幸福。所以,在生活中,我们不要为了这些东西而去伤害他们,这非常不理智,也永远是个错误。

现在碰到一些不愉快的事情以及生活中的挫败,我就常会对自己这样说:"这一切又算什么呢!又不是这样你就会死掉了!无论如何,你都还活着!还活着,一切都会过去的!快乐与成功是不会灭绝的!"

7.12　不要再斤斤计较

生与死的教育确确实实地改变了我的生活。这个例子后来我也跟许多好朋友都讲了,他在不知不觉中把这个方法慢慢地渗透给其他人。

当我的舍友跟我说:小菜,对不起,是我太小肚鸡肠了。当时我就哭了,我们已经冷战了很久,为的是一点点小事情,但彼此都是自尊心很强的人,所以谁都没有主动先道歉。

当她先将她的心里话说出来时,我就情不自禁地哭了,而且哭得很凶,整只袖子都湿了,肯定很多人看见了,也许老师你也看见了,但是我不在乎,此刻的我只想发泄自己。

其实,从飞机失事的那一刻起,我便想起了她。我们住同一个宿舍,每天一起吃饭,一起上课,一起下课。可是我们之间已经有3个星期没有讲话了。但我在纸上写下了:如果还有下辈子，我还愿意做你的好朋友。

后来有一个在杭州的同学也碰到了此类问题。她感到很苦恼，她的舍友将她的雨伞藏了起来过了两天再还给她，美其名曰给她一个惊喜，她却感觉被愚弄了。这是一件很小的事，但当事人却偏偏想不通。于是，我便将这个故事告诉了她，她很感动。

其实我们都知道要怎么做，但是我们都没有很快地跨出那一步。是死亡告诉了我们，当你面临它的时候，所有的一切，包括名利、财富、面子，都显得那么微不足道。

7.13　站在生的终点

以死观生，不知道为什么，我居然很喜欢这个话题。课堂上老师让我们试着去想你即将死去，你会在自己的墓志铭上写下什么。课堂上过于仓促，我没有多做思考。第二天，早上有两节课的空闲时间，我找了个安静的教室，没有任何人在场。我努力想象着自己即将和这个世界告别。然后，我要写一封信，跟我爱的人说说话。我写的题目是：站在生的终点。然后，我先写的是爸爸，我回忆着从小到大和爸爸点点滴滴的故事，几次都泪流满面。"我就要去另一个世界了，我多么希望还能和你一起爬山，陪你一起喝酒。我还想赚很多钱，让你好好过一个幸福的晚年……"我发现现在让我和他们永别是多么痛苦的一件事。然后我又写了妈妈和哥哥……然后我就写不下去了。我越写越觉得，我千万不能死！我还有好多好多的事要做。很遗憾那封信没有写完。我想我也写不完，因为要写的人实在太多了。

以前，我也常常怀疑自己活着的价值，总觉得人活着没意思。现在我知道了，如果你觉得活着没意思，那么就想想你死后亲人和朋友们的痛苦，你自然会明白你活着的价值了。同时你也应该相信，只要你肯努力，你定能创造更大的价值。

7.14　在衰老到来之前学会快乐

我无法想象有一天我会衰老，孱弱得只剩呼吸。而死亡就像医院病床案头的呼救信号，随时可能到来。我只是努力地学会做一个平凡的庸人，喜怒哀乐，杂味人生。

这一天总会到来，只是我还不愿意过早地面对。我还年轻，我有很长的路要走，我需要在我的有生之年有所作为。于是，我不断地去争取荣誉，不顾身体的疲倦和劳累，不管其他人的眼光和看法。我总觉得我是对的，直到我碰到挫折，遇到难题，我退缩了。我觉得这个环境乌烟瘴气，我已经无法在此生存下去了。于是，我厌恶周围的一切，愤愤然地蔑视周围的一切。

可我还是要生活下去，只是我把重心转移到了生活上。我发现我还是会被一些事物所困扰，比如食堂里的菜难以下咽，又比如我的零花钱又一次告急，还有会和室友起冲突闹矛盾。种种事情似乎都让我不开心。事情发生的时候，我总会怪罪于命运，总会觉得自己很倒霉，有时候也会觉得这些可能是上天对我的考验。总之，我觉得自己过得并不如意。

那天老师提到"以死观生"这一宏大主题的时候，我正被一些琐碎的事情所困扰。我想，我应该是不惧怕死亡的吧。我觉得死亡是自然而然的事情，而似乎死亡在我的思想中只是一个概念而已。

后来的一个周末，学院里组织去老年公寓做爱心活动，去之前我特地了解了下，我们此行的目的不是去帮老人们打扫卫生，而只是去聊天的。那我们去的意义有多大呢？

我和身旁的老人交流起来。我还特别不好意思地说我什么都没带来，只能陪你们聊天,可老人们却一个劲地夸奖说这些小姑娘真好。我碰到一个老乡婆婆。她和我交谈的时候,居然还像孩童一样天真地吐舌头。因为她自认为做错事情了。

我想,这些老人有些年轻的时候是革命的战士,有些可能是叱咤风云的人物,而忙忙碌碌一辈子,只希望晚年能够开心地生活。他们并不匮乏物质,他们也不讲究形式,他们不需要名与利,褪去一生的荣华,只求得每天开心地生活。

回来的路上我一直在思考,在这些老人面前,我是可悲的,我给自己上了太多的枷锁,世上本无事,庸人自扰之,我在自己给自己架上的枷锁中愤怒、彷徨。我为何不从这些枷锁中解放出来呢? 快乐不是别人给的,而是自己给的。

7.15　好好活着

曾一度质疑生命存在的意义,也曾一度想要放弃所有,终了此生。仅凭残存的理智过着行尸走肉般的生活,却始终找不到一种好的方式让自己解脱。

"好好活着,因为我们会死很久。"顿时,感觉脑子里原本乱成团的思绪被狠狠撬开了,堵塞已久的血管似乎重新通畅了。我能明显地感觉到新鲜血液正在体内自由奔腾,眼前仿佛霓虹灯闪现,吸入体内的空气都能沁人心脾。

是啊,我们无须急着寻觅死神,终有一天,我们都会安然入睡。以死观生,原来生活仍然美好。纵使千难万险,至少我们有"生命"这个筹码。只要活着,就有希望,相信一切不顺都会出现转机。

前不久发生的一件事再次让我用"以死观生"的方法来审视自己,心灵的触动无以言表。当那天凌晨,我得知同学的母亲去世的消息时,我呆了。看着同学在网上发表的日志,字字句句都是对母亲的回忆,那么清晰,那么动人。我哭了。相比之下,自己的压力根本算不上什么,至少,我还活着。才发现,原来死亡可以那么近;才发现,自己并不是一无所有;才发现,那些所谓的"忧愁困苦",其实都可以坦然面对。

7.16　理解生和死

老师提到生存和死亡这个话题。说实话,对于这个话题,从我们这些20来岁的人的角度看,实在过于遥远,我们或许从来不会深入地来细想一下。那天老师让我们来做个互动游戏,就是模拟飞机失事前写一封信。其实那时我首先想到的是应该先分一下遗产。有的同学谈到了感恩、亲情和友情等。通过那次学习,使我对生存和死亡有了重新定义。以前的我,对于死亡,只有恐惧。对于生存,更多的也就是活着的感觉。现在我认为,死亡对于已故人本身是种生命的结束。我认为生存的意义,是一种对生的感恩。我认为生,就是爱,一种对生、对活着的爱。生存,因为我和我所在社会关系要求我必须活着。他们通过责任、义务、权利、欲望、理想等来牵绊我。这是一切人所共有的特征。哲学家黑格尔说:目标有价值,生活才有价值。

所以,如果能够真正理解生存和死亡的真谛,那么即使经历再多的挫折和磨难,也会豁然开朗的。

7.17　让自己活得更有意义

我觉得需要怀着一颗感恩的心去生活,让自己觉得人生有意义并且能够坚强地走下去。这事情还要从高三开始讲起,因为高考的竞争压力特别大,记得那时我把我全部的精力都投在了学习之上,对名次非常看重,而且患得患失。临近高考的那段时间整个班级都死气沉沉的,我记得那时候我基本一天只出去三次,分别是早饭、午饭、晚饭时间,剩下的时间全部用在了学习上。

突然有一天我不再甘于寂寞，当走在路上的时候我竟然想向校园的荷塘里跳，每当坐在教室里学习的时候我会想着冲出去，当时并不知道自己得了抑郁症，只知道自己肯定是心理上得了疾病，就这样我的高中生活有一半时间是在跟心理上的顽疾相抗衡。后来我妈也知道了这件事，她一直鼓励我要坚强，不要屈服。每当我胡思乱想的时候我会一遍遍地告诉自己让思维停滞，如果这样还不能制止我去乱想，我会告诉自己要感恩，一个人生活在世上不仅仅是为了自己，更重要的是为了家人，自己的生命无所谓，如果你要让家人感到伤心那就是不孝了。心怀一颗感恩的心，让自己能够一天天离康复越来越近。另外，当我感到压力特别大的时候我也会跟我的同学在晚自修放学后，去操场锻炼一下。

当然在自己与顽疾做斗争时也会出现厌烦情绪，每当这个时候我依旧以那句话作为自己生活下去的勇气。就这样突然有一天当我路过荷塘的时候我不再想跳进去了，当我在教室里安静学习的时候我不再想着冲出去了，当我不再胡思乱想的时候，我知道我已经康复，康复之后的我没有了以往的惊心动魄，也没有了以往的战战兢兢，拥有的只是微笑着面对考试、面对人生，高考就像是一张破烂不堪的渔网，在平时就是要不断发现漏洞，及时把它补好，所以平时错了没关系，因为发现后及时修补就又成功进了一步。

每当回忆起那段往事，高兴与失落交织。因为那时我让我的父母、老师担忧，开心是因为我最终战胜了困难，所以每当跟老妈聊天的时候我会说：没有你们，我真的走不到现在。心怀一颗感恩的心，就无所不能，现在我已为那时所经历的事情感到庆幸，试想一个人如果连面对这样困难的勇气都有，那么他会惧怕什么呢？

生活的意义并不是在于它本身有什么意义，而在于我们赋予生活什么样的意义与价值，因此可以这样讲，只要你喜欢，生活处处有意义。

7.18 存在就是有意义

"以死观生"让我想到很多逝去的亲人。让我震撼的是，在体验测试的过程中，在我"临死"前的2分钟内，我想到的还不是自己，面对死，我并不恐慌，能静下心来写字，让我最难过的是我离去后留下的亲人、朋友。

感叹时间的流逝，感叹很多未完成的事，更感叹我应该怎样以死观生。老师说，我们的存在就是有价值的。好好活就是有意义的事。这些都对，我不想在死前还留下很多遗憾，我要快乐地活，要让父母过上更好的生活，要帮爸爸实现他的愿望，那些是我最想要的。当然，生命的意义还在于实现自我价值。对我来说，健康是第一位的，我要好好对自己，多锻炼身体。我接受死，人总有一死，所以活着的任务是怎样活得更美好，更好地实现理想了。借用胡适曾说的话："生命本身没有什么意义，你要给它什么意义，它就有什么意义，与其终日冥想人生有何意义，不如试用此生做点有意义的事。"

7.19 善待他人

我想到了关于我和朋友之间的好多事。首先，说说我初中的一位同桌，她每次都对我有敌意地说话，每天总会有些地方和我作对，这些我心里都清楚，只是我假装不知道，每天依然微笑地面对她，直到毕业。可是之前的某一天，她突然跟我道歉，我惊讶之余也十分开心，这么多年的忍耐终于换来了她的一句道歉。突然发现这么多年我只是忍着并且一直在意她对我的看法。她道歉时，我原谅了她，但只不过是表面的。某天我亲眼看见了一次车祸现场，让我明白了死亡是一件多么偶然的事情，也教会我了珍惜感情，学会宽容与大爱,学会感恩。从那以后,我发自内心地真正原谅了她。我很庆幸当时没有说出来,我该感恩,现在我又拥有了一份得来不易的真挚的友情。

最后,不论是谁,我都希望能够善待你,向你生命的银行里存入更多的深情与温暖。感恩一切,相信未来,热爱生命。

7.20 活在当下

我一直就觉得死亡是一件神圣的事,你接受了某一种洗礼,然后开始全新的生活,毕竟现实的生活中当你踏出一步之后便不可能再后悔了。虽然死之后的未知让人感到恐惧,但其实也同样因为未知让人充满期待。我们应当把死亡看作一个新的起点,然后尽情地放飞思想和灵魂,那样会很美妙。我其实很害怕死亡,从前甚至想到 2012 年可能的世界末日就有些手足无措。生活太美好,这个世界还有太多东西等着我们去体验。死亡,作为人生的终点站,仅此一个,又何必争先恐后呢?而是应当拥有积极的态度去努力地活在当下。

7.21 我有我的美丽

一直以来,我都是一个不怎么会减缓心理压力的人,因为很内向,所以把很多事情都闷在心里,不怎么喜欢与人诉说。学习、生活还有家庭都给了我很大的压力,我总是想做得更好,不想让对我充满希望的人失望,但事实总是不那么尽如人意。很多事做不好,常常会有挫败感,让我觉得自己很没用。

但是,有一堂课改变了我的想法,那堂课让我记忆深刻。内容是这样的,假如我们都在一架飞机上,并且飞机很可能失事,我们只剩下两分钟来写下我们能够对亲友说的话,然后将它放入"黑匣子"中,这样就有机会留给亲友看我最后想给他们说的话。其实那个时候我并没有很大的感触,我写下了希望父母好好地生活下去。后来,有一个女生进行了分享:她觉得自己哪个方面都很一般,身高一般,体重一般,成绩一般,家庭一般,所在的学校也一般。她在做这个测试的时候什么都没有写,那个时候她只想着如果自己出事故,家庭和亲友应该会是什么反应。于是她意识到了自身的存在就不一般。当时我就产生了共鸣,觉得确实是这样,每个人都很重要,不管一个人面临多少的失败,只要活着就是好的,存在就是有价值的。

虽然我也是一个各方面都一般的人,但是我相信我有我的价值,虽然总是失败,但是只要活着就有机会,所以我并不是一个无用的人;相反,我的存在就是一个无可取代的价值。

喜欢一句几米的话:我有我的美丽,它正在开始。

7.22 死亡带给我的动力

在飞机上,飞机将要坠毁,要我们在最后的两分钟里写下自己的遗书。我当时首先想到的是爸爸和妈妈,他们听到噩耗之后肯定会痛不欲生,想不到白发人送黑发人,想着想着眼泪就滴落下来,因为我实在不忍心他们那么痛苦,所以我给他们写了几句话,是想减轻一下他们的痛苦,这样我也能"去"的安稳一些。接着老师又说现在飞机又脱离了危险,你们安全了,我们的遗书也白写了。真的是白写了么?答案是否定的。我又想到了他们那么辛苦地供我读书,就是希望我能够成才,如果我在大学里面浪费自己的青春,浪费他们辛辛苦苦挣来的每一分钱,不学无术。他们一定会很伤心。想到这些,我学习的动力就有了,就会充满干劲,学习的欲望也会空前高涨。所以每当我想逃课、偷懒时,我就会想想老师给我们做的那个游戏,我就会督促自己努力学习,不要使他们失望。

7.23　活着

曾经看到过一个小故事:老师让小朋友们思考,如果发生地震,自己最希望谁活下去,并在白纸上写下他们的名字。小朋友们写了许多的人,几乎把所有的亲戚朋友都写上去了,可是只有一个小朋友在白纸上写了一个字:我。老师问他为什么写自己,他回答说:"因为只有我活着,才能救更多的人。"是啊,只有活着,才能做许许多多有意义的事。

7.24　活着就是幸福

被问到"你们是否害怕死亡"时,想到一次交通事故、一次地震或是一次旅行,都可能出现意外而死亡,突然觉得死亡并不遥远。然而,自己对于死亡还是有一种莫名的恐惧感。

死亡,每个人都会有这么一天,在有生之年能好好活着,能好好利用每一天,带着自己的梦想,去完成自己还未完成的事,这就是幸福。在面对死亡的两分钟内写下要说的话,脑海的第一反应就是感谢那些在我生命中出现过的我认识抑或那些不认识的曾经帮助过和鼓励过我的父母、亲人、朋友、老师、陌生人,我爱你们;对那些曾经被我伤害过的人说声对不起。人生中总有不同的人在自己生命中出现,却很少用感恩的心去生活,而总是抱怨这不好、那不好,这两分钟小小的互动,让我更坚定地相信我还要带着一颗感恩的心去生活,感恩阳光每天的到来,感恩每天的氧气充足让我能够轻松呼吸,感恩这个世界有你,有我,有他,组成一个大家庭,以至于在我有生之年不孤独、不寂寞,这些都让我幸福地活着,再次感慨活着就是幸福,要懂得珍惜生活中点滴的瞬间!

7.25　照顾好自己

我对死亡这个问题非常敏感,听到这两个字眼常常会很莫名其妙地生气。为什么我会这么害怕谈到生死这个问题呢?最主要的是因为自己经历过亲人的离别。

从小我就是被奶奶抚养长大的,爷爷不爱说话,所以我与奶奶很亲近。我想过奶奶会有一天离我而去,但是我怎么也不会想到会是这么突然,会以这样一种方式离我而去。我几乎用了整整半年的时间去调整,其实直到现在我也没有完全调整过来。

自从奶奶逝世之后,我的性格就变了。以前的我很任性,总觉得什么事总有奶奶罩着。从那之后我深深明白了"珍惜"二字,我要好好珍惜身边的每个人,哪怕是自己受点委屈也没事。快四年了我几乎没和身边的人斗过气,越来越多的人说我太好了,说我都不知道生气是怎么样的,其实他们是不知道其中原因。人不可能没有遗憾,我所能做的就是减少自己的遗憾,尤其是感情方面。现在的我很依赖家人,常常会赖在他们身边不愿离开,不愿一个人待在房间里。我知道所有的这些都是因为自己对奶奶那件事还是没能放下。

老师让我做一个游戏,问我们在那两分钟会对家人说什么。其实真的只有那五个字:"照顾好自己。"

7.26　困难也有意义

有关死亡的话题,虽然沉重,没有多少笑点可言,但这是我们每个人都要面对的话题。老师分享的那位得知自己患上癌症后依然乐观平凡而又不平凡的老人的故事,让我为之震撼。他的想法是我从未想到的,能让自己面对死亡时心里好受点的想法。他觉得自己能够有足够的时间让自己周围的亲戚朋友接受他的逝去从而不致太难受,另外他还能好好地想想要对亲戚朋友说的话,写下要留的遗嘱。从这个案例中,我发现即便像对待死亡这么沉重的话题,依然可以有积极的态度来面对它。那么,我目前生活中所面对的所谓"挫折""困难"也一定有积极对待它们的态度存在。我们遇到困难时,也一定要努力朝着这个方向去想,这样心里也能时刻充满阳光,心里阴霾的日子就会少很多。

7.27 做该做的事情

我来自于一个不富裕的家庭,有一个比我大 9 岁的姐姐,加上爸爸结婚又不早,所以我 21 岁时,父亲已经 60 岁了,当然妈妈也不年轻。当年,因为家庭经济问题,我的姐姐放弃了升学的机会,19 岁就到工厂当了工人。我知道这一切都是因为我的存在。父母把所有的希望都放在我身上。尽管他们从来都没有殷切期待什么,也不曾逼我什么,也不曾因我的失败而责怪我,但是我知道,他们希望我成才,希望我的人生即使不大放光彩也要闪烁光芒。我从来都知道他们的期待,所以我一直告诉自己:我的存在是因为爸爸妈妈的辛苦,姐姐的牺牲,我没有资格享受。

中考,或许是因为太过紧张,成绩低于平时的水平。姐姐没有说什么,但我知道她很难过,每每看到爸爸妈妈苍老的白发和布满皱纹的脸,我总在想:如果我没有来到这个世界,爸爸妈妈和姐姐的人生应该不会像现在这样吃那么多苦。我想如果我死了那么就不会再拖累他们,他们会不会过得更快乐?如同这类的想法,我想了很多,也想了很久。但是我害怕,怕如果万一我死得不小心,把自己弄成个半死不活的样子,结果会更拖累他们,所以一直都不敢行动。

但是高考,我再次名落孙山。

爸爸妈妈尽管很着急,但没有责怪我。当姐姐来电问我的时候,我流泪了,姐姐也哭了,说没关系。

我觉得死亡离我很近,可是我知道如果我死了,爸爸妈妈会承受不住。死亡在我心灵萌发,却没有茁壮成长,我牢牢地扼住它。如果我死了,谁来回报爸爸,近 60 岁还要像年轻人一般在烈日下不停劳作,在寒风中来回;谁来回报妈妈,明明身体那样不好,还要为那几十块钱辛苦。我可以死,但我不可以那般自私,我不可以在他们年老之际让他们承受那么重的伤痛。我不可以让我姐姐牺牲的青春、牺牲的幸福,牺牲的人生,就花在我这样的生命之上。

活着,做了该做的事,做了能做的事,快乐平凡地活着就好!

7.28 生死观朋友

我的朋友,尚且称其为 A,如今的他任学生会主席,夺目的光环背后,也隐藏了一段不为人知的往事。他曾患重病,使我见证了一个人从平凡的人蜕变成有思想的人。

第一周,当我见到他时,他消瘦了很多,话变少了,成天只闷在被子里,拒绝与任何人做过多的交流。第二周,第三周……直到第五周过去了,他开始看书了,变得乐观了一些,从原先的沉默到了新的静默,或许他在思考吧。他依旧拒绝接见我们。第十周,我们带着鲜花看望他时,他不再逃避我们。他竟然还称赞了鲜花的美丽。我知道,他有希望了,再过了几周,他已经能够下床了,见到花园的景色,他欣慰地露出了笑容,更表示会积极地接受治疗。我问他:"你怎么变了那么多?"他看着我的眼睛,毫不闪躲,那透彻心扉的眼神令我感到似乎被看透了一切:"最初是恐惧,后来见多了周边的病友一个个离去,见多了生离死别,回想自己,不过也只是这大千世界的一粒凡尘,有什么好畏惧的?"从此以后,他留院一年。当他回到校园时,他整个人的气质发生了根本的改变,原先毫不起眼的四眼小弟如今充满了自信,好像不再害怕前方未知的道路。或许只有经历过死亡的人,才能拥有这种超凡的品质。

这也印证了森田所说的:"当一个人害怕死亡,到他视死如归,他的灵魂得到完全的升华。"A 在这两年所发生的巨大变化,都可依心理学进行分析。当他开始看书,他已经转移了注意力,不再关心死亡的问题,转而思考人生;当他称赞鲜花时,他发现了黑暗生命的一缕美丽,他开始放松。他开始冥想,他不再受困于害怕死亡的自己。他走出门去,深呼吸,呼吸新鲜的空气。我相信,作为朋友的我们也在人际关系上给了他重要的支撑,帮助他走出困境。在平常,他也会积极地锻炼,这不只在巩固他的身体,也能起到乐观心态的作用。也正因此看透死亡,也不再畏惧前方的困难,勇敢面对一切,成为人上人。

7.29　死亡的魔力

在死亡模拟训练中,我脑海里最先跳出我的父母,我想我最放不下的肯定是他们,他们也肯定是最难过的。之后,连我自己都感到意外,我想到的第三个人竟是他,那些我平时如此重视的朋友们此时竟一个都没出现在我的脑海。死亡,果然能让我们认识到自己最珍视的人、事、物。其实我一直都认为人生中只需要亲情、友情足矣,但这次体验让我开始正视爱情。我从来都不知道我对男朋友是抱这样的态度与感情。虽说在一起也近 5 年了,但总觉得这份感情是可有可无的,有些东西要到真正失去才会觉得珍贵。

网上不曾传过这么一句话么:当你生气难过时,想想五年后,这件事还会那么重要吗?当然不会了。我觉得"以死观生"与这个是相似的,都是通过假设时间的消逝来疏散人的情感,并让我们真正辨清何为重要,想象着时间快要走到尽头,会对眼前的一切产生莫名的留恋。这让我想起了高三的状态。第一学期时,极其厌烦周而复始地一遍遍练习卷子,成天浸泡在题海中,也极其害怕老师上课时点名回答问题。因为当时睡觉着实不好,一上课听到那些炒了又炒的"冷饭"便犯困。于是在迷糊中过了一个学期。第二学期不知是哪一件事情触动了心尖,突然觉得时间过得真快,还没来得及跟相处六年的同学好好聊聊天,还没好好听听陪伴了我们 3 年之久的老师的课就要说分离了。那时起,我便开始认真做题,珍惜每天与同学之间的相处,就连上英语课时回答问题都可以当作是一种享受,即使回答不出遭老师白眼(高中英语老师老喜欢翻白眼了),也觉得挺留恋的。想着几个月后就要分离,就觉得那时经历的一切都是宝贵的,就连人挤人的食堂,都觉得是一种奢侈。

当我们对离开、对死亡有了比较深刻的认识和理解之后,就可以为自我的人生定位,确认人生的意义和生活的目标,并获得人生发展的动力。只有这样才会认真品味眼前的每一分钟,才会有一颗乐观的心,才会以积极的人生态度面对一切。

死亡有一种魔力,它能使人有所醒悟。那些向死而生、经历过死亡边缘的人们往往对生活有着更独特与深刻的见解。有汶川地震经历的朋友曾对我说,他觉得活着就是好的。看着周围许多家庭都被拆散,而他的整个家庭都能如此幸运得活下来,就觉得是幸福的,不再为每天赚多少钱烦恼,也不再为小事与家人争执,每天活得开心才是最重要的。经历过死亡的人总是比普通人豁达一些。

7.30　珍惜当下

在我脑海中一直有一句话:我们永远都不知道明天和意外哪个先来,那我们到底还有多少时间拿来浪费、拿来虚度,我们为什么还总是去抱怨生活的琐事,为什么不让自己的生活充满意义。生命中确实发生的很多事都是始料未及的。在生命面前,仇恨、金钱、利益、错误,甚至一些让我们耿耿于怀的事情都显得太过平淡了。

我记得,我写下的遗言里面对所有人说的话居然最多的都是感谢,那只是一个假设,却让我明白了许许多多的事情。虽然父母没能给我一个富裕的生活,却也从来没有让我为吃穿而苦恼过,身体并不是很好的爷爷奶奶却处处为我操劳,身边的朋友,即使我脾气暴躁而倔强,但也一直在我身边没有离开过我,我甚至还要感谢那些伤害过我的人,是他们让我更加坚强地成长。在生命面前,我以前所有的抱怨都显得微不足道,只有现在过好分分秒秒才是我该做的。

我记得老师说过,如果用一个标点符号来形容你的一生你会用什么。我的第一反应就是用感叹号吧,因为生活中处处都充满精彩和新奇。现在我觉得,如果用一个符号来形容我的一生,我希望是逗号,平淡却不可缺,不需要去揣测未来多么新奇,也不需要去怀念过去是多好多坏,唯独珍惜当下、活在当下才是我们该做的。

7.31　爱要说出口

如果我死了,在这个世界上,有谁会在乎? 而我们对此问题的回答则是我们在这个世界上活着的意义。这就是"以死观生",它让我们看到,我们在怎样活着。

美国心理学家欧文·亚隆曾做过一个情景设想,让人置身于一个情景,然后问自己一个问题。情景是:你在异国他乡旅行,在一个深夜里,星空下是一片寂寞无边的海滩,四周无人,这时你问自己,在此时此刻,在世界上的某个地方,有没有人会想到我? 而你对此做出的回答便代表着你跟这个世界的关系。曾经听人说每个人在死前都会回忆一遍生前重要的事情,而最重要的记忆会在最后压轴出现。我们很多人都不愿意去想"如果我死了,在这个世界上有谁会在乎"这个问题,也不愿回答这样的人只能在这个世界上糊里糊涂地活着。他们不在乎活,也不在乎死;他们不在乎自己,也不惠顾他人,似乎什么都是无关紧要的,他们只是得过且过,他们到这个世界来一遭就算了,就好像没有来过一样。

如果我们都在 MH370 这架飞机上,在飞机失事即将坠落时,机长让我们写下一段话,然后放进黑匣子保存下来,那么我们会想写些什么? 时间只有 2 分钟,2 分钟过去后,纸片马上要被收起,飞机也将坠落,我脑海中第一个想到的便是我的父母,我想对他们说:感谢他们的养育之恩,安慰他们不要因为我的离去而伤心难过,告诉他们"我爱他们"……我想说的有很多很多,我要写的有很多很多,可是在短短的两分钟里,我只写了几句安慰的话……虽然我们作为大学生,已经听了很多遍"父母养育我们很难",听过很多遍"父母省吃俭用只为了孩子",但是,那只是耳朵上的聆听。当我们认真地感受了这个"两分钟"后,我对父母的爱有了更深的了解,我更能懂得父母对我的苦心了。尽管以前每次听父母唠叨总会嫌他们烦,嫌他们乱讲,嫌他们不明事情就乱批一气,但是当我们离去时,最痛苦的还是他们啊。

体验结束,我立马打电话回家。我是一个比较不会表达感情的人,以前每次都是父母问我有没有吃过饭,睡得好不好,天气怎么样,身体怎么样……尽管我在心里关心过父母很多遍,但从来没有问出口过,就像以前上学时爸爸送我去学校后,我心里已经跟他说过很多遍"开车慢点啊",但嘴里总是那一句"我先走了"。那堂课后我改变了,我会主动表达出我对父母的爱,对他们的关心,问问他们的近况,问问他们的工作,问问他们的心情,问问他们有没有想我……因为我知道生命只有一次,谁都不知道什么时候会是个头,只有珍惜身边的人才是最真实、最幸福的。

以死观生,让我知道生命的意义,知道我对这个世界的意义。以死观生,我就不再担忧死的到来,而是尽力做好每一件事、过好每一天,让自己活得更有意义。

7.32　悲伤的铭记

"以死观生"的确是一堂沉重的话题。当老师说,假如你现在正处于马航失联飞机上,你的生命只剩下两分钟,这时,你最想说的是什么?那两分钟,我想了很多,关于家庭,关于朋友,关于自己,关于未来,但最终写下的却只有几个字:我还年轻!是的,我还年轻,我有父母需要我去爱、去赡养,我有最好的朋友还没来得及好好相聚,我还有自己的梦想没有实现,怎么可以让我生命停止,怎么可以让我遭遇如此不测,我不甘心!这种"以死观生"的方法真的可以让一个人的未来之路更加清晰,自己的奋斗目标更加明确,也让人更加懂得孝敬的重要,悟出生命之意义所在。悲伤的情节让人落泪,但同时也会让人铭记,让人回味。

7.33　对死亡的困惑我们都有

我觉得我心里一直住着一只小怪兽,脑子里总冒出很多奇奇怪怪的想法。印象中小时候我总会想瞎子的世界是怎样的,蚂蚁是怎样生活的,人死后是怎样的……小孩子会想这么多乱七八糟的东西大概是不正常的吧。那时我也尝试着询问大人,可是他们不是支支吾吾敷衍而过,就是对我笑笑让我玩去。我想那大概是对我的问题不认同的一种态度。于是,我也不敢再问,任由小怪兽在我心里横冲直撞,伴我成长。

困惑我的那些问题,大多随着岁月的流逝被忽略了,而在我心中生根发芽的却是有关死亡的宏大话题。我与死亡的牵绊大概有 3 个阶段。第一次"发作"是在上初中的夏季,突然在晚上睡觉前想起了爸妈,心里想着如果他们去世了我怎么办。那整整一个暑假的夜晚,我都在假想着爸妈去世的场景。第二次"发作"是在高中,某一个夜晚,我想起年迈的爷爷奶奶,想起他们从小伴着我,从黑丝到银发,鼻子一酸又哭了出来。爷爷奶奶去世了我怎么办?我哭得很伤心。第三次"发作"是在大学,舅舅们的儿子一个个出生,一个个都聪明可爱。我却无法遏制地想到弟弟们长大时,他们的亲人包括我自己老去的景象。长辈们若都比我先走一步,我要一个个送走他们,那样的痛苦我如何受得了?如果我自己去世了,留下的世界会是什么样的呢?这个世界将没有我,我又去哪里了呢?

越长大,我越是困惑于死亡这个话题。我知道人人都害怕死亡,但我不希望自己被死亡莫名其妙地困扰。我并没有得到我想要的答案。其实我已经明白了我是不可能从任何人那儿得到一个明确的关于怎样摆脱死亡困扰的回答的。

第八章　原来可以这样爱

一、大学生恋爱观

我从 2008 年开始在学校的心理咨询中心为学生做心理咨询,每年至少 100 个小时。其中超过 50％涉及情感问题,所以有必要和大家交流一下这个问题。

目前,网上流行很多关于大学生爱情的经典话语:

爱国爱家爱师妹,防火防盗防师兄;

女为悦己者容,男为己悦者穷;

世界上难以自拔的,除了牙齿,还有爱情;

我们产生一点小分歧:她希望我把粪土变黄金,我希望她视黄金如粪土;

问世间情为何物,佛曰:废物;

每当自己错过一个女孩,我就在地上垒一块砖,于是,世界上便有了长城。

……

从中不难看出大学生恋爱,不只是理想中的美好,也有苦涩和无奈。

在日常咨询工作中,差不多有一半的同学咨询的主题和情感有关,如暗恋、单恋、失恋、恋爱中的冲突……一项关于大学生恋爱情况的调查结果显示,有 36％的大学生因为一见钟情谈恋爱。似乎一见钟情容易被我们接受和理解,而其他的恋爱原因就不见得能让我们如此坦然地接受了。

有些大学生为摆脱压抑感谈恋爱。有一个女同学咨询:"老师,我们班的男生和女生恋爱的特别多。隔壁班还鄙视我们说:和自己班的同学恋爱,分手了多尴尬? 就算毕业了,参加同学会也是尴尬的呀。我们班还击:肥水不流外人田。可是,对于我来说,这像一场灾难。因为我们寝室一共四个人,有三个女生都在自己班里有了男朋友。我突然觉得自己好多余呀。如果不是自己班的,好歹我们上课的时候还可以坐在一起。现在她们三个是上课、吃饭、自习都和各自的男朋友在一起。我觉得自己很孤单,还有两年才毕业,要不我也在自己班级里找一个男朋友?"这位女同学的困扰显然和摆脱压抑感有关。也有咨询的同学说:"老师,我的第二段恋爱是因为第一段感情失败了,我走不出来,只能靠再建立一段感情,让自己好受一些。"

有些大学生为证明自己的魅力谈恋爱。大学生恋爱变成大学的一门选修课,在校园里一对一对的情侣,不禁让很多同学质疑自己的魅力。有一个来咨询的学生超级自卑,原因就是觉得自己不够帅,没有女孩子喜欢,觉得自己没有魅力。还有一个女生非常苦恼地对我说:"老师,我没有想过在大学里恋爱。虽然是女生,但我赞同先立业后成家的观点。所以我一直很努力,在学生会、社团、辩论赛、志愿者等活动中表现都很突出,获得过很多奖。我自认为自己也算是优秀的人吧。可是为什么我周围的女生,在我看来不如我的,都有男生喜欢。虽然我不打算谈恋爱,可是没有人追,总觉得自己没有魅力,让我觉得自己是不是没有想象得那么优秀?"

有些大学生为满足好奇心谈恋爱。曾经有一个同学非常困惑地问我:"老师,我长这么大,从来没有打过任何一个电话超过10分钟。我的寝室,和男朋友打电话,可以几个小时,而且每天打电话,我很好奇,她们聊什么可以聊那么久?"

还有7%的大学生因为赶潮流谈恋爱。这门"选修课",既然大家都选了,那我也应该选来看看。

有一个男同学来咨询:"老师,我失恋了。"坐在他的对面,我没有感受到痛苦,更多的是愤怒。没等我说话,他继续说:"老师,我觉得失恋没什么。可是让我受不了的是,我女朋友是我自己班级里的。和我分手不到两周,就在我们班又找了一个男朋友。老师,我是不是也应该在我们班再找一个?"或许对于大学生恋爱的理由或者提出的疑问让你觉得有点难以理解,但真正坐在咨询室和同学交流的时候,带给我的感受是,那就是他们内心最真实的体验和困扰。因此,十分有必要和大学生去探讨爱情这个话题。

二、爱情是什么

虽然爱情很重要,但要给出一个确切的定义,真不是一件容易的事情。现在是一些伟人对于爱情的解读。

黑格尔说:只折磨自己是单相思,只折磨别人是虐待狂,既折磨别人更折磨自己是爱情。

莎士比亚说:爱情是感情的最高位阶。

罗素说:爱情就是生活。

柏拉图说:恋爱是严重的精神病。

弗洛伊德说:再没有比爱情更容易让人受伤的了。

毛姆说:爱情不过是一种肮脏的诡计,它欺骗我们去完成传宗接代的任务。

从一个咨询的同学那里听到了关于爱情最通俗易懂的定义:"老师,我的爱情观是所有不以结婚为目的的恋爱都是耍流氓。"的确如此,爱情的最终目的是"在一起"。在读研究生的时候,有一个加拿大的客座教授,被大家称为 Dr. Love,每年都会到我的母校去交流,我很荣幸地负责照顾他的生活起居,也就有了更多交流的机会。有一次,Dr. Love 非常认真地问了我一个问题:"Who is your number one?"我当时愣了下,因为从来没有思考过这个问题,我迷茫地摇摇头。Dr. Love 继续说,我发现在中国有一个现象,就是大家都会把孩子当作自己最重要的人。我毫不犹豫地回答"yes",虽然那个时候我还没有小孩,但是我非常肯定在我的老爸老妈心中,自己的重要性绝对超过他们彼此。"这是不对的",Dr. Love 非常认真地说,"其实是你的伴侣,因为一个人的一生和伴侣相伴的时间最长"。谈话结束,我认真思考了一下。如果不是决定孤家寡人过日子的铁杆光棍,还真是和伴侣一起生活的时间最久。孩子最多和父母一起生活20年,然后就要独立生活,出去闯荡了。而伴侣呢? 差不多要有近半个世纪的时间。时至今日,我越来越认同 Dr. Love 的观点了。有一个同事讲了一个真实的故事:"和出租车司机聊天,聊到了孩子的问题。出租车司机说,自己遇到一个老奶奶打车,说去第一医院。司机很惊讶,告诉老奶奶,第一医院就在对面啊,走过去也就十来分钟。你是不是外地人? 老奶奶回答说:"谢谢! 你是个好心的司机。我不是外地人,我家就在边上这个小区,我知道那个是第一医院,但是我实在走不动了。老伴住院了,半个月了,都是我一个人照顾他,孩子都在美国,回不来。"这个故事让我想到在医院实习期间见过很多患者,照顾的家人大多是伴侣,尤其是老年人。

从这个意义上来说,恋爱是一件很重要的事情,不是赶潮流,不是摆脱压抑,是为了找到我们那个相伴一生的伴侣,生命中的 Number one。爱情有这样的力量,可以让这个世界上没有任何血缘关系的两个人,变成生命中彼此最重要的人。爱情是两颗心灵相互向往、吸引,是精神升华的产物,是一种高尚的精神生活,值得我们好好珍惜。

三、大学生的恋爱困惑

1. 困惑之一:必修课与选修课(大学要不要恋爱)

很多同学很纠结,要不要在大学谈恋爱。对于这个问题,我也没有明确的答案。毋庸置疑的是不能因为同学都在谈恋爱,所以自己也谈一下。从本质上来讲,爱情是情感的投入,对于恋爱的双方而言,这样的态度都是不可取的。还有很多同学问:"老师,听说大学中的恋人很多毕业时就分手了,那为什么还恋爱?"我通常的回答是:"爱情不是一个简单的复制粘贴过程。是否毕业就分手,取决于恋爱的两个人如何看待这份爱情。如果原本就没有计划有未来,那么或许毕业只是给了分手一个合理化的理由。我在读大学的时候,很多同学谈恋爱,毕业的时候,两个人会一起找工作,优先考虑签约的机会是可以保证两个人都在同一个地方。在教的学生中,也有从大一开始恋爱,直到五年之后毕业,因为生源地不是同一个城市,受限于招考医院仅限本地生源的影响,在刚毕业时不能在同一个城市工作,经历了 3 年的努力,通过买房子、迁户口,最终走到一起,婚礼上感动了很多前来祝贺的同学。

或许读到这里,你很困惑,原来都没有答案的? 是的,没有一个固定的答案模式,选与不选,你想好了吗?

2. 困惑之二:小天地与大世界(如何处理恋人与朋友的关系)

有两个关于这个主题的咨询案例和大家分享:一个案例是一个男同学,非常痛苦地说:"老师,我整个大学很失败。我看寝室的同学,与女朋友分手了,还有哥们。可是我呢? 大学的时间和精力都放在女朋友身上了,不参加班级的集体活动,不交朋友,什么活动都是和她在一起,有什么话只愿意和她讲。可是我们最终还是分手了,我觉得我什么都没有了,真的很失败。"另一个案例是一个女同学,刚上大一的时候,寝室四个人,有两个人高中就有男朋友了,平时煲电话粥,周末会经常去找男朋友一起玩,话题也比较一致。自然而然,两个没有男朋友的女同学就成了形影不离的好朋友,并立下誓约,不管将来谁先有了男朋友,都不能做"重色轻友"之人。到了大二,班级一个男同学对其中一个女生表白了,这个女同学在热恋中,也没有忘记和好朋友的约定。告诉自己的男朋友:"平时上课我不会和你坐在一起的,吃饭我也要和室友一起吃的,周末我们可以一起吃饭或者上自习,因为室友家很近,每个周末都不在学校里。"这样过了一个月,这位自认为非常讲义气的女同学一头雾水:"老师,我男朋友跟我抱怨,说我们是地下恋爱,感觉偷偷摸摸的,很不开心。我的室友也和我抱怨,她感觉自己是在被怜悯,好像找不到朋友很可怜的样子,被我照顾着。我不明白,我的好心,怎么弄得两边都不讨好。"

这两个同学刚好是两个极端，一个过度沉浸在小世界当中，一个过度忽略小世界。生活中这样的同学也不乏其人，认为只有恋人是可以相信的对象，或者认为恋爱是不可靠的，朋友才是可靠的。爱情是生活很重要的一部分，但不是全部。除了爱情，还需要友情，在恋爱中发生冲突的时候，友情会助你一臂之力解决冲突。

因此，我们需要在大世界和小世界之间寻找到一个平衡点，不能因为恋爱而忽略周围的其他人。

3. 困惑之三：学业与爱情

在大学以前，高考是第一要务，学业的压力通常让大家把爱情和学业对立起来。到了大学，大家似乎觉得学业和爱情应该不冲突了，事实是它仍然困扰着一些同学。有一个同学和我讲："老师，我这个人不能在同一个时间干两件事。我想考研，如果谈恋爱了，我肯定考不上。"我问她为何如此坚信恋爱就考不上研究生？回答是："好分散精力，我看到室友们恋爱，过几天吵架了，过几天闹分手，哭得一塌糊涂，很痛苦的样子。我要是也这样，哪还能考上呢？"

就像我们需要同时经营事业和家庭一样，学业与爱情的共同经营也可以相互促进。每年考研的时候，很多同学都忙着找研友（一起复习考研究生的朋友），也有不少恋人成了研友一同考取研究生。有一个女同学在大二刚开学的时候来找我咨询，她想退学。原因是她是一个很活泼的女孩子，学习医学让她觉得很枯燥乏味，每天背书，没有乐趣。但是回去高复的话，已经错过了两年。直接打工，用高中的学历又不知道干什么。于是，我和她约定再给自己两个月的时间调整试试看，鼓励她去竞选班干部，就算将来退学了，也要让大学生活留下精彩的记忆。她去竞选了团支书，虽然成绩一般，从来没有得过奖学金，但乐于助人的她有不错的人缘，最终竞选成功。之后好长一段时间，她没有找过我咨询，渐渐的我也淡忘了这个同学。到了大四，她和一个男生一起来咨询室，告诉我：老师，这个是我男朋友，我们想咨询一下考研。我很难想象，一个想退学的同学如何转变到想考研。后来了解到，她的男朋友是班长，也是班级里唯一得奖学金的男同学，很勤奋好学，一直带着她一起学习。她在大二上学期就获得了二等奖学金，她的男朋友至今都只是三等奖学金，为此她很自信地说：自己是学医的料。看到她的变化，我由衷地为她感到高兴。可见，他们可以经营好爱情和学业的关系，爱情与学业非但没有对立，还可以相互促进。

4. 困惑之四：做不成恋人、还可以继续做朋友吗？

这个困扰有三种常见的情形：

第一种情形是，我们分手了，我觉得我们不适合做恋人，但是做朋友还是挺好的。我怎么才能和他继续做朋友？这是一个美好的愿望，但事实上很难把握尺度。分手以后彼此还会有各自新的感情，留下对彼此的祝福，不做朋友或许是更好的选择。

第二种情形是，我们是好朋友，我想表白，但是如果不成功不是连朋友都没得做了。

第三种情形是，我的好朋友向我表白了，可是我没有这个想法，但是我又不想失去这个朋友。因为相识相知而相爱，很多友情转化成了爱情。但对于一厢情愿的爱情而言，彼此的友情也是没有办法维持的，通常这种情况下的继续来往会让对方觉得还会有机会，斩钉截铁地失去这个朋友，其实是更好地保护彼此的关系。

虽然有人能做到不做恋人做朋友的境界，但通常以咨询的经历而言，我给因以上情境来咨询的同学的建议通常是："放弃这个想法，至少在目前的当下，不做朋友更好一些。"

四、学习爱的能力

恋爱＝练爱，是说恋爱需要练习。那么开始练习的第一步是什么呢？

1. 爱自己

真正的爱意味着"关心、尊重、责任、认识，它不是为某个人所爱之意义上的一种情感，而是为所爱的人的成长和幸福的一种积极主动的奋斗，它植于自身的爱的能力"。

"如果你爱自己，你就会像爱自己那样爱其他的每个人。只要你对其他人的爱不及对自己的爱，你就不会真正地爱你自己，但是如果你同样地爱所有的人，包括爱你自己，你就会爱他们像爱一个人，这个人既是上帝又是人类，这样的人就是一个爱自己，同样也爱其他所有人的伟大而正义的人。"

——艾克哈特

"人对自己生命、幸福、成长、自由的确定，同样根植于其爱的能力，也就是说根植于关心、尊重、责任和认识。如果一个人有能力产生爱，他也就爱他自己，如果他仅爱其他人，他就根本不能爱。""自私和自爱是不同一的，它们实际上是对立的。自私的人，爱自己不是太多，事实上他是仇视自己。"

——弗洛姆

正如第三章所讲，爱自己，不仅爱自己的优点，也爱自己的缺点，接纳缺点是自己的一部分。充分接纳和爱自己，在恋爱中就会宽容，就不再以挑剔的、塑造他人的方式去改造对方使其符合自己的标准。

2. 表达爱的能力

课间和一个女同学聊天，她说："老师，我们寝室六个人都是单身。我们都有各自喜欢的男生，但是总觉得女生不应该先表白，我们决定一起等，看谁可以第一个被表白。"我开玩笑地说："男女有别是吗？"她很认真地告诉我："人家都说女生不能表白，否则在一开始，就把地位降低了。"好吧，我也不知道人家是谁，我在猜想，这会不会是很多优秀的女生最后成为剩女的原因呢？

不管谁先表白，表达爱需要很大的勇气，因为那需要做好被拒绝的准备。当你表达爱的那一刻，主动权不在自己的手中。咨询中的一个男同学和我讲述了对一个老乡长达一年的表白准备，每次见面都告诉自己："就是这一次，就是这一次"。然而最终也没有说出口，告别时就告诉自己："下次一定说，下次一定说。"就这样一年过去了，虽然老乡还没有男朋友，但是觉得自己很挫败。

所以，表达爱是一种能力，需要很大的勇气，同时也是为自己的幸福争取一次机会。俞敏洪有一句话关于表白的言论，是这样说的："如果你喜欢一个人喜欢到得了精神病，而那个人都不知道你是因为喜欢她而得的精神病，你有多亏。"

爱需要表达，不管是否成功，至少为自己的幸福努力过了。

3. 拒绝爱的能力

爱的表达需要勇气，爱的拒绝同样需要勇气，更需要智慧。接到过一个电话咨询，一个学生很为难地说："老师，有一个男生和我表白，我不知道怎么拒绝，我觉得对不起他。"我问她："怎么会觉得对不起？"她说："他喜欢我，我却不喜欢他。这样不是很公平，觉得有点对不起他。"我的回应是："那如果再有一个男生表白，你也不喜欢怎么办？毕竟你只能有一个男朋友。"她想想说:"也是,谁喜欢谁是自由的。我在高中的时候向一个男生表白过,当时被拒绝了,也没有觉得他对不起我。"

有的同学的困扰是:"我觉得拒绝得太直接会伤害到对方,不知道怎么办。"如果不能成为恋人,拒绝的态度越坚决,对对方的伤害就越小。因为你的委婉,或者不坚决,初衷是对对方的保护,但是达成的效果有时会让对方看到希望。从希望到失望,从失望到希望,这个过程的反复带来的伤害更大。拒绝时要坚决而温和,绝不能羞辱对方。

4. 正确面对失恋的能力

并非所有恋爱的对象最终都能成为终身的伴侣,因此势必需要学会正确面对失恋。如何正确地面对失恋? 苏格拉底与失恋者的一段对话,可以诠释如何正确面对失恋。

苏格拉底:孩子,为什么悲伤?

失恋者:我失恋了。

苏格拉底:哦,这很正常。如果失恋了没有悲伤,恋爱大概也就没有什么味道了。可是,年轻人,我怎么发现你对失恋的投入甚至比对恋爱的投入还要倾心呢?

失恋者:到手的葡萄给丢了,这份遗憾,这份失落,您非个中人,怎知其中的酸楚呢!

苏格拉底:丢了就是丢了,继续向前走去,鲜美的葡萄还有很多。

失恋者:等待,等到海枯石烂,直到她回心转意向我走来。

苏格拉底:但这一天也许永远不会到来,你最后会眼睁睁看着她和另一个人走了。

失恋者:那我就用自杀来表示我的诚心。

苏格拉底:但如果这样,你不但失去了你的恋人,同时还失去了你自己,你会蒙受双倍的损失。

失恋者:踩上她一脚如何,我得不到的别人也别想得到。

苏格拉底:可这只能使你离她更远,而你本来是想与她更接近的。

失恋者:您说我该怎么办? 我可真的很爱她。

苏格拉底:真的很爱?

失恋者:是的。

苏格拉底:那你当然希望你所爱的人幸福。

失恋者:那是自然。

苏格拉底:如果她认为离开你是一种幸福呢?

失恋者:不会的! 她曾经跟我说,只有跟我在一起的时候她才感觉到幸福!

苏格拉底:那是曾经,是过去,可她现在并不这么认为了。

失恋者:这就是说,她一直在骗我?

苏格拉底:不,她一直对你很忠诚,当她爱你的时候,她和你在一起,现在她不爱你了,她就离去了,世界上再没有比这更大的忠诚。如果她不再爱你,却还装的对你很有情谊,甚至跟你结婚,生子,那才是真正的欺骗呢。

失恋者:可我为她投入的感情不是白白浪费了吗? 谁来补偿我?

苏格拉底:不,你的感情从来没有浪费,根本不存在补偿的问题,因为在你付出感情的同时,她也对你付出了感情,在你给她快乐的时候,她也给了你快乐。

失恋者:可是,她现在不爱我了,我却还苦苦地爱着她,这多不公平啊!

苏格拉底:的确不公平,我是说你对所爱的那个人不公平。本来,爱她是你的权利,但爱不爱你则是她的权利,而你却在自己行使权利的时候剥夺别人的权利。这是何等的不公平!

失恋者:可是您看得明明白白,现在痛苦的是我而不是她,是我在为她痛苦。

苏格拉底:为她而痛苦?不如说是你在为你自己而痛苦吧。明明为自己,却还打着别人的旗号。

失恋者:依您的说法,这一切倒成了我的错?

苏格拉底:是的,从一开始你就犯了错。如果你能给她带来幸福,她是不会从你的生活中离开的。要知道,没有人会逃避幸福。

失恋者:可她连机会都不给我,您说可恶不可恶?

苏格拉底:当然可恶。好在你现在摆脱了这个可恶的人。你应该感到高兴,孩子。

失恋者:高兴?怎么可能呢,不管怎么说,我是被人给抛弃了,这总是叫人感到自卑的。

苏格拉底:不,年轻人的身上只能有自豪,不可自卑。要记住,被抛弃的并不是就是不好的。

失恋者:此话怎讲?

苏格拉底:有一次,我在商店看到一套高贵的西服,可谓爱不释手,营业员问我要不要。你猜我怎么说?我说质地太差了,不要!其实,我口袋里没有钱。年轻人,也许你就是这件被遗弃的西服。

失恋者:您真会安慰人,可惜您还是不能把我从失恋的痛苦中引出。

苏格拉底:是的,我很遗憾自己没有这个能力。但我可以向你推荐一个有这个能力的朋友。

失恋者:谁?

苏格拉底:时间,时间是人最伟大的导师。我见过无数被失恋折磨得死去活来的人,是时间帮助他们抚平了心灵的创伤,并重新为他们选择了恋人,最后他们都享受到了本该属于自己的那份人间之乐。

失恋者:但愿我也有这一天,但我的第一步该从哪里做起呢?

苏格拉底:去感谢那个抛弃你的人,为她祝福。

失恋者:为什么?

苏格拉底:因为她给了你一份忠诚,给了你寻找幸福的新机会。

失恋是一次挫折,同时也是一次学习的机会,让自己有机会学习如何和异性相处、如何去爱。

5. 理解差异的能力

有一本书名叫《男人来自金星,女人来自火星》,形象地比喻男女来自不同的星球,所以语言、思维方式、想法等都不一样。以情绪处理为例,男生通常需要安静、理性的分析;女生通常需要别人的安慰与理解。现实中经常在咨询室里听到女生抱怨:"我本来心情不好,希望我男朋友安慰我一下,结果他给我讲了一堆大道理,我的心情更糟了。"也常听到男生抱怨:"本来我就够烦的了,希望能安静一会。我女朋友一定让我跟她说怎么了,有什么好说的呢?我觉得自己可以解决。"

曾经有一次咨询是一个男生和一个女生一起的,30分钟我没有讲话,看到他们两个在我的对面重复一个循环。其中女生开口讲："老师,我觉得我们两个总是争吵,但是每次都是他赢。我一开始觉得我是对的,但是后来我就觉得他说得对。比如,早上去教室占座位,他觉得我应该早点起来去教室,我觉得没有必要,不坐第一排也可以听得很清楚,干吗早起占座位呢?"男生马上说:"早起不光是为了占座位,你想想,早上的记忆力是最好的。而且早上起来早一点,可以到食堂吃早餐,这样对身体也有好处"……这样的对话持续一段时间,就看到女生点点头:"恩,我觉得你说的有道理,这样是对身体好。"之后再开始另外的话题,然后再重复这样的对话,重复这样的结果。看起来,他们的差异最终以男生讲道理获胜。

理解男女的差异性,需要放弃"你错我对"的思维模式。我们不由自主地在面对差异的时候,希望对方接受自己的观点。而每个人都是认为自己是对的才会去做,没有一个人会觉得自己是不对的,还会坚持去做。放弃"你错我对"的思维方式,至少可以让双方不对立。之后,可以采用"第三法"——折中,解决差异。记得一次参加心理治疗的工作坊,讨论了一个很小的主题"你认为剩饭剩菜应该吃掉还是扔掉"。持有不同观点的人坐在教室两边,大家开始用折中的方式去讨论。十分钟过去了,变成了辩论赛,大家争论的面红耳赤。授课老师无奈地暂停了大家的讨论,重新开始,十分钟过去了,又比变成了辩论。一边的队员说:"知道还有多少人挨饿么? 怎么可以浪费粮食?"一边的队员说:"因剩菜里的亚硝酸盐导致的疾病,治疗花的成本更大,对身体还有损害。"第二次被暂停后,大家开始反思,我们怎么又在争论? 而不是讨论呢? 开始静下来,慢慢协商,最终取得的折中意见是:"可以尽量不要做得太多,按需要做,宁可少一点,如果偶尔一次做多了,也尽量不要浪费。"历经30分钟,最终大家统一了意见。折中,需要经常练习,提醒自己是在交流而不是在辩论。

6. 处理冲突的能力

因为每个人都是独立的个体,再亲近的两个人也一定会有差异,观点的差异、处理方式的差异、做事情风格的差异等,而差异又容易导致冲突。面对冲突,常用的处理方式有指责、冷战、打岔、讨好四种。当你面对冲突的时候,你通常用什么方式去解决?

你在冲突中,不管是说话还是思考,通常在一句话的开头出现频率最高的词是什么?

我的答案是"你",你的答案是什么? 比如:

"你怎么又开空调了?"

"我说了过多少遍了,你怎么又忘记了?"

"你怎么没有弄好?"

"你迟到了!"

……

在冲突中,当我们在使用"你"的时候,往往会使对方体会到一种指责。很多表达似乎只转化成了一句潜台词"你看,都是你不好"。通常我们都是会认为一件事情是对的才去做,即便是做错了,也不愿意总是被指责。和大家分享一个小方法,在父母效能中被称为"我信息"。很简单,只是做一个小小的转换,把"你"换成"我"。试想一个镜头,你和朋友约定好了上午十点钟车站集合一起外出,到了约定的时间他还没有到,通常他很少迟到,等了一会你开始打电话给他,却打不通。此刻你的体验是什么? 或许有着急也有担心,也有生气……或许你在想他是不是有什么事情? 他是不是忘记了? 他是不是遇到了什么麻烦？又过了一会儿还是没有等到，马上要检票了，你很着急，怎么还没有来？终于他气喘吁吁地跑来了，看到他的一瞬间，你的体验是什么？你会和他说的第一句话是什么？

关于这个体验的答案，我问过很多同学，大家的体验通常是开心和放心，因为他没有事，而且可以赶上车了。但是，通常大家的第一句话是"你怎么才来！"

这是很有趣的一个现象，我们的体验是开心和放心，但是我们的表达却让对方体验到的是指责。其实我们可以尝试用"我"开头来表达，只要表达出我们的体验就好了。

"我很担心你。"

"我很着急。"

"看到你，我放心了。"

大家的体验会不一样么？在学习过"我信息"的表达之后，我做了一个调整，作为教师有一个职业病，就是通常担心学生没有听懂自己讲的内容，之前我通常会问："你们听懂了吗？"现在我通常会问："我讲清楚了吗？"如果此刻你是我的听众，听起来感觉会不一样吗？

同样的目的，我希望知道大家是否理解了我讲的内容，但是两种表达通常得到的结果是不一样的。当我问"你们听懂了吗？"通常没有人理我，但当我问"我讲清楚了吗？"我发现，有人就开始问了"老师，那个地方，有点不清楚"。

当我问"你们听清楚了吗？"有一些潜在的表达是"我讲得很清楚了，如果没有听明白就是你们的问题了"。这个时候一个人提出问题的时候会很有压力，别人都听明白了，只有我不明白。但是，当我问"我讲清楚了吗？"这里潜在的表达是"如果你没有听明白，是因为我表达得还不够清楚"。这个时候再提出问题就没有了压力。

比指责更糟糕的处理方式是冷战。如同你在对着一个机器人说话，能想象那种无力感吗？对着机器讲久了，自己也就变成机器了，两个机器人的生活会是什么样呢？在一次婚姻关系咨询中，我请夫妻两个人面对面，演示他们在生活中有冲突的时候通常是什么样的处理方式。我看到先生一直是双手交叉在胸前，然后低着头或是昂着头。妻子先是努力地和对方交流，但始终得不到回应，后来妻子转过身去，就不再说话了，两个人就变成了对峙的状态。经过这个互动，先生意识到自己一直采用的方式是冷战，这对解决冲突没有任何帮助。

打岔也是比较常见的回避方式，即转移注意力，避开当下冲突的情景。如果事后可以就事论事地谈论，那么的确可以有效地解决问题。但如果仅仅是回避，冲突本身还在，日积月累，冲突会进一步升级爆发。在四种常见的处理冲突模式中，讨好看起来是张力相对小的方法。在咨询中经常会遇到，以讨好模式处理冲突的来访者，即用委屈自己的方式去迎合对方，看起来是达成了一致，结果却是压抑其中一方而形成的。很喜欢李中莹老师的说法"爱情是双人舞"，一起跳舞，舞步不和谐需要练习，慢慢彼此可以在一个恰到好处的距离，和谐共舞。绝不是一个人拖着另外一个人跳舞，那样拖着的人会很累。一味地讨好对方，很难在爱情中得到滋养。

你对自己处理冲突的方式是如何理解的呢？

最后和大家分享一段已经摘抄很久的话：

有人说人生就是找寻爱的过程，每个人的人生都要找到四个人：

第一个是自己；

第二个是你最爱的人；

第三个是最爱你的人；

第四个是共度一生的人。

首先会遇到你最爱的人，然后体会到爱的感觉；因为了解被爱的感觉，所以才能发现最爱你的人；当你经历过爱人与被爱，学会了爱，才会知道什么是你需要的，也才会找到最适合你，能够相处一辈子的人。

但很悲哀的是，在现实生活中，这三个人通常不是同一个人：

你最爱的，往往没有选择你；

最爱你的，往往不是你最爱的；

而最长久的，偏偏不是你最爱也不是最爱你的，只是在最适合的时间出现的那个人。

祝愿大家经营好自己的爱情。

爱，让彼此更加优秀。通过造就对方来成就自己，而不是通过消耗对方来满足自己。

学生应用案例

8.1　爱的半成品

到大学了，谈恋爱好像也成了理所当然的事情。如今的大学校园里，恋爱早已不用"犹抱琵琶半遮面"了，这似乎是一门"公开课""必修课"，校园里随处可见的情侣已经成了一道"亮丽"的风景线。恋爱虽然甜蜜，但随着时间的推移，矛盾终究不可避免。恋人产生矛盾的原因之一就是试图改变对方，努力使对方成为自己心目中的完美情人。有些女生在恋爱过程中，总是幻想自己的男朋友应该对自己怎么好，但事与愿违，男朋友的表现往往让她们失望，于是女生开始胡思乱想：他不在乎我了！他不爱我了！他不要我了！……其实这是不对的。一个人的好多习性都是天生的，不可能因为一场爱情就整个人脱胎换骨，焕然一新。他不符合你心中的理想情人形象，只是因为你用了错误的眼光来审视他。如此，矛盾产生了。想要避免矛盾，就应该试着去多欣赏对方，少挑剔对方，把对方当作一件"艺术品"，而不是"半成品"。

8.2　结束冷战

老师说无论闹矛盾还是吵架，最要避免的就是"冷战"。这个其实已经让我吃过苦头了。我的初恋是从高中开始的，在同学看来，我们俩是他们最看好、美慕的一对。前两年，我们一直很好。平时闹点小矛盾，我总是不理会他，不和他说话，直到他找我。一开始，他也总是会很快就来找我，直到高三快毕业的那次。由于我是个比较爱吃醋的人，容不下他和其他女生暧昧不清。有一次冷战，我没有告诉他原因，这样僵持了两天。后来收到一封信，他在上面写了很多抱怨的话，我才明白，我这两年多反复的冷漠终于让他爆发了，虽然我们两个依旧对对方有着深厚的感情，但还是分手了。分手的半年里，我一直在想，如果我以前不这样会不会好些，但真的很感谢命运，毕业那天，他又追了我一次，我们互相抱怨着，为什么那天不好好聊一次。他说，我不说话，他以为是我想分手，因为学习或其他的原因。当我们互相坦诚倾诉以后，我们依旧是同学们最看好的一对。虽然现在相隔异地，但我们也定了一个条约：吵架或是闹矛盾后24小时内，必须坐下来好好聊聊。

8.3　遇见爱

走在林荫道上，突然想起爱情来。在大学里，你随时随地有可能看到一对小情侣，或看书，或散步。我自己身边也有在谈恋爱的朋友，有时候我会很美慕；但是，看到一些人分手时,我又觉得迷茫。

在爱情的世界里,我们都是被灌醉的人,没有人可以救谁,没有人可以扶谁,我们尽情地学习挣扎,学习自救,学习承受不能承受之痛。只有在电影里,童话里,小说里,爱情才被称之为"爱情",那是在演绎一种完美;在现实生活中,爱情叫作生活。面对它,其实是选择它作为一种生活方式。最好的爱情,我想那是一种习惯,是两个人做伴,习惯了关心一个人和被一个人关心,习惯了两个人在一起,习惯了有人紧紧抱着你,习惯了有暖暖的笑脸,习惯了有一个人在你心里;不要束缚,不要缠绕,不要占有,不要询问爱的理由,因为爱不只限定于一个理由,而是一个人习惯了另一个人的习惯,两个人相互依偎在星空下喝着咖啡……

我们现在都面临着这样一种情况,身边的朋友都在上大学,而且大部分和我一样都在上大二,要面临两个最大的问题——工作和恋爱。记得妈妈和我说过:"在学校里不要谈恋爱,现在还太早了,最起码要等到毕业了才可以。"类似的话,朋友们的母亲都说过,为此我们也相互抱怨过,并不是为了想谈恋爱,而是想说,我们长大了,想要像个大人一样,平等地和你们沟通(虽然我们在你们面前永远都是小孩子),而不是像小时候一样,等待我们的只是说教。其实,我觉得在大学里谈恋爱很正常,因为鲜少有人能够谈一次恋爱就过一辈子的。即使是遇到一个对的人,两个人相处也需要很长的时间,需要了解对方的性格、生活方式、处事作风等。了解以后你才能决定要不要和他继续下去,毕竟时代在改变,已经和以前不一样了,等毕业以后,工作肯定是生活的重心,会忽略感情那一块。但是此时,父母会显得很着急,三姑六婆就会不时地窜出来冒一下泡,接着连续不断地相亲就此拉开序幕。身边的例子不少,让我忍俊不禁。只是我们需要更多的沟通,希望双方都心平气和,不以长辈自居,不以思想落伍作为借口,以一种平等的方式聊一聊。

尽管夜深人静的时候会很孤单,想要人陪;尽管细雨蒙蒙的时候,也希望有那样一个人可以撑伞等候,但我们还太年轻,无法承受它所带来的一切,所以我们必须耐心等候,不仅是等自己,还有你的他(她)。爱情很美好,亘古至今,每一个人都沉醉其中,但是对于现在的我们来说,最需要的是——不要惊动爱情,等它自发产生!相信自己,会在最好的时候,遇见最好的人。

8.4　信任

"爱情"这个话题,对每个人来说都不是陌生的话题,从小时候的完全不懂到稍大一点的脸红心跳再到现在的坦荡面对,这是一个过程,也是成长中的必经之路。

每一个阶段的爱情对人生都是宝贵的经验。初中,是对"爱情"这个词懵懂并充满着好奇的阶段。每个人都在自己的心里埋着一个有着或多或少好感的人,我也不例外。但是,可以说,那是一场失败的感情经历,几乎天天在泪水中度过。不过同时收获也不小,明白了很多本该再大一些才应该明白的道理,或许,早懂,比晚懂要好很多。爱情,并不是校园小说:你喜欢的那个人刚好喜欢自己,并且体贴又温柔。毕竟我们不是小说里的人物,所以需要现实些。活在当下,做好每天该做的事,停留在幻想中是永远无法前进的。同时,爱情并不等于强制,不是说你喜欢或爱一个人,那个人就必须抱有同样的想法。虽说在爱情面前大家都变成傻子,但也请记住,别傻到忽略那些自己本来就懂的道理并深陷其中。为何不跳出来,用旁观者的眼睛看看自己迷惑许久的事呢?

接下来还经历了不少的事,也遇到过各种不同的人。但我知道,他们都不是对眼的人。生命的列车是向前行驶的，那些中途下车的人，就请随着车窗外的风景一起划过吧。直到遇到了他。初识，他不是很外向，对于我，也是小心翼翼。这对于我这种喜欢小说中有点帅、有点小坏的人物的人无疑是一个无法忍受的点，甚至常常因这种性格而觉得他对待爱情只是随意的态度，完全没有我对他的感情这般认真。他的爱没有我的爱多，但是我却愿意给他这个机会，因为觉得他没有很闷。可能是刚交往不太放得开。后来发现，他其实很开朗、幽默，我庆幸自己当初的选择，同时也明白，在这个过程中，我的性格同样也使他改变了很多。从一开始脸红心跳到现在有什么说什么，彼此之间就像天天见的家人般自然。

两人之间信任是互相的，你的信任同样可以换来他的信任。即使相隔两地，也未曾改变对彼此的信任。给对方属于自己的空间，这是彼此之间应有的尊重，给予他呼吸的距离并不代表不爱他，反而是爱才应该这样做，即使吵架也绝不提分手，分手不是用来威胁的武器，请别时时挂在嘴边。以往的矛盾别总是提起，既是过去，就别让它变成新的矛盾。爱是相互的，谁也不欠谁，也没有谁为谁做什么事是理所应当的，记住，他愿意为你做，是因为他爱你。

第九章　顺其自然的生活哲学

终于写到我最受用的森田疗法了。先问一个问题：假如很不幸你被当成精神病逮进了精神病院，你有什么办法证明自己是正常人呢？

或许你会认为这个问题不太正常，正常人还需要证明么？先试试看，你会怎么证明呢？请想好你的答案再往下看。下面分享一个小故事：一名叫格雷·贝克的记者去意大利采访了三个特殊的人物。

事情是这样的：一名负责运送精神病人的司机因为疏忽，中途让三名患者逃掉了。为了不至于丢掉工作，他把车开到一个巴士站，许诺可以免费搭车。最后，他把乘客中的三个人充作患者送进了医院。格雷·贝克关心的不是这个故事，他想了解的是，这三个人是通过什么方式证明自己没病，从而成功走出精神病院的。

下面是他对甲的采访：

格：当你被关进精神病院时，你想了哪些办法来解救自己？

甲：我想，要想走出去，首先得证明自己没有精神病。

格：你是怎样证明的？

甲：我说："地球是圆的"，这句话是真理。我想，讲真理的人总不会被当成是精神病吧！

格：最后你成功了吗？

甲：没有。当我第14次说这句话的时候，护理人员就在我屁股上注射了一针。

下面是对乙的采访：

格：你是怎么走出精神病院的？

乙：我和甲是被丙救出来的。他成功走出精神病院并报了警。

格：当时，你是否想过办法逃出去呢？

乙：是的，我告诉他们我是社会学家。我说我知道美国前总统是克林顿，英国前首相是布莱尔。当我说到南太平洋各岛国领袖的名字时，他们就给我打了一针。我就再也不敢讲下去了！

格：那丙是怎样把你们救出去的？

乙：他进来之后，什么话也不说。该吃饭的时候吃饭，该睡觉的时候睡觉。当医护人员给他刮脸的时候，他会对他们说谢谢。第28天的时候，他们就让他出院了。

格雷·贝克在评论里发表了这样的感慨：一个正常人想证明自己的正常，是非常困难的。也许只有不试图去证明的人，才称得上是一个正常人。

这个故事很好地诠释了这一章要和大家分享的森田疗法的核心理念——顺其自然，为所当为。在读研究生的时候，我经常跑去曲伟杰心理学校听曲老师讲森田疗法，他可以用很多小故事轻松地把森田的理念讲清楚。仅仅是这些小故事,也会让人有豁然开朗的感觉。不知不觉 10 年过去了,我也早已把森田疗法当作自己的生活理念了。而在学期结束同学的分享作业中,经常会看到森田疗法带给同学们的启示,不得不让我对这个看似简单的方法刮目相看。

一、森田疗法的概况

心理学的疗法很少有用创始人的名字命名的,森田疗法算一个,其由日本精神医学专家森田正马先生于 1921 年创立。只是听听森田正马先生创立森田疗法的故事,就让我很受启发。森田先生的成长一直受到各种疾病的困扰:10 岁左右的时候,在村里的真言宗寺和金刚寺的持佛堂看到两幅地狱图,此后时常受恐怖的袭击,被失眠、梦魇所困扰,然而这只是噩梦的开始,随后各种疾病又给他造成了很大的困扰。一直到 12 岁左右还有夜尿症;16、17 岁得了头痛病;18 岁时患麻痹性脚气症。中学得过严重伤寒,在病情好转期的一天,因练骑自行车,当夜突发心悸,全身震颤,以后每年发作数次,多时一个月发作两三次,高中患神经质性腰痛。看到这一系列疾病的名字,就可以想象森田先生的痛苦了。虽然一直治疗,却一直疾病缠身,为此森田先生立志学医。在他如愿以偿地读了医科大学之后,一次意外的经历让他创立了森田疗法,也开始转向精神医学的研究和治疗。

森田的父亲是一名小学教师,对森田的管理和教育十分严厉,使得森田养成了谨小慎微、追求完美的个性。母亲是普通的家庭主妇,生活上的事情主要是母亲负责。在读大学期间,有一次母亲忘记了给他寄生活费。森田异常痛苦,因为需要用钱治病,家里的生活费迟迟没有寄到,这让森田很绝望,认为父母可能放弃了自己。因为身体不好,在大学期间,虽然立志好好学习,却常常因为身体不适而力不从心。现在连父母都放弃了自己,因此绝望至极,森田的选择是既然没有钱治病,就不治了,将精力全部转移到学习上,全然不管身体的不适。这种“豁出去”的精神,让森田到了学期期末,意外取得了好成绩,也收到了母亲寄来的生活费,原来这段时间家里忙着养蚕,忘记了寄生活费给他。在惊喜于好成绩之余,森田突然想到,在这段全力学习期间,身体的不适也减轻了。是什么让自己的身体好转、症状消失了? 森田开始质疑自己的疾病,难道我有创造疾病的能力? 这段特殊的经历让他对疾病及治疗有了新的认识,提出了“不治而愈”的观点。

在医学上我们常说功能性疾病和器质性疾病。器质性疾病可以找到具体的病因,而功能性疾病找不到实质的病变,却存在症状。以头疼为例,器质性头疼可能是血压升高、脑部肿瘤、血管供血不足等原因造成的;而功能性头疼,体格检查不能发现异常。森田疗法中“用神经质症来解释”更多针对的是功能性疾病,或者说因为心理因素导致的躯体症状或主观感受。

二、森田疗法的基本理念

1. 神经质症性格特征

森田疗法是森田基于对神经衰弱等神经本质的特殊看法提出的,表现为患者存在某些症状,因而主观感觉到这种症状对于正常生活造成的不良影响,因此患者本人具有强烈的从症状中摆脱出来的欲望,并有积极努力克服症状的倾向。森田认为神经质症是主观问题,非客观产物,神经质症是疑病素质和由它引发的精神活动过程中的精神交互作用所致。

神经质症的性格特征是:具有极强的完善欲,主观要求过高;上进,不安于现状;比较理智,很少感情用事;容易内省,比一般人具有更敏锐的感受性;执着。在学习和咨询过程中,我发现越是优秀的学生,越是追求完美的学生,越容易出现神经质症的症状,如失眠、头疼、脑力减退、乏力、胃肠神经症、劣等感、不必要的忧虑、耳鸣、震颤、记忆力减退、注意力不集中等。

竭力掩饰自己身上的弱点与缺点,只将自己的长处展现在周围人的面前。其结果,必然在自己身上压上一副理应如此的自我防卫的精神重担。

——冈本常男

经常有同学在考试之前抱怨,我最近看书效率不高怎么办?最近上课开小差怎么办?怎样才能提高自己的学习效率?这些用森田成长经历中的"制造疾病"来形容再贴切不过了。因为越是到了考试之前,就越是希望学习效率高,此时就更加关注自己学习效率低的时候,因此给自己贴上了"效率下降"的标签。因为这个标签,让自己更加着急提高学习效率,进入恶性循环。

2. "生的欲望"与"死的恐怖"

生的欲望和死的恐怖是每个人内心都会有的两种力量。生的欲望具体含义是希望健康地生活,不生病;更好地活着,不被人轻视,能得到尊重;努力,希望获得幸福,希望向上发展。其可以理解为一切与生命积极意义相关的事件,与之相反的力量是"死的恐怖":害怕生病、死亡;怕失败,被别人瞧不起;生活的不幸福等。两种力量是成正比关系的,生的欲望越强烈,死的恐怖就会越强烈。越渴望成功,就越害怕失败;越关注健康,就越担心生病;越希望被他人尊重,就越在意他人对自己的看法。如同高考前考生焦虑程度增加,压力大到极点,结果总是考试失常。由于高考太重要了,太希望考好了,就会过于担心失败,焦虑程度上升。

3. 疑病素质论

疑病素质是指一种精神上的倾向性,即担心自己患病的精神上的倾向性。这样的人对自己的身心活动状态异常敏感,总是担心自己的身心健康。每个人都关心自己的健康,但如果过分担心自身状况,过分自我关注,便会形成疑病素质。例如,我咨询过的一个人,很害怕听到周围的人得什么疾病的消息,只要听到自己就要到医院做一下相关检查进行排除,平时生活也是异常担心自己的健康出问题。森田疗法认为疑病素质是神经症发生的基础,过分担心自身健康会产生消极作用。

4. 精神交互作用

精神交互作用是指某种感觉——偶尔引起对它的注意集中和指向,这种感觉就会变得敏锐起来,而这一敏锐的感觉又会越来越吸引注意并进一步巩固它。就像生活中两个人掰腕子比赛,或者是拔河比赛,一方加力,另一方就会更加用力,是相互较劲的过程。

核心是"关注"两个字,因为关注,使得问题存留下来。有一个故事,讲古代有一个人,留着非常漂亮的胡须,长过膝盖,人送雅号"美须翁"。国王听说以后,非常好奇,心想:男人的胡须会美成什么样?居然还有一个雅号。于是,国王召见了美须翁。见过之后果然惊叹,配得上这个雅号,在感叹之余,国王产生了一个疑问,就问:"美须翁,你这么长的胡子,晚上睡觉的时候,是放被子里边,还是放在被子外边?"美须翁听了,不知如何作答,因为他从来没有在意过这个问题。国王看到美须翁如此为难，就说："这个问题简单，你回去睡一觉，不就知道答案了。"可是，美须翁从此以后没有再睡好觉过，一会儿放在被子里面，觉得不舒服，应该放在外面；放到外面又觉得别人看见了有点奇怪，还是应该放在里面。

生活中也不乏这样的例子，关注过度会给自己带来困扰。曾经有一个来咨询睡眠问题的同学，她的叙述如下：我经常失眠，一到晚上我就要担心，今天晚上会不会睡不着？果然就睡不着了。有一次我和同学晚上打羽毛球，打得很累，回到寝室里躺在床上很想睡觉，实在不想动了。结果突然有一个想法冒出来："你怎么能睡觉，你不是一个失眠的人吗？"有了这个想法以后，马上就睡不着了。这位同学的叙述形象地说明了很多问题和自己的过度关注有关。

三、制造症状的原因

1. 自我中心

这里的自我中心，并不是指自私自利，而是指以自己的思想为参考点，认为自己所想就是他人所想，或者他人和自己的想法一致，代表性的口头语是"我觉得……，我认为……"

"我觉得大学的生活应该是很精彩的，但是我玩也没有玩好，学也没有学好，真是很失败，同学一定很看不起我。"

"我认为班级每一个同学都应该支持班级的集体活动，为什么有的同学不参加？我想不明白。"

有一个十分高大阳光的男同学过来咨询，坐在我的对面，第一句话是："老师，你看我。"我很好奇，让我看什么。他很疑惑地说："你没有发现我有什么不对吗？"在他的邀请下，我再次仔细看了看，没发现什么异常。他还是不相信："真没看出来？"在他相信我没有敷衍他之后，用手指了指自己额头："看这儿。"我才发现，有个青春痘。他非常沮丧地说："老师，如果长在其他地方还好，正好在额头上，我这么高，谁和我说话，一抬头就能看到我的青春痘，太难看了。弄得我这两天跟别人说话的时候，就喜欢捂住额头这里，人家又问我是不是发烧了，搞得这几天我都不愿意和别人说话了。"

过度追求完美的个性使自己容易看到自己的弱点，不但将自己的注意力集中在自己的弱点上，同时认为别人也是如此看待的，从而给自己戴上了精神的枷锁。

2. 自作多情

自作多情的含义是觉得自己是别人关注的焦点。我们学校的两个校区坐公交车只有一站路，有一个同学告诉我，老师，我从来没有坐过公交车去另一个校区，下雨天也不例外。如果能走路去的地方，我都会走路去，要不然就骑自行车。我不喜欢坐公交车，因为我在公交车上全身不自在，我觉得别人都在看着我。尤其有一次，一个老奶奶上车站在了我边上，我想让座给她，但是觉得大家都看着我，好像我故意做给别人看一样。所以，我干脆不坐公交车了，即便不得已坐上了，我基本都会选择站着。我给她的建议是让他在下一次坐公交车的时候去验证下，抬头看一看，到底有多少人看着他，我想大家能猜到答案会是怎样的。

另外一个同学的自作多情是关于走进教室时同学的目光。学校上课的大教室，多半是有两个门，以离讲台距离为参考，一个前门、一个后门。这位同学的问题是不能走前门，只能走后门,因为走前门,觉得走进教室的时候大家都在看自己。如果这个教室只有一个门,她会选择提前到教室,走进来的时候基本上没有几个同学。她很羡慕迟到的同学,也十分不理解迟到的同学怎么能做到在大家都看着的情况下走进教室。而对于她自己来说,这也是她从不迟到的主要原因。当她尝试在课间鼓起勇气走了一次前门,并抬头瞥了一下大家都在干什么之后,她就可以走前门了,原因是她发现大部分人都在低头看手机。

当我把这两个故事分享给我的一个学生时,他恍然大悟:"老师,上次我理好了头发,因为和以往不一样,我想新发型回到寝室总会被他们评价一翻,结果没有人提这事。第二天,我问了坐在我边上上课的同学我的发型怎么样? 他竟然感慨,你理发了? 当时伤心了好几天,真是无语。"看来生活中"自作多情"的现象还真不少,你有过吗?

3. 自以为是

如果仅是以自我为中心,或是自作多情,经过事实验证,通常可以修正自己的观点,但如果加上自以为是,那么修正起来就要难得多。自以为是是指认为自己所想的就等同于事实。

有一个同学咨询时很沮丧地说:"同学找我帮忙,我当时真的有很重要的事,所以没能帮他,但是我拒绝了他之后,我又很后悔,他一定觉得我这个人很不够朋友,这么点小忙都不帮。"

我:"是你的同学告诉你的吗? 他觉得你这个人很不够朋友?"

同学:"没有,我觉得他一定会这样想的。"

我:"那如果你是那个同学,你会觉得不够朋友吗?"

同学:"不会呀,因为他有重要的事情。"

我:"如果你不会,你怎么认为他会这样想呢?"

同学:"我是不会,但是我觉得他会这样想的。"

……

"我觉得",这三个字很多时候是我们的口头禅,也在提醒我们的自以为是。记得有一次备课《发展心理学》的内容,我事先设计了一下,讲到青少年期,刚好是我的学生所在的年龄阶段,所以我可以结合大家的情况来讲。等讲到中年期,学生的父母差不多刚好这个年龄,可以结合父母来讲。第二天上课,按备课如期进行,我问大家"谁在青少年期?"同学们果然回答"我们",讲课很顺利,结合大家的心理特点进行了互动。然后我继续问"那同学们,谁在中年期?"我没有得到预想的答案,同学们异口同声地说:"老师,你呀!"咳,那个当下的体验,除觉得自己老了以外,还深刻地体验到了我的自以为是,你永远不能料想到别人的想法会和自己如此不同。

如果用一句话概括以上三点特征就是"主观是粗暴的"。也可以理解为制造一切问题的原因和我们执着于相信自己的想法有关。当我们过于关注某些想法,并以此为事实的时候,烦恼随之而来。

四、顺其自然的生活哲学

森田疗法的核心只有 8 个字"顺其自然,为所当为"。记住这 8 个字很容易,但真正理解和做到很难。我经常会提醒自己,把这 8 个字当作一种生活的理念。虽然森田疗法被用于治疗神经症,但它的理论精髓,更适用于每一个健康的人更好地融入生活。下面谈一谈我对这 8 个字的理解。

1. 顺应情绪的自然

喜怒哀乐,人之常情。通常在遇到挫折的时候,正常的情绪反应是低落。如果遇到难过的事情,反应是不难过,反而是不正常了。但现实生活中,经常会有一个现象是我们不允许自己难过,希望自己很快调整好,马上回到好的状态。情绪像一条山形的曲线,一升一降。越是着急让自己调整好,就越容易停在情绪的低谷中。试想一下,在过去的经历中,你情绪最低落的时候是什么时候? 你会一直停留在这个状态里么? 在我们经历过的最黑暗的一段时间,回想起来似乎都会觉得看不到希望,但仔细想想,我们唯一做的调整或许就是不调整,慢慢情绪自然会好转起来。

我们都希望一直停留在山的顶峰,似乎只有开心的时候才是好的。所以我们的祝福通常是"祝你天天开心"。我常常开玩笑说,天天开心的人,我只在精神病院见过,就是躁狂的患者。至今还记得在实习的时候,一个重度躁狂的患者,住院治疗一段时间,情况好转很多,在出院前和我们病区主任商量:"郭主任,我知道我是重度躁狂患者,这是病态的。但是这种每天都开心的状态太好了,我想你能不能帮我留一点点,不要全治好了。"真是让人哭笑不得的要求,你是不是也第一次听到患者要求医生不要把自己的病全治好。

情绪是一个自然的过程,无论多么悲伤,不管多么烦恼,如果承受下来,悲伤与烦恼便会渐渐消失,接纳当下的情绪是第一步。接纳不是去除。我们的误区通常是让自己不好的情绪都消失。接纳情绪是指和你的情绪并存,和平共处。接纳情绪的过程最好不要通过指责他人的方式去宣泄,使别人成为自己情绪的替罪羊。情绪具有一定的传染性,你觉得呢? 如果周边的人情绪很差,板着脸,是不是你也很难开心起来? 有一个同学和我描述过一个场景:"我们寝室的×××,经常板着脸,我们都不知道她怎么了? 所以大家都要小心翼翼的,觉得像一个不定时的炸弹,随时有爆炸的可能。"看过一个小故事讲的是:你知道一个老板路上塞车和员工家的小狗被打有什么关系? 一个老板上班的路上因为塞车,谈一个合同迟到了,给对方留下了不靠谱的印象而合同告吹,因此老板很郁闷地回到办公室。恰好赶上他的员工来汇报工作,员工觉得自己很努力,很多任务完成得出色,可以得到表扬或奖励。然而老板心情不好,批评了员工。郁闷的员工一头雾水,回到家里和自己的妻子发脾气:"我这么辛苦的工作,你却把家里弄得乱糟糟的……"妻子也很委屈,忙碌一整天,莫名其妙被批评,只好对着孩子发火:"爸爸妈妈这么辛苦,都是为了你。你还不好好学习,看看你的作业都做成了什么样?"孩子是家里最弱势的,只能欺负家里的小狗了。虽然故事有夸张的成分,但可以让我们看到,通过指责的方式宣泄情绪,会让负性情绪越来越糟糕。因为周围的人都不开心,自己也很难在这样的环境中恢复心情。也不主张用回避的方式处理自己的情绪,我经常问同学们:"当你们不开心的时候,你们通常用什么方式让自己的情绪好起来?"不同专业、不同班级、不同年级,给出的答案却如此具有共同性——"睡觉",认为睡一下就好了。睡一下真的能好吗? 或许只是让自己暂时不去面对自己的情绪。也有同学回答说,当很难过时,我总是告诉自己忘记了就好了,然而发现忘不掉。忘记本身是一种提醒,在提醒自己记住,所以试图忘记,反而让自己记得更牢。

顺应情绪的自然,首先是接纳自己的情绪。集中注意力于负性情绪,情绪就会被强化。吵架之所以逐渐加剧,因为是持续施加了愤怒这一刺激。通常我们见到两个人吵架,都是你一言我一语,越吵越厉害。很少见到,一个人不回应,另外一个人越吵越厉害的情形。如果对方不回应，自己也觉得没趣。负性情绪也是一样，不那么努力地让自己的痛苦马上消失，也就是放弃了和痛苦吵架。

2. 顺应事物的客观规律

春有百花秋有月，

夏有凉风冬有雪。

若无闲事在心头，

便是人间好时节。

如果问你一年四季春夏秋冬，你最喜欢哪个季节？这个问题不难回答。只是这四个季节不会因为我们喜欢或不喜欢而改变。黑天白天，晴天下雨，天冷天热，这些都不能随我们的意愿而改变。来咨询过的一个同学说："老师，我最喜欢的天不是晴天也不是阴天。我最喜欢那种只下毛毛雨的天，这样可以走在外边，又不担心淋湿了，很惬意，可惜这样的天太少了"。

顺应事物的规律实际上是让我们去接纳不能改变的情况，不会因为我们不喜欢下雨而不下雨，但是我们可以带一把伞。

3. 顺应精神活动的规律，接受自己可能出现的各种想法和观念

"潜意识"这个词对于很多人来说已经不陌生了，精神分析理论将我们的意识分为三部分：意识、潜意识和前意识。意识是我们时刻能感知到的心理要素，例如，此刻你在看书。潜意识是指人的心理结构深层，即那些我们意识不到的，但却激发我们大多数的言语、情感和行为的原始冲动，最能了解潜意识的通道是梦。在梦里我们可以有很多稀奇古怪的想法，你可以变成任何形象，做任何不可思议的事情。前意识是介于潜意识和意识之间，包括所有当时意识不到但在某些情况下可以意识到的心理要素。了解了潜意识，是否可以对我们的稀奇古怪的想法有一些理解？你是否有过一些时候，有一些想法突然冒出来连自己都觉得很惊讶，觉得那不应该是自己的想法。举个例子，有一个同学来咨询：他在上数学课的时候，老师正在讲解一道习题，他突然冒出一个想法："我想到讲台上讲。"然后他被自己的这个想法吓到了，之后再上数学课就很紧张，担心自己万一控制不住，真的冲到了讲台上不就糟糕了，同学都会以为他是精神病，为此很苦恼。还有一个刚刚工作的人来咨询，她的单位在 17 楼，一次去饮水机接水，从窗外望去突然有一个想法"如果跳下去肯定摔死了"，之后再也不敢到窗边去了。由于没有办法去接水，于是想要自己从家里带水，又怕同事觉得奇怪，同事问起"怎么很少看到你喝水呢？"也一时语塞难以回答。

在精神活动的过程中，时常会有很多我们的意识不能理解的想法蹦出来，对待这些想法的最好办法就是接受它，因为没有办法完全消除，越是关注越是存在。如果我的手里拿着一个皮球，当我松手的时候，按照万有引力的定律，皮球一定会落在地上。之后呢？当然会弹起来。如果不去管这个皮球，最终它的结果一定会落在地上。但是，如果我们用手不停地拍球，它一定会越跳越欢，可能比落地的高度还要高。只要我们不停地拍球，球就不会停下来。这时候怎么应对呢？用"自在练习"的方法。自在，不是让自己自由自在，而是提醒自己正在干什么。比如刚刚提到的案例，那位同学在上课的时候，时刻在告诫自己不要冲到讲台上，其实应该告诉自己现在正在上课。也许你在想"有那么简单么？"很多时候真是有用，仅仅提示自己这个想法是正常的，关注于当下做的事情，就会对自己有很多调整。一个咨询了 10 次的男同学，一直担心自己的 800 米达标考试，因为以前没有达标过,但是大二下学期是最后一次了,大三就没有体育课了,一定要达标才行。但是在跑步的时候他会不由自主地担心,基本没有跑到 800 米,就觉得不行了。每次只差一点点,就是达标不了。在大二最后一次考试前一个月,让他开始提前练习跑 800 米,先不管自己的速度,把注意力放在脚上,"左脚右脚、左脚右脚……"一直这样数着,可以坚持跑下来了,到最后终于达标了。

如果你也有"拍皮球"的时候,请记住提醒自己。

4. 将情绪和行动分开,为所当为

当前流行一个词"拖延症",当学生抱怨自己有拖延症的时候,我觉得自己也有。提交成绩、上交教学文件、上传基金申请书等,看一下截止日期,不着急,等到快到规定日期才发现时间没有自己想象的那么宽松。有一次定了闹钟凌晨三点起来整理要上交的材料,那时心里就想明明可以早早弄好的,为什么一定要拖到最后?于是,好好地反思了一下自己,其实自己并不是所有的事情都拖延,喜欢做的事情,很早就做完了,比如写咨询记录、督导总结、案例报告等。但是不喜欢的,直接告诉自己再等等。看来还是让情绪做了自己的主人,之后做了一个调整,告诉自己,这件事情是不是必须要做的?是的。那就为所当为,也能很享受做好以后的那份轻松感。有一次在分享为所当为策略带给自己的启示和进步时,有一个同学很调皮地问:"老师,那是不是我早上不想起床上课,想睡觉,就在寝室里睡觉。我觉得那是我最该做的事情。"还没等我回答,边上的同学就反驳说:"那是为所欲为吧。"

为所当为,是指我们的角色内应该做的事情。即不去控制不可控制的事,控制可以控制的事,该做什么就马上去做,即使痛苦也要坚持。

五、森田疗法实施过程

虽然大家不是专业的心理咨询师,但还是有必要和大家交流一下森田疗法的实施过程。森田先生在创立森田疗法的时候,将森田疗法分为四个时期:绝对卧床期、轻作业期、重作业期、生活实践期,通常每一个时期一周时间,在具体的训练过程中可以根据每一个训练者的个体情况,做相应时间长度的调整。

(一)绝对卧床期

在绝对卧床期,除吃饭和上厕所,其他时间要保持绝对卧床。禁止谈话、阅读、写字、看书、看手机等一切活动,什么都不能干,只能躺在床上。在睡着的时间以外,体验者只能面对自己的内心,面对自己的焦虑。可能产生各种各样的想法,尤其是对自己症状的烦恼,可能会到达极点,从而陷入更加痛苦的状态。

试想一下,在这样的状态中,如果让你躺 7 天,你的感觉会怎么样?无聊,超级无聊。体验者会逐渐体验到痛苦,慢慢逐渐安静,最后迫切想起床干一些事情。如果你在生活中感觉很无聊,那一定是还没有无聊到极致,无聊到极致的表现就是有强烈的愿望想去做事情。在曲老师的心理学校学习时,绝对卧床期的结束的标志是看到体验者有强烈的自发动力想要做事情。时间最长的一位体验者竟然在卧床期躺了 33 天,是不是很让人惊讶!所以,每一个来做森田训练的体验者都被称之为"森田战士",能够完成这个训练绝非易事。我体验过内观训练,可以坚持 7 天,但让我去做森田训练,只是绝对卧床期估计 2 天就要起来了。

(二)轻作业期

轻作业期仍不允许体验者过多地与别人交谈，禁止外出、看书等，但是可以写日记，夜里规定卧床时间为七八个小时，白天则安排做些轻微的劳动，并逐渐放宽工作量的限制。此时期一开始患者对周围环境有一种清新的感觉，有一种"无罪释放"的愉快情绪，同时对劳动和行动越来越感兴趣，而对症状的感觉减轻。有一位"森田战士"在结束训练后一年，分享自己的训练体验时说："当我躺在床上，听到早上小鸟的叫声，早市上各种小摊主的叫卖声，想到自己为什么这么好的时光躺在这里？能起来生活的感觉多好"。这个体验的画面一直存在她的心里，每当为一些琐事而烦恼的时候，会给自己带来很大的慰藉。轻作业期结束的标志是"劳动的自发性"，是指体验者可以自发地找到可以做的事情，让自己可以在行动中体验工作的快乐。

(三)重作业期

在重作业期，让体验者努力工作，而不过问症状，劳动强度和工作量较轻作业期有所增加，通过劳动体验到完成工作之后的愉快，培养忍耐力。在重作业期可以读书，在工作和读书的过程中，逐渐消除完美主义的影响，将注意力从症状转移到外部世界而对症状置之不理。

森田先生在对患者进行住院治疗时，重作业期的工作任务是搬砖，让患者将砖从前院搬到后院，再从后院搬到前院。此刻你一定在想"这样做有意义吗？只是在浪费时间啊！"这也是重作业期训练的宗旨。很多时候，当我们太过功利地做事情，在做的过程中过分评估事情的意义性，忽略了很多有意义的事情是做了一些无意义的工作之后而获得的。中央电视台的主持人张泉灵在北京大学毕业典礼致辞中分享了自己的经历：在刚刚工作的时候，自己亲自去一线做普通记者的工作，做了很多有意义的事情，也做了很多明知没有意义但是还要做的事情。很多主持人觉得她没有必要这样做，坐在演播室里就好了。等大家都意识到前线记者对于一个主持人的重要性时，她已经积累了很多经验。

"凭啥让我做这个？""做这个有意义吗？"生活中这样的疑问不少见。因为人们都习惯于做当下觉得有意义的、回报与付出等同的事情。重作业期是训练人的意志力，以愉快地接受任务为结束的标志，不去更多地计较这个工作能给自己带来多少收益。很多体验者觉得没有必要做任何价值评价，排除了对工作的预先考虑和价值观，形成接受一切的思想。

(四)社会实践期

允许体验者外出进行复杂的实际生活，如果白天回原单位工作，晚上则必须回到训练场所。同时要求体验者坚持写训练日记，在工作和实践中进一步体验顺其自然的法则，为回归社会做好准备。

(五)森田战士日记

离开心理学校时，曲老师赠送一本《森田战士日记》，内容都是接受森田训练的战士所写的日记，这本书我看了好几遍，也经常借阅给同学们。每一次读，如同和一个个森田战士再次开启了训练之路。分享几个我印象深刻的日记结语，虽不是名人名言，却是每一位森田战士经过痛苦的训练体验而写。

(1)所谓人活着没有意义，就是自以为什么都懂了，都看透了，其实是对生活没有发现，因为生活是永远也发现不完的，只有对生活的不断发现才是生活的真正乐趣。

（2）不求好受，但求接受；不求完美，但求成长；不求坦途，但求生活的脚步不再停顿。

（3）我要让自己适应，不论自己面对的是嘲笑还是好奇。其实，在生活中，不应该太关注别人说了什么，而应该关注自己是否在做当为之事。

（4）上帝造就的每一个人，都给了他们各自不同的天赋。每个人都不一样，我们应当为自己的与众不同而感到庆幸。如果说自己某些方面需要改正，那也必须在接受自己的前提下方可做到。

（5）一天忙忙碌碌。到了晚上，虽然很疲乏，但很开心，再不像以前那样一到晚上就叹息：又是一天什么也没干，唉，明天的日子怎么打发呀。现在不再为整天没事做而发愁，过好今天，明天会更好。

（6）生活属于建设它的人，当为之事最重要。

学生应用案例

9.1　制造疾病

自从上次暑假和同学出去玩时出现了类似中暑的症状以后，我的身体开始变得很奇怪。先是总觉得看外面时眼前像蒙了一层薄雾一样，到了开学前几天就变得很想睡觉，头晕。开学一周后，一看书或电脑屏幕就觉得头晕。然后更多奇怪的症状出现了。有时我会觉得心跳突然加快，有时又觉得脚心发热，有时又觉得背部有块地方发麻，到了两三天以后的晚上几乎全身都发麻了，我害怕得不敢睡觉，打电话给父母，他们也担心得一夜没睡。开学的那几个月里，我每天都得吃很多药，几乎不学习，也不能玩电脑，因为两者都会使我头更晕。因为无所事事，这给了我更多的时间胡思乱想我究竟得了什么病。我做了脑电图、心电图、CT、磁共振，结果是没什么异常。后来的几个月里，我的病在不知不觉中好了起来，只剩下一点儿头晕，直到现在。

我从森田疗法中得到了启示。也许是我对自己病情的过度关注和担心才导致了各种奇怪症状的出现。也许就像那幅漫画上画的那样，是我对它们的关注在支撑着它们。我是水瓶座的，网上的星座分析说水瓶座的人有点神经质，而我上次做性格测试的结果又是思考型的。也许正是我对自己身体方面的不适太敏感了，而它又促使我进一步关注体验那些不适的感觉。

森田疗法是一种顺其自然、为所当为的心理治疗方法。顺其自然就是接受和服从事物运行的客观法则，接受各种症状的出现，正视消极体验，把心思放在应该去做的事情上。由于有时还会头晕，虽然只是一点点，但我总是想弄清我究竟怎么了，急切地想快点把它治好，我总觉得它影响了我正常的生活。但我发现，当我专心致志地学习、做事，或很开心地和同学们一起玩的时候，我似乎并没有感到头晕。也许就该顺其自然，做我想做的，做我该做的。现在我不再总想着我是否该再去医院看下医生之类的问题了，我决定要像我以前不头晕时那样正常地生活。此外，森田疗法顺其自然、为所当为的原则也使我懂得，在生活中，不管发生什么。都要接受它，正视它，努力做好现实生活中该做的事，那么那些杂念、不好的情绪就会在认真做事的过程中不知不觉地消失了，生活就会平静、美好。

9.2　享受失眠

我一直有这样的观念："失眠会导致学习效率降低，影响成绩。"在这种意识的影响下，失眠的我总觉得上课很困，很疲倦，不能专心致志听讲，不能像其他同学一样记住知识要点。于是一到晚上我就特别紧张，心里想着："今天晚上一定要睡个好觉，否则明天我又要比别人少获得许多知识。"于是我努力地睡，终于再一次失眠了。

我决心改变失眠对我产生的不良影响。失眠使我学习效率降低，那我就利用空闲时间补觉。于是周六、周日早晨我一直睡到自然醒，平时也利用午休时间午觉。我以为经常睡觉会成为习惯，晚上自然就会睡好，这样学习效率就会提高。但事与愿违，我晚上非但没睡好，甚至由原来的12点入眠，到后来的2点入眠。周一至周五上午的课效率极低，下午的课效率相对高些，因为有午觉的缓解。至于双休日，我也不觉得因在床上多躺了几个小时而精神抖擞。因为对于一个从小不爱睡懒觉、喜欢和太阳比早起的人，睡懒觉还挺折磨人的。我每次6点就醒了，然后就在床上干躺着，以为这样可以补充体力。实则不然，当我起床后，我老是感到头昏昏的。

其实，我一直有着一种错误思想，即"失眠会影响学习"。无论在白天或晚上看书时，刚开始时看不进，就归咎于睡眠不好，于是特别痛苦难受。而实际上，每个人在学习前都有一个进入的过程，有个"势垒"，越过这个"势垒"，就能集中注意力学习了，也便进入了一种较好的状态。如果一直坚持"失眠会使学习效率低下，看不进书"的观点，那么这个"势垒"必定过不了，那么自己真的就是看不进书，上课记不住知识点了。

我本着"顺应自然、为所当为"的态度，将睡眠和学习隔离开。睡不着就睡不着，有什么急的，我照常学习啊！于是在白天学习时，不去想昨晚没睡好觉，而是坚持自己的学习，不知不觉便进入了状态，而忘记了昨晚没睡好带来的烦恼与不快。现在，我上课与学习的效率变高了。

由此，不得不感慨，有时候我们的思想认识太过狭隘，视野不够开阔，过分地关注自我，以至于办事适得其反，南辕北辙。

森田疗法的核心理念是"顺应自然、为所当为"。所以，该睡的时候就睡，该起床的时候就起床。我没必要去故意睡懒觉。或许由于昨晚的睡眠时间少，次日会出现头晕乏力，不想活动的状况，但持续几天后反而会促发睡意，晚上睡眠质量反倒提高了。事实上，我也这样做了。确实，因周五晚上失眠，周六一清早起床，洗漱完毕后就懒得动弹，而且一整天精神不济。周六晚上继续失眠，周日依然是萎靡不振。但我始终坚持按时睡觉（闭上双眼平躺在床上），按时起床。坚持这样做之后，有一个星期日晚上我出乎意料地很早睡着了，次日起来，有一种前所未有的舒畅感觉，觉得浑身都充满着力量。

所以，在对待失眠问题上，我们应抱着"顺应自然"的态度。睡不着就睡不着吧。为睡不着烦恼是多么愚蠢啊，我们一生中已有三分之一的时间花在睡眠上，现在还要让它影响到我们的白天生活，多么不值。睡不着没关系，但是不能让它影响我的学习。虽然我学习起来比正常人会稍微吃力些，但总比整天为失眠抱怨、自责以至于一事无成强。

我们应以平静的心态，对待失眠、接受失眠，不去想它、不去管它，不把它当作我们的敌人。我们应接受失眠带来的忧愁、烦恼情绪，但同时我们要做我们本该做的事情，真正地做到"顺应自然、为所当为"。

在森田疗法的帮助下，我的失眠现象有了很大的改善。愿和我有着同样烦恼的人们，在学习了解了森田疗法后，都可以接受失眠，享受生活。

9.3　顺应情绪的自然

大多数人之于心理压力的第一个反应，就是追求一种"没有压力"的境界。这其实是一种不科学的、完全错误和脱离客观实际的理解。我们能最大限度做到的,就是减轻压力。从另一个侧面说,不要因为感觉自身有压力就产生心理负担,反而使心理压力越来越严重。

森田指出人的神经质症的表现为:内省力强,有反省心,做事认真负责,但其不好的一面就是常常把微小的弱点、缺点过分放大,导致自我苛求。其实,在日常生活中,对我们身边的事细细分析的话,这种人不少,甚至为数甚多。不过大多数人都是略带一些症状,外在表现不明显,甚至有时候这种神经质症的表现仅仅为一瞬而过的脑海中的一个念头、主意,并不被人所发现,所以本人自身也不会觉得异样。我也常常有一些微小的想法、事情发生在自己身上,以前也不能把其定义、命名为什么,现在才发现那是患上神经质症之前的正常人所常存的正常现象。比如,小学的时候,我记事刚开始的那个年龄段,突然有一天老师在前面讲课,听课到一半的时候,我脑海里突然闪出一个怪念头:"有一股冲动想冲上前去把老师推下讲台然后对她扮个鬼脸。"当时还幼小也不能自我解释什么,只是被自己这么突然冒出的怪念头吓了一跳,并暗暗自责上课不注意听讲、开小差。后来上了高中到了寄宿的学校,我就情不自禁地回想刚刚离家的时候有没有锁门。越想越乱,后来干脆脑子一片混沌什么也想不起来,就觉得自己没锁门,恨不得跳下汽车回家把门锁了。现在用"强迫症"来形容就行得通了。我走在桥上有时候往桥下看的时候就会有股要把手里的手机丢河里的冲动,不过现在学了森田疗法,就能解释自己的行为了,于是就坦然了,所以我不再为自己的怪想法所困惑,当然也就没有心理负担了。不过,压力肯定是存在的,这是毋庸置疑的,只是我用平和的心态、科学的方法化解了。这就是"森田疗法"所谓的"不治而治""为所当为"吧!所以,我们一定要对自身任其自然,当人们要抑制必然出现的心理现象时,结果往往是失败。这就是"不追求好感觉""不拒绝坏感觉""不挽留好感觉""不掩饰坏感觉"。因此,针对日常生活中人们必然出现的一系列心理现象时,就采用如下适当的发泄方式:不责备,不逃避现实,不遗忘,也不委曲求全。

9.4　顺其自然

举个例子,你将要参加一个重要的考试,这时你会感到焦虑和紧张,其实这是非常正常的心理反应,如果不去管你的情绪,它很快就会消失,或转化为你学习的动力;而倘若你认为自己不应该紧张或焦虑,那么你就违背了情绪的"自然规律",紧张、焦虑就会越来越严重。

我要作一个比较正式的发言,发言前将一篇五百字的英文演讲稿背出来并不是一件难事,最紧张的莫过于在大家面前大声地讲出来。我担心我万一忘词了怎么办?口语发音不好怎么办?发言前脑子一片空白怎么办?现在想起来,有点庸人自扰了,我发现我发挥得不错,我发言完走下来,看到同学竖起大拇指对我微笑,我知道我没让大家失望,我并不为之前的紧张而感到羞愧,就算再重演一次历史,我还是会紧张,会忐忑。但这次的成功会为下一次的演出奠定自信的基础。紧张并没有什么,我紧张时的小动作是膝盖会有规律地晃动,而我周围一位优秀的同学的表现则是身体微微左右摇摆。所以,我觉得如果还有下次机会,我会抓住它,不会因为自己的胆怯而拒绝,我决定给自己更多的锻炼机会。虽然我对自己的演出感到不是很满意,觉得自己的形象、吐字、语速有些问题,但其实在同学的眼中,我表现得很棒。听到这样的评价很开心,也坚定了自己的信心。

9.5　顺自己的自然，为自己所当为

顺其自然地认识情感活动的规律，接受不安等令人厌恶的情感。

就我自己来说，我经常会不明原因地心情抑郁，不想讲话，爸妈就很不了解我这种突然变化的原因，就不断地探寻我郁闷的根源，因为平时我在家是话很多的，而突然地不讲话难免会引起他们的种种猜想，但这些情感连我自己都搞不清楚，他们又怎会明白。所以，他们的关心和安慰又加剧了我的烦恼。就算现在，我也会时不时地心情不好，曾经我一度以为自己有病，怎么莫名其妙的心情就不好了呢。但听了老师讲了森田疗法之后，我决定不再纠结。情感活动自己有其自身的规律，是不以人的意志为转移的，要顺应情感的自然发生，听任情感的自然发展，如果反其道而行之，总是对自身出现的不安、苦恼或是烦躁等这些人人都会有的情感极其反感和恐惧，总想压抑、回避或消除这些情感，结果就会使自己陷入神经质症的漩涡。现在，我只要一有抑郁的情感，就采取忽视的态度，不予理会，后来也就觉得没什么了，只是不定期会出现一些心理波动而已。

顺应自然地认识精神活动规律，接受自身可能出现的各种想法和观念。

我觉得自己心胸非常狭隘且嫉妒心很强，当看到别人学业上取得好成绩，我不是应该为她高兴吗？可我就高兴不起来，为什么不是我呢？她学习成绩怎么会这么好呢？我怎么就做不到呢？这些问题缠绕着我，有时候还会有邪念出现，真希望她突然感冒发烧考差了……过了之后，我就为自己这种恶毒的想法感到害怕和恐惧，无法理解自己怎会有这种想法。森田疗法就是要我们接受每个人都有可能存在的邪念、嫉妒、狭隘之心的事实，认识到不好的想法在头脑中闪现是精神活动中必然会出现的事情，是一个人靠理智和意志不能改变和决定的，但是否去做却是个人完全可以决定的，因此不必去对抗自己的想法，而需注意自己采取的行动。所以，现在我已不再害怕自己有那么奇怪的念头了，而那些由于精神活动而出现的想法和观点也采取顺应自然原则，现在想想：如果每天纠结于大家都会有的精神活动，那不是自寻烦恼嘛，根本没必要。所以，现在的我乐观了很多。

学习以顺其自然的态度不去控制控制不了的事，还要注意为所当为，去控制那些可以控制的事。努力去做应做之事，把注意力集中在行动上。也就是我们迫不得已，没办法一定要做的时候，我们也会去做自己不敢或不愿做的事。就像大一刚开始的时候，为了锻炼自己，我勇敢地报了学生会而且还是外联部，对我来说是较有挑战的，但当时我的想法就是豁出去了，又不会死。在面试之前我还动摇过，紧张得不得了，但意念强迫我一定要做，当时，面试出来后，我的双脚都在颤抖。只有尝试了才有意想不到的收获，我被录取了。学了森田疗法后，我勇敢地迈出了我打工的第一步，去一家店里求职，当时我和一个同学在门口徘徊犹豫了很久，但心里对打工的迫切愿望还是战胜了恐惧，我们进去了。顺利地交谈并留下我们的信息，现在虽然不知道结果，但是我们不会有遗憾，因为我们努力过。森田的为所当为疗法就是要求我们该做什么就马上去做，尽管害怕也要坚持，打破过去那种精神对行为束缚的模式。

9.6　鱼和熊掌不可兼得，不强求

进入大学以来，感觉人的压力突然变大了。在大学里要学会长期一个人生活，在适应不同的生活的时候总感觉不知所措，事情总是不顺利。学习变轻松了，每天一般只有四节课，课余生活很自由，我却开始不适应这种自由了。每天除了上课就是睡觉、打球，大家一起出去玩，晚自修就看看报纸，看看杂志，学习没一点压力。结果期中考微积分不及格。

我慢慢开始意识到问题严重,然后就开始看书,可是落下几个月的功课一下子真补不上来。最后一个月,每天图书馆,拼死拼活终于没有挂科,综合成绩差一点就能拿奖学金了。然后第二个学期一来,我从开学就一直保持学习的积极性,把更多的时间放在学习上。我一心想拿奖学金,所以在期末复习阶段我比上学期更努力。但是感觉比上学期压力却大了好几倍。上次复习考试的目标是不挂科,最后把老师讲的重点搞熟就行了,而这次是为了拿奖学金,必须全面复习才能考得好。那段时间很抓紧,每天早上八点就到自习教室,然后一直待到晚上九点回去,中间的休息时间就是两顿饭,用功程度比上高考了。那段时间最痛苦的是自己很敏感、很谨慎,生怕浪费时间,连多休息都觉得是浪费,有一点问题不懂就担心万一考到了做不来就完了。就这么精神高度集中地努力复习了一个月,我都快神经衰弱了。不过好在努力没白费,我如愿地拿到了奖学金。虽然是三等奖学金,不过总算对得起我那段"神经衰弱"的日子。可是拿奖学金也会上瘾的,拿了一次就想再拿,想拿更高的奖学金。所以,我现在的压力很大,由于现在课又多又难,想拿奖学金就必须更加努力,可有时候也喜欢玩,不愿去学习,玩了又觉得自己是在浪费时间。每天都是不停去玩,玩了又后悔,后悔过后又玩。一转眼就大二了,过两年就毕业,突然觉得自己过了一年多好像一事无成,心里就担心,发誓要努力,然后又做不到。又发誓,不断地发誓,就这样反反复复,过得很矛盾、很迷茫。这个问题一直在困扰我,直到森田疗法的出现,我慢慢懂得了要如何应对现在的困惑。我现在对学习有明确的目标和计划。上课认真听,课余时间多看书,把白天的大部分时间用在学习上。晚上做其他一些事,上网娱乐、休息,还有剩余时间就再学习一会。最近一段时间坚持这么做,慢慢地,虽然每天还是很忙,但不像之前过得那么迷茫了。有时玩得时间久了没时间看书,我就索性不看了,玩得更尽兴一点,然后第二天认真地完成前一天的学习任务。现在的我更懂得了顺其自然地对待事情的发展,不去强求,更不逼迫自己,自己的压力就小了很多,特别在学习上比以前更有效率了。

以前不用功学习的时候,都有很多的时间和大家一起玩。现在我把越来越多的时间放在学习和其他一些事情上,感觉和班里同学的接触也少了。以前的我很喜欢跟别人打交道,可这学期以来感觉自己都不太爱跟别人打交道了,每天都在寝室窝着,变得很低调。开始的时候自己也很困惑,觉得自己越来越喜欢独处了。现在我倒觉得自己把更多的时间放在学习和工作上,那和别人一起活动的时间自然会少,还是那句话,顺其自然,不去强求。自己决定的事就去做,努力去实现自己的目标和理想,其他的事要怎样发展,结果会怎样,自己不能也没有精力同时改变。这样想,听着有点自我,不过我相信这只是自我实现而必须要放弃的。鱼与熊掌不可兼得,想同时得到,会让人很累、很有压力。

9.7 关注

我不吃鸡蛋。记得上小学的时候,有一次放学回家,感觉头很痛,看到桌上有一个鸡蛋,我就非常高兴地吃了,然后就去睡觉。醒来的时候,发现吐了一床,此后,我就再也不敢碰鸡蛋了。只要闻到鸡蛋的味道就很不舒服,因此每当看到别人吃的时候我就会自动走到一旁,并觉得自己对鸡蛋是过敏的。到了大学之后,发现菜里多多少少都会有鸡蛋,很是郁闷。上课学习到森田疗法后,它让我做了一个决定:我要吃鸡蛋。大不了是吐几次或者过敏。于是,我逼着自己去吃蛋炒饭。看着那一盘蛋炒饭觉得鸡蛋特别多,于是我捏着鼻子,吃了几口饭。看到那些比较大块的鸡蛋,我还是会不自觉地把它们夹到一旁。还没走出食堂就有种想吐的感觉。接下来的一上午,我会频频想起我吃了鸡蛋,并感觉胃很难受，而且让周围的人时不时地帮我看看是否有过敏的症状。接下来的几天，我的胃一直在罢工，因此我也没再吃。等觉得胃不再罢工时，我再次吃了蛋炒饭。吃完后，同样觉得难受，但难受的时间明显减短，我想应该是和我没怎么去想有关。一再如此，到现在我可以每天吃蛋炒饭并且不觉得难受了。

9.8　存在就是合理的

高中的时候，我的同桌是一个很可爱的小女生，会让我不由自主地把她当成小妹妹，因此我俩的关系一直不错。那段时间像栀子花般美好地盛开在我的回忆中。高三，一个让人既向往又害怕的名词。高三的课业很繁重，每天都有考不完的试，做不完的作业，气氛压抑得使人窒息。终于在某一天，我突然很讨厌同桌，讨厌她张着很无辜的大眼睛直直地盯着我，让我反感到了极点。而且每次做完作业，她一定要问我拿作业和她校对，这时我都有一种吼她的冲动，为什么每次都要拿我的作业，可是最终我都忍了。也许是最近学习压力大吧，我这样安慰自己。

事实并非如此，从那以后，讨厌她的感觉不但没有下降，反而愈演愈烈，甚至看到她、听到她说的一句话都会让我反感。明明知道这样的情绪是不对的，可是完全控制不住自己。开始只是不和她讲话，坐在座位上时也是侧着身，连余光都不想瞥到她。到最后不得不换了座位，这也是我平生第一次主动要求换座位。换了座位并不能减轻我的这种情绪，从那以后我发现我自己是多么敏感，甚至有点神经质。这种情绪一直持续到高考。

存在的就是合理的，我们要学会接纳自己，不管是好的部分还是坏的部分，顺其自然，不要刻意去关注一些你不喜欢的事物，否则结果就是让自己更加深陷这种负面情绪中，最终影响日常的学习和工作。讨厌一个人是很累的，因为你每时每刻都会去关注她的一举一动，我现在都没想明白当时学业那么紧张，我怎么还会有闲工夫去讨厌别人。

认识到自己内心的想法，我就试着和同桌有了联系，那天发 QQ 给她，她回给我的是：啊，原来是你呀，我好高兴你能和我讲话呢。看到她的回复我挺内疚的，同桌没有因为我的冷淡而疏远了我，幸好我没有因为我的敏感而失去了一位好朋友。

9.9　我叫不紧张

唯一让我打不开心结的是高二那次身体检查。记得那天我走到半路发现自己没有体检表格。于是连忙跑回教室去拿，等我到体检地方的时候已是气喘吁吁。说来也不巧，我先去检查心跳脉搏，结果 91 次/分，那医生对另一个医生说，这人心跳好快有问题，又转过来问我，你怎么心跳那么快？我说我刚跑回来。那医生就叫人查了我以前的检查记录这才完事。但我久久不能从那事中摆脱出来。平时都是正常的，心情很平静。但每一次体检，心里就会不由自主地紧张起来，甚至连听到要突然考试都紧张。其实，我心里很清楚地知道，我的心脏根本就没问题。因为我曾多次在我完全放松的状态下测试我的心跳数，每分钟只有 70 次左右。随着时间的流逝，我对于体检的反应好多了，当时会那样，完全是因为我太在乎那件事了。

当初我站在讲台上讲话时，我会十分紧张，手脚发抖，甚至讲话会舌头打结。事实上，从未上台前，我就已十分焦急了。因为我在乎，怕在同学面前丢脸，怕讲错了。那是因为我没有抱着一颗平常心对待，没有摆正心态。现在想想，何不把紧张看作是一种自然而然的现象呢？在某一种情境下，每个人多多少少都会存在有一定的紧张，重要的是不要把那份紧张扩大。再想想史上的伟人，如拿破仑、丘吉尔都有过强烈的焦虑体验。在上个月的模拟面试中,刚坐下的时候我就又体会到我上讲台时的那种焦虑的感觉,心里想着上讲台时的那种紧张氛围,结果心跳加速,于是,我努力让自己做了一两分钟的深呼吸,不去想那些事,结果紧张的情绪也就随着面试的展开而自然消失了。那是我感觉最好的一次,虽然有问题回答不上来,但我觉得并不丢脸。因为我发现如果我以一颗平常心去对待一件事,我也可以如此不紧张。

9.10   放弃敏感

曾经几次都想去心理咨询室做下咨询,可每次都以"我应该还没有到做心理咨询的程度"的借口打消了这个念头。

学习之前,神经质症在我看来是一种精神疾病。神经质症的性格特征可以概括为:①内向、内省、理智、追求完美;②感情抑制性,很少感情用事;③比一般人敏感,爱担心;④好强、上进、不安于现状,容易内心冲突;⑤执着,固执,具有坚持性。当我初次看到这些性质特征时,着实惊讶了,怎么好像每个特征都是描述我的。还好老师说了,这些是健康人都会出现的心理现象。

我觉得"顺其自然"这个词说得非常好,不过,我发现我以前对这个词了解不够深或不准确。"顺其自然"不是"任其自然",不是对自己的问题不加控制,而是"不去控制不可以控制的事,控制可以控制的事"。比如,我本身就是不善社交的人,性格内向,很自然的,我和陌生人说话的时候会感到紧张和不自在,如果我拼命想掩饰紧张,效果往往会适得其反。从我自己上讲台发言总结经验,之前因为紧张,发言时语速常常会很快,想让自己不紧张,语速却越来越快,导致自己越来越紧张;然而,在一次发言时,当我发现自己语速太快时,我就对自己说:"慢慢讲,就像平时讲话一样,把每个字都说清楚。"此时,语速放慢了,我也渐渐没那么紧张了。

为了能让"顺其自然"对问题产生效果,就得结合"为所当为"。也就是说,在"顺其自然"的同时,你得把自己的注意力放在客观的现实中,该工作就去工作,该学习就去学习,该聊天就去聊天,做自己应该去做的事情。我这人就是太会胡思乱想了,常常会为一些小事苦恼很久。

记忆中,我在上初中的时候就对疾病特别敏感,可能是电视剧看多了。有一次,可能是因为身子有些累,导致眼睛上比较酸痛,我就一直疑心自己眼睛里长了肿瘤之类的东西。去医院检查,其实一点事都没有,只是自己多想了。如此一来,放心之后眼睛的不适感症状也逐渐消失了。人真的应该"活在当下",努力去做好现实生活中我们该去做的事情。那么,那些杂念、情绪就会在认真做事的过程中不知不觉消失了。

"过好今天,明天就会更好!"

9.11   森田疗法在人际关系中的运用

人际关系无疑是一门很重要的学科,我觉得用顺应自然的观点去处理人际关系便会收到意想不到的效果。

第一,要承认"真实的自我"。建立良好的人际关系的根本在于首先承认"真实的自我",并将它展示在众人的面前。这一点,看上去似乎很容易,若要付之行动,却是相当困难的。因为我们现在的年纪是最敏感的时期,最怕在人前丢脸蒙羞,总是希望将自己最好的一面展示在大家面前,想获得大家的认可,却往往忘记了只有真实的自己才是最真最美的自己。也就是说,就自己的理想而言,渴望自己当个好人,但往往与自己主观愿望相违背,反倒成了坏人。也许在别人看来,真是因为你的这一点不足才显得可爱、特别。只要做最真实的自己,拥有一颗赤诚的心,就没有人会排斥你的。我高中学的是理科,对历史知之甚少。有一次卧谈的时候正好聊到历代的皇帝,便闹了个大笑话。将康熙、雍正、乾隆的关系完全颠倒,当初是一时意气,证明自己也是懂的,不想被她们小看,却未曾料到会弄巧成拙。这个笑话还让她们笑了很久,以至于以后偶尔想到也会笑上许久。可恰恰是这样的自己却让她们觉得可爱与好玩,关系反而更加亲近了。这也让我明白了我就是这样一个人。只有真实的自己才能与同样真实的她们成为朋友。

第二,不要争辩与抱怨。因为我的性格比较好强,所以总不能老老实实地承认自己的过错,而自己始终没有意识到这一点,总会与人争辩一下,现在想来也未免太过幼稚了点。

森田疗法教我们一切顺其自然。朋友之间有分歧是正常的,正因为大家的想法各不相同,才会有在一起学习取长补短的需要。所以有了争议不要太强势地去争辩,去抱怨别人不懂得自己,听从下别人的意见也是受益匪浅的事。

9.12　为所当为

在众多疗法和准则中,我还是喜欢行动为准则。"与其想,不如做",想想从小到大,我们说了多少句:"如果我学,我也能学得很好。""那个证书,有时我很想考下来,但是我没有信心。"无论结果如何,对于期待达到的目标,有时只停留在构想,有时甚至没有一丁点行动。森田疗法以行动为准则,告诉我们:"不仅用脑筋去理解,重要的是通过实践行动去理解,只是思考,什么也不会产生,要行动,不断做出成绩,要通过亲身体验去理解。"光说不练怎么会有实质性的进展呢?

于是,我知道了"行动"才是解决一切问题的方法。从小事做起,让自己在课堂上专心,并积极回应老师。我一开始也不知道所谓"行动"要具体做什么,只能想到从"上课做到最大限度专心"开始。而后,在一个心理讲座上,我发觉有的讲座对自身修为是很有益的,便有选择地积极去听讲座。我从原来上课从来不举手,变得积极回答问题来证明自己是可以的。对考试的态度也有所转变,以前只想着过了就行,现在会想要了解老师传授的知识。我会想要把每一天过得很充实(如听讲座,去图书馆,偶尔晴天骑自行车在学院转转),我发现以前想追求的东西,一直没有足够的行动。而现在行动了,却不在意,或淡化追求那些东西了,直到最近,在和团支书聊天的时候,他不经意地了说了句:"我觉得你这学期很努力啊!"他不经意间的一句话,却对我有着极大的鼓舞,让我知道,森田疗法的以行动为准则对我是有效的!

我积极的"行动"是为了能有一个"为所当为"的心态生活。

9.13　自我为中心

我是一个有点偏内向的人,但是和我很熟悉的人,我又会玩得很开心,比如同班同学不会和他们特别亲近,有时候会找不到话题,但是和我们的寝室的就可以无话不谈,在他们面前,我想说就说,想唱就唱。曾经,我很美慕那些和谁都玩得很开心的人,也试图改变自己,和同学在一起努力找话题,可是我觉得不开心,就感觉不是在做自己。所以,我安慰自己,现在大学活动都是以寝室为单位,和别的同学不亲近是正常的。于是,我就把室友们看得很重,和他们在一起活动也越来越多,以至于我认为自己太迁就他们,为了和他们相处好,我总是不表露自己的想法,生怕和他们起了冲突,让他们讨厌我。曾经一度我每次回寝室都很紧张,因为每次我都很不喜欢看到他们在一起开心地讲话,就感觉忽略掉了我。那样我就很不开心。记得有一次，他们三个一起看电影，因为我去洗澡了，他们就在其中一个同学的电脑上看，因为看的是搞笑片，所以时不时传来他们哄笑的声音。然后，我也开了电脑，就一个人在那看别的电视，他们仍然是爆笑不断，我记得当时很生气，我都不知道自己看的是些什么，后来我忍不住说了一句："有这么好看吗?"他们还很开心地说："恩，很搞笑，你也看吧!"可是，我觉得很不开心，但当他们跟我说剧情时，我又很开心地笑了，把当时的生气忘得一干二净，有时我也觉得自己很奇怪。后来，我对自己这一状况有了新的认识，就是把他们看得太重。我现在清醒地认识到他们平常跟我在一起也很好的，有时候有一点点不开心也只是枝节，但是一起开心的时候是主干，是我心态不对，以为他们一起开心就是排挤我，其实不是。关键是心态问题，摆正就好。

9.14　顺应自己，为所当为

遇到状况，焦虑是最糟糕的，当对此产生焦虑时，就会对事情的经过产生过分担忧，会放大痛苦。顺其自然，应该是继续自己当下的状态。我的经验表明，当我允许自己继续这种状态时，这种状态往往短于自己的预料。还是用复习考试的例子，今天周二，下周六考试。现在我处于压力之下，并为自己迟迟不进行复习焦虑，如果一直为考试担心，那么我很可能陷入这种状态无法自拔，明天，后天……直到考试。如果我允许自己现在不复习，而是尽自己所想的去玩几天。那么很可能的是我彻底放松地玩一天就够了，明天就不想玩了，想干点正事了，那么很自然地，考试就进入了我的时间安排，我就会去复习了。

当焦虑时，就顺从自己，不强迫自己，因为这时强迫只能加剧不好的状态，顺服自己，不管问题和压力的存在，就会获得一种新的状态，而这种新的状态有助于局面的扭转。

9.15　我该干吗

一直以来，我总觉得自己被压力压得喘不过气来，而这种压力不是别人给的，而是自己给的。由于条件关系，我不能完全照着森田疗法来做，因此，我结合自己的实际情况对其进行了改进：我把电脑交给别人保管，由于我原先除了上网就没什么事可干了，于是就只能一个人呆呆地躺着发呆，发一会呆还不错，但时间久了就受不了。因此，我难得一次跑出去瞎逛，发现也是挺有趣的。逛了一段时间，再回寝室，开始收拾自己长久以来没有打理的乱糟糟的位子，就这样一天过去了，这是我难得觉得充实的一天。

第二天，我继续思考该干吗。曾经，我从来不考虑这个问题，都是被动接受该做的事情，没事就对着电脑消遣时间，无趣但总觉得压力大而动不起来。现在，我只能想尽办法做事。

一个星期过去了，这是我活得最轻松的一段时间。我做着以前懒得做的事情，并快乐着。

9.16　关注越多，问题越大

前不久我生了一次大病，这学期还处于恢复时期，但医生说，我可以像正常人一样，想干什么就去干什么，甚至可以进行短时间的剧烈运动。但是，我心里似乎就有这道坎，很难跨越。我总是觉得我不可以进行剧烈的运动，我多么想打羽毛球，多么想在跑道上疯狂的运动。可是我不敢，每次都是停驻在篮球场边上看别人高兴地打篮球，甚至觉得自己没有属于这年轻时期的活力。总而言之，自己的心理压力很大，甚至晚上都不能安睡。

经过向心理咨询师的咨询，我了解到，其实关注越多，所关注的问题就扩大化。你的关注越支撑着该问题，问题越难解决。

试着接受自己，试着去打打球，把关注身体的注意力转移到其他方面上，如跑步时，告诉自己这是在跑步，身体不会怎么样。不断地把自己的注意力转移到其他方面上去。紧张时，尝试使用腹式呼吸法，来让自己平静下来。腹式呼吸法真的很好用，一方面使自己逐渐由焦虑转向平静、稳定，另一方面使我的注意力转移在呼吸上，慢慢不去想自己的身体。

礼拜天，我去打乒乓球，我一直提醒自己这和散步差不多，不是剧烈运动，紧张时就深呼吸，那天我真的做到了。我打了一个多小时，身体不但没有异样，反而因为这次运动使自己筋骨得到了舒展。感谢森田疗法。

9.17　接纳情绪

我是一位英语爱好者，我很希望自己在英语上可以有所突破，只要是有关于英语的，我都会非常认真地对待。在 12 月 4 日，我参加了英国剑桥商务英语考试。对于这个考试，我准备了好长时间，所以就强迫着自己一定要考出好成绩。在考试前两天，我就没休息好，心理负担特别重，焦虑、紧张，特别难受，逼迫着自己每一分每一秒都在学英语。由于心里紧张，书根本就看不进去了，就责怪自己为什么要紧张，强烈地要求自己不要紧张，但就是控制不住。在考试的前几个小时，心就一直在跳，但后来我翻开自己的笔记本时，看到森田疗法。慢慢地，我就想到了，考试紧张是我正常的心理反应，我如果不紧张才奇怪了，如果我再一味地要求自己不紧张，其效果会适得其反。后来，我就不去管自己的情绪了，顺其自然，告诉自己，它爱紧张就随它吧，反正我已经复习好了，没有问题的。就这样，我带着几分紧张进入考场了，因为有压力，所以我有动力，考试发挥得非常好。现在回过头来想，倘若当时自己一味地要违背"自然规律"，焦虑、紧张会越来越严重，结果就可想而知了……

9.18　畏惧挫折

我曾经不知道怎么回事，害怕成为别人的焦点，怕别人看我，更怕别人讨厌我。我感觉我做什么事的时候都有好多人看着，我怕别人看见我这样会议论纷纷，怕别人说我的坏话。听了"三自一折"后我明白，其实没有人会多么注意你，没有人会刻意地记住你的什么。从此以后，我知道了，我没有办法迎合所有人的意愿，也不是嫦娥、西施般的大美人，也不是能力出众、声音甜美的女生，我就是我。我刻意地不再去想别人眼中的我是什么样子的，我从容地出现在众人面前，才发现我很好，我可以做到。

其实我是一个很畏惧挫折的女生，从小在爸妈的精心呵护下成长，或许真的是因为独生女，爸妈从小不肯打，不敢骂，什么都给我，要什么有什么，从我在学校的时候，我才开始学着独立生活，学着洗衣服，学着把寝室认真地打扫，学着怎样把被子叠整齐。就这样，我克服困难快乐地度过了三年，现在的我大三了，想的事情开始变得很多，想到考研，想到就业。

我们永远处于中间层，有比我们更幸福的，肯定还有比我们更不幸的。

9.19　神经质症性格

我觉得自己有时候很神经质，寝室一个人时，会去阳台看看四周，由于有一点轻微恐高，从阳台往下看，我就会觉得头昏，四周一直在转，感觉自己会不小心就掉下去了。有时候自己会突发奇想，自己会不会一时想不开或是得抑郁症而跳楼了呢。有好一段时间，自己总是莫名其妙地想这些，那时还真的怕自己得妄想症了。

　　我觉得在我身上体现的最明显的是疑病症。前几天突然看到一个病例的症状，刚好不久前，自己也发生了一些不舒服的情况。于是脑袋里就突然蹦出之前看到的那个疾病的症状，虽然不是绝症，但也是够严重的了，然后，我就感到非常之恐惧，怀疑自己染上这种病了。我以后要怎么办，是会被疼死吗？我的家人知道了是不是会非常痛苦，他们该怎么办？有了这些疑惑后，我就会一直关注自己的病情，开始胡思乱想。虽然我会时时关注这个病情，但我心里还是会时时对自己说：不要去想了，吃些药就好了，有什么了不起的，大不了就那样了，与其这么痛苦地想着，还不如好好过好每一天。然后，慢慢地，那些症状就慢慢消失。

　　人本身就会出现一些古怪，乱七八糟、不合情理的思想出现在自己的脑海，这种思想从有到无，我们必须学着去适应他们。

　　9.20　顺应自然

　　以前我一直是一个外向、开朗的人，周围的朋友都觉得我无忧无虑，没有烦恼，直到高中。我把高中的学习想得过于轻松，或者说，我轻视了。我身处重点中学重点班，却还用着以前不紧不慢的学习方法，身边的人看似悠闲，背地里却在拼命看书，我也全然不知。这场赛跑里，我在起点就落下了。到了高三，不知什么时候我已经开始感到吃力，成绩和排名一次比一次糟，班主任开始找我谈话，我开始害怕上课，害怕碰见老师。有一天，我在家里洗脸刷牙，看着镜子里的我，突然问自己：为什么此时此刻我在这里洗脸？我不能抑制自己在心里想这个问题，一遍又一遍，尽管这个问题看起来很愚蠢而且答案显而易见。更糟的是，我开始无法集中精力学习，我感到很疲倦但是停不下来。我很无助，不知道该做什么，我把一个无聊的问题可以想几千遍，直到累得不想动了。那种不好的情绪一直向沼泽一样使我深陷其中。我不能抑制自己哭泣，在别人看来，我有些不正常或者太情绪化了，他们也不知道我为什么在哭。

　　后来我接触到"森田疗法"，里面提到很多的状态我都曾经出现过。现在我压力大出现心理状况时，我会用到"森田疗法"的知识，比如接受不好的情绪，认识到它们不是人为控制的，它本身有一套从发生到消退的程序，你接受它，顺从它，它很快就会走完自己的程序而结束。反之则不然。如果我现在很焦躁或有不良情绪出现时，我会试着接受，而不是着急把它从我这里赶出去；然后集中心思做一件事情，什么都可以，当真的把心思用在别处，不良情绪自会慢慢消失。如果把我们的思想比作平静的湖水，而把向湖水里投石所引起的波纹比做情绪或杂念，那么怎样停止波纹的产生呢？当然是不去管它，不再投石。

　　9.21　实践让我告别自卑

　　说起以前的自己，非常的神经质，很多时候会把实际不存在的东西强加在自己身上。比如在路上会害怕看别人的眼睛，所以走路时总会低着头，这种行为会让别人觉得自己很猥琐、很无能。但每次鼓足勇气在路上走，稍微有些不对劲，似乎感觉有无数的目光笼罩着我，让我浑身不自在。不光这样，当别人从我身边走过，或当我看到一群人在一旁说话，就敏感地以为别人在议论自己，在说我的坏话，这时内心的自卑感就会油然而生。

　　在很小的时候，我患上了口吃，因此总害怕说话，害怕别人会笑话我。到后来就慢慢变得神经质。经过很长一段时间的摸索思考，我慢慢地发现这个问题的本质是从我的口吃问题上演变而来的，这时我采取了果断的措施，首先矫治口吃。我遇到了一位矫治口吃的名医，在他的帮助和我的自身努力下，我对矫治口吃充满了信心。老师时刻提醒：你必须承认，你现在在矫治口吃，必须要说慢，因为这是符合客观实际规律的。老师的教诲让我受益匪浅。与森田疗法中说要顺其自然是一样的意思。于是，在说话时我不再掩饰，一字一顿地跟别人说。在这个过程中，我惊喜地发现，只要心态摆正，没有什么好畏惧的。

除此之外，针对自己不敢看别人这个问题，我做了一番调查。首先，我试着盯着别人看，看看别人的眼神落在什么方位，结果令我大吃一惊。经调查，有85%向我走来的人看的都是别的地方，而且15%看我的人与我对视几秒钟后，眼神自动避开我的目光，这个结果让我又惊又喜，觉得自己真可笑，以前总觉得别人怎样，现在突然发觉是自己的心理在作怪。将积压了我十多年的包袱卸下了，心里异常激动。

为了验证这个结果的可靠性，我决定疯狂一把，到大庭广众下去朗读。原先我以为这样的行为肯定能成为学校的新闻，没准会因此成为新闻人物，但结果完全出乎我的意料——很少有人会多看我一眼。当时也有些奇怪，为什么这样别人都不看我？带着疑惑我找到朋友，向他们叙述了这个情况。回答竟是："你算哪根葱啊，这都能成为新闻人物？"从那一刻起走在路上，即使很多漂亮的女生朝我这儿看，我也不会像以前那样慌张地低下头，而是比较坦然地看着她们。

通过自己的亲身实践，我成功地摆脱了这些问题带来的困扰。当时不清楚自己用的是什么方法，听了老师的讲解，才意识到自己原来在不知不觉中已经用上了森田疗法。森田疗法注重顺其自然，让自己首先原原本本承认自己具有这种气质。通过实践，神经质者从受神经质症状所束缚的痛苦状态中解脱出来，心情感到无比的舒畅。

如今，回想起那个过程，感受良多，森田疗法最重要的理论思想——顺其自然，对现在的我帮助很大。如果说我知道了一件事的本质，知道这件事通过某种方法能完成，那么我一定会不断地克服这个困难，我想这也是森田疗法带给我的益处。

9.22　接受现实，丰富自己

从小学到高中，老师给我的座位往往都是第一排，因为我个子小，坐到后面会被别人挡住。但我坚信我长大后会跟我爸长得一样高，因为我爸也是在高中的时候才开始长高的。后来，虽然我长高了些，但也总是比同龄人矮一些。上了大学后，身体的纵向发展也基本停止了，但我还是不高，因此看到那些个子高大的男生总有一种羡慕和自卑的心理。当朋友们拿我的身高开玩笑的时候，我的内心都会有一丝痛楚，无法摆脱这种自卑的心理。也因为这种自卑的心理引发了一系列的小毛病，比如，当我发现一些人特别是陌生人向我投来一些目光的时候，我总会不自觉地去想他们是不是鄙视我个子小呢？在一些人多的场合尤其是陌生人多的场合，这种自卑心理总不自觉冒出来，使我本身开朗阳光的性格变得有些畏畏缩缩。

在寻求消除这种自卑心理的方法的同时，我一直不停地告诫自己，一定要看得起自己，但不要逃避现实。我想这就是森田减压法中的实现本位吧。比如，森田减压法中提到的"掰腕子"，你关注的越多，得到的负面消息越多，就像以前，很在乎自己的身高，对于身高会特别关注。对于周围的人我会不自觉地与他们的身高去对比，结果越关注越发现我个子矮的事实，自卑感越来越强烈，从而否定自己，也忽略了自己其他的优点。于是，我开始寻找自己的"金钥匙"即压力调节机制。我的方法就是去数自己的优点而不是只关注自己的身高，在我身高不高的现实本位基础上，我不断地告诫自己，不是只有身高才决定一个人是否成功，一些成功的人比如邓小平也不是很高，但他取得的成绩无人能敌，他是改革开放的总设计师,是国家的领导人。所以我要做的,不是对自己自怜自艾,而是要努力地丰富充实自己。

9.23　正常人都会有的情绪

我这个人有一个很大的问题就是嫉妒心有时候会很强,这可能与从前上学考试排名以及喜欢和别人比较有关。嫉妒心有时候让我十分困扰,因为我本身十分清楚,嫉妒心是一种不健康的心理状态,我要想办法去除。但有时候越想却越严重。了解到森田疗法后,我便觉得这种嫉妒心理的产生实在正常不过,我不用去管它。如果是某个方面做得不如别人好而产生嫉妒,那么我就努力去做好这方面,把注意力转移而不是在心里想。还有就是往往我们考试、学习遇到问题时,心里会失落不已,常深陷其中难以自拔,浪费了大量的时间。通过森田疗法的学习,我知道,考试考得不理想,学习遇到阻碍而心情抑郁是正常的,我首先应该去接受这样的事实,虽然我无法使自己的心情突然变得好起来,但是我可以去放松自己,去做一些使自己心情愉快的事。

9.24　痛苦也要坚持

在森田疗法中,我发现了一个很有意思的现象,大学里大家都会抱怨没有志同道合的朋友,自己内心的苦楚无法向朋友诉说。其实你有没有发现当你向朋友诉说的时候,描述得越细致就会越加深你对这个事情的看法,同时也加深了对这件事情的关注,使自己内心更加痛苦。现在,我开始对很多事情保持沉默的看法,很多时候我就自己思考。我已经开始变得不再有那么多的抱怨了,很多不开心的情绪会被后来沉重的学业或某事取代。

"控制可以控制的事情,不去控制不可控制的事情,该做的事情马上去做,痛苦也要坚持。"这句话对我的影响很大,我认为不去尝试,是不知道这件事能不能自己控制的,所以决定了就要马上去做。

9.25　担心是无效的,不如关注该做什么

上学期考试,我听到一个同学在咳嗽,而且是一个接一个。考完第一场之后,我就开玩笑地问他,但他却说没有。第二场考试又是这样,我感到很生气,不知道怎么往下答题。这场考试结束后,他告诉我确实是在咳嗽,但是已经习惯了,改不掉。就这样,接下来的每一场考试咳嗽声都分散着我的注意力,我心里就如一团火在燃烧,果然本次考试没有考好,这更让我担心今后的考试继续会这样。我在想考试时是否需要在耳朵里插棉球,但这会把所有的东西都隔绝起来,会不会更加不适应和紧张,而适得其反。这次心理减压课的一个故事启发了我,一个大力士碰到一块石头的问题,最终不去关注它而使事情圆满得到解决。这正是我的效仿之处,下次考试中,心无杂念,耳无外音,集中精力去答题,相信又可以得到理想的成绩了。

9.26　我的森田疗法与游戏

我在大学中碰到了很多心理问题,如人际交往问题、理想问题、学习问题等。最让我困扰的是学习问题。因为当时临近期末考试,别人都在抓紧时间复习,而我却始终静不下心来,心里总想着QQ游戏,自己逼自己不去想,结果适得其反,越是让自己不去想越是想玩,越是静不下心来。结果可想而知,考试没有考好,很不理想。放暑假了,我干脆什么都不想,不约束自己,一天到晚玩那个游戏,玩了几个星期,放假回来后再也不会去想玩那个游戏了,一心投入到自己的学习生活中去。但我觉得这种方法其实就是森田疗法,一切顺应自然。森田疗法中卧床休息,只躺着什么事都不干,为的是让自己睡个够,把烦心事都

想个够。这样才能在接下来的一段时间,不会去想这些烦心事,正如游戏玩个够,这样才会在以后不想玩。

9.27　伤心是可以消失的

我是一个完美主义者,至少是轻微的。

我曾经以为这些都只是我一个人所具有的特点,所以当听到老师讲解森田正马的观点时被深深吸引了,森田正马所提出的疑病素质的心理表现形式,我大部分都有,只是很轻微。

无论多么悲伤,无论多么苦恼,如果承受下来,悲伤和烦恼便会慢慢消失。因为我曾经总是喜怒无常,一到伤心的时候便是不说话闷着很难受,最后也莫名其妙地好了,原本想不通,现在明白了,伤心是可以慢慢消失的。

9.28　我爱脸红

我是一个比较内向、敏感型的人,所以我有点怯于在公众面前讲话,有时候表现上装淡定,心里却很慌,事后也会经常想我当时是不是说得很不好,别人可能取笑我。人有时候,难免出洋相,做出一些自己认为很丢脸的事,并且当时也被别人取笑了,但我总是会耿耿于怀,不断地回忆起来,想忘也忘不掉,过一段时间就会回忆起来,又会觉得很丢脸,很懊恼,认为别人会一直记得自己出丑的样子,我知道自己是"自以为是"了,其实别人早已忘了我出丑的样子,别人并没有我想象中的那么关注我,是我自作多情了。往往有些事情越想忘记,但不知不觉中,反而记得更牢了,如果不那么在意关注,自己就可以活得更轻松自在些。

从小就养成了习惯,上课老师提问,我一站起来就脸红,所以每次遇到在公共场合讲话,我总容易紧张,犹如上课轮流回答问题,知道快要轮到我回答问题时,我的心就狂跳不已。再比如下星期轮到我上台演讲,我一想起这件事就开始紧张,想着自己演讲时肯定特紧张,所以一星期都过得不自在,到了演讲时也就发挥得不那么好了。学习了心理减压,我知道,这也是因为我过分关注了,我一直想着自己那个时候会如何如何紧张,反而就发挥不好了。现在遇到这种情况,我不那么想了,上星期普通话口语考试,上台在全班面前朗诵一首诗,我告诉自己不就那么回事,都是熟人,而且自己也有了上台的经验,所以没什么好紧张的。由于我没那么关注,所以上台后我也就没那么紧张。这种心理调节方法确实对我起到了很大的作用。

9.29　自作多情,不如行动

我有个毛病,爱揪着自己过去的错事不放。常常会在想自己过去做了的错事,然后在那里懊悔,鄙视自己,再不断地把一件件错事翻出来,批斗自己,怎么会干这么蠢的事情,别人会怎么想我,在他们的印象中,我岂不是成了那样的人。我知道自我懊悔的根源在于过于介意别人对我的看法。但现在的我会告诉自己,你不要自作多情了,别人也许根本没在意这事,这所有的猜测都是你自以为是的想法。只有自己才会在意自己所做的每一件事。而且,就算别人在意了,你也无法改变什么,那么顺其自然吧。我知道,一下子扭转过来并不容易。

很多人都是思想上的巨人,实践的迟缓者。我有时也是,很多事拖着拖着就没了踪影。所以,理应做什么就马上去做。那天下午,从同学那里拿来吉他,他给我讲了2个小时的课,我说我回去好好练练。晚上在寝室就不想练习,觉得挺累,想明天再练。但转念想想,如果我每天给自己找这样的借口,那这吉他什么时候才能学会。今天晚上就应该练习。于是,拿出吉他,练着练着还是很开心的。

9.30　我的神经质证

其实说到神经质症,我个人有很深的感受。因为我是一个胆子不大的人,而且有事没事就喜欢瞎想,一点点事情都会联想到许多。有一次,让我记忆特别深的经历是这样的:一年夏天,我一个人在家,玩电脑吃水果,一不小心就吞下了一颗李子核。我当时很慌,而爸爸妈妈又正好都出差去了外地。于是我强迫自己镇定,然后一直喝水,希望能让那颗李子核赶紧流入胃里。可是隔了很久,总觉得这颗顽固的东西很调皮地卡在了我的食道里。于是问了我一些学医的同学,大家都告诉我胃蛋白酶会把核消化,然后排出体外,没事的。我相信了,便睡觉去了。可是到了第二天一早起床,总觉得不舒服,像是发烧的症状,而且胸口总觉得有东西卡住了,压到它就会很痛。于是我就不断地想,将之前看到过的各种情况代入我的症状之中,变得更加慌乱,总觉得这颗李子核一定卡在什么地方了。接着,又过了两天,状况丝毫没有好转的样子。虽然爸爸妈妈一直跟我强调一颗小果核出不了大问题的,可是我却固执地相信自己的感觉,无奈之下,只能到医院做了一系列的检查,全部正常我才放下心。说来也真搞笑,这结果一出来,原本出现在我身上的所有不舒服一下子全都不见了。我想这就是"神经质症"的一种吧。

9.31　忽略

在读书时,我头脑中会出现各种杂念,对读书造成了严重的干扰。我努力排除杂念,集中精神,但愈是如此,结果却愈适得其反,更是焦虑不安,使正常学习无法进行。比方说,当我在学习概率统计时,头脑中总是出现英语的内容,不得已只得先看英语,但拿起英语书之后又想起物理,结果物理的内容又干扰了学英语,最后忙忙乱乱,什么都没学好。由于注意力不集中,思维混乱,使学习无法进行。森田疗法让我明白了"杂念"也有自己的一套从发生到消失的过程。若我接受它存在,并知道他是毫无意义的"杂念",不理会它,那么它将不会影响我,很快就消失了。反之,我去注意它,试图去控制它、赶跑它,就会被束缚,出现压力过大的表现。要克服问题必须顺应自然,根本不用去管它,在后来几天内,当我再出现那种念头时,忽略它继续原来的进程,学习效率提高了不少。

9.32　关注

我记得老师说过这样的一句话:生活中切忌一个"盯"字。一旦我们盯上某件事或某样东西,那就会很麻烦。我前段时间就有过"盯上"某件东西的经历。

那天,我和室友一起去逛街,我看到了一件格子裙,很喜欢。以前就很想买一件格子裙,但总碰不上入眼的。好不容易这次找到一件让我满意的裙子,试穿后效果也不错,很想买,可是太贵了,觉得不合算,于是就没买。可是接下来的几天,我的心就一直系在那条裙子上收不回来了。总想着,哪天打折就好了,我就去把它买回来。有一天晚上,我甚至做梦梦见自己去买那条裙子,结果却卖完了。醒来后,我又开始思考要不干脆去买来算了。我觉得那几天,我的脑子里都是那条裙子。后来,我开始尽力去忽略它,找了别的东西转移注意力。慢慢地,开始淡忘那条裙子了,现在,我已经没有太大的欲望去买那条裙子了。我回忆了一下,发现其实它也没想象得那么好,只是在我"盯上"它的那几天,把它不断美化了而已。

9.33　顺其自然，为所当为

我的脸上长了些痘痘，起初我并不在意，觉得自己还是很快乐的，只是妈妈总是替我担心发愁。时间一长，我竟也有些自卑了，在人多的地方都不敢抬头。但当我认真理解顺其自然这四个字时，我有种恍然大悟的感觉。其实人的很多烦恼都是自找的，迈不过去的坎大多为自己心里的问题，就像森田疗法中介绍的，生活中我们越努力去克服自身的症状，就越会使自己内心冲突加重，苦恼更甚，症状也更加严重。这时候，我们不妨采取不在乎的态度，顺其自然，既来之则安之，接受症状，以一颗平常心来正确地看待自己。毕竟一些我们不希望的事情已经发生了，是由不得自己的，即使着急也是无济于事。

记得最近几个星期一直想在双休日找个兼职，但不巧的是，天公不作美，嘉兴连着两个双休日都下雨，上周好不容易不下雨了，又赶上五一放假，想回家看看爸爸妈妈，之前的每一次错过我心里都有些小小的抱怨，抱怨自己为什么那么倒霉，但后来我又想开了，我告诉自己，天气的好坏不是自己所能决定的，跟自己生气又何必呢？不如顺其自然，做一些其他自己想做的事。于是，赶紧到图书馆借了几本书，也算愉悦地度过了这个多雨的周末。我想很多心理的转变真的是那种顺其自然的思想慢慢地成为我的主导思想之一了，让我在面对很多事情时，起码比以前坦然得多，这也是室友发现后告诉我的，但个人觉得，很多人把顺其自然理解成放任自流，我觉得不对，顺其自然应该是在你尽了力的前提下面对问题的一种坦然的态度，我想这也是森田疗法中想要表达的顺其自然的含义吧。

"为所当为"这四个字也让我印象特别深刻。因为刚升入大学，我们就像是笼中之鸟得到了自由，但同时也感到了迷茫，每天好像都不知道要做些什么，也是从那节课后我觉得为所当为才是我们当代大学生应该做的，比如写完该写的作业，认真听完老师的课，管理好自己的时间等，而不是盲目地随波逐流，用游戏去虚度光阴，用逃课去享受睡觉。大学虽然自由，但做好自己的本分还是应当的。在生活中，我们如果做到了为所当为，也许四年后就会少留一些后悔和遗憾。

第十章 日常生活的心理压力调节 TIPS

我们的目标不是消灭压力,而是学会在压力中幸福生活。

在《当尼采哭泣》中有这样一句话:"所谓心理学就是用极其晦涩难懂的话,讲出尽人皆知的道理。"也就是说,我讲的这些方法大家或许都知道,我的作用更像是一个闹钟,提醒大家时刻调整自己。心理调节需要一个长期的过程,不用特别复杂的技术,不管哪个方法,哪怕一句话,你能记住,经常用来调整或是安慰自己就已经足够了。在这一章里,我想和大家分享一些小的调整方法,很简单,如果哪一个方法适合你,经常用就好了。哪怕只有一句话让你有启发,也是经常用就好了。

一、打理心情,不忘打理外形

我们常常强调心理强大的重要性,但也不要忽略了心身一体的观点,身体的外在表现对内心有着很重要的影响。请你现在做三个深呼吸,让自己的心情平静下来,接下来做一个表情,就是两侧的嘴角向上扬,做一个微笑的表情。此刻请你再体会一下自己的心情,会有一点不一样吗? 当你微笑的时候,平静的心情增加了一份愉悦。在一次培训的时候,遇到来自大庆的一位同行,因为是老乡自然亲近很多。聊到了她的表情,很自然的微笑,很有亲和力。她听了我的回馈笑得更开心了,告诉我以前自己一直是一个板着脸的人,几乎没有表情,有一次一个朋友告诉她"你笑起来很好看",于是自己就经常笑一笑,没想到这个小改变,让自己的人际关系好多了,很多人回馈自己很亲近,慢慢地微笑就变成了一种习惯。

表情会影响心情,那么穿着打扮会不会影响心情呢? 当我们穿一身运动服的时候,自然动作也透着很多的随意性。当我穿了一身职业装讲课的时候,自然内心变得庄严很多,行为举止也会受限,我们应该很少见到一个人穿了一身西装蹦蹦跳跳吧。在读大学的时候,新东方有一位老师来进行课程宣讲,讲了一个例句"You look pretty today!"她说对这句话印象非常深刻,是因为一个同事第一次对自己讲这句话的时候,自己觉得很开心,也尝试开始注意自己的着装、打扮。越来越多的同事给了自己正性的回馈,自己变得越来越有信心了。

想来我们越是心情不好的时候,越是不爱"收拾"一下自己,头发衣服都变得很随意,甚至看上去有些糟糕,自然也很难收到别人正面的回馈,通常都会被问"你怎么了? 看起来不太好?"这样的回馈通常会让原来糟糕的心情加重。所以,如果在自己心情很差的时候,试一试改变一下自己的着装、发型、装扮,将自己打理得很精神。这样,会不会让自己的心情变得更好呢? 有一个人力资源专业的女生告诉我,这个方法对她很有效。心情不好的时候就在寝室里,翻开衣柜,换上漂亮的衣服,再精心地画一下妆,看到镜子里美美的自己,心情也就好了很多。

二、分清主次,必要时排序

"忙"也是时下的一个流行语。有一次来咨询临床医学专业的一个同学:"老师,我大四了,我还没有得过一等奖学金,有些好的医院招聘需要得过一等奖学金;开学和老师谈过了,现在是班长,想锻炼自己,但是没有想到事情这么多,对学习冲击很大;最近还要考六级;同时还想考研究生……一下子觉得这么多事情什么都干不好。"听着她讲一个又一个的事情,坐在对面的我也产生了莫名的紧张感。"这么多事情,你可以排一下序么?""都很重要呀,怎么排。"她很为难的样子。"那我们先看看每一件事情,大概完成的时间是什么时候"她开始认真的思考自己要做的事情,考研还有一年半的时间,英语六级下学期和这学期都可以考,实习以后回来考试可能性不大。这个学期刚刚做班长,事情很多,所以耽误了很多课程学习,估计能得二等奖学金已经不错了。最后她给自己的事情排序为英语六级第一位,已经有很好的英语基础了,只要把听力练习好,应该可以考过。一等奖学金下个学期好好准备,从开学就开始,这个学期先把班长的工作做好。考研可以慢慢打听一下报考的相关事项,还来得及。当把这些事情排好序以后,突然感觉没有那么紧张了,一步一步来可以做得完。

排序的过程很像整理房间,把乱成一团的房间整理得清清爽爽,马上有了很轻松的感觉。

三、从小事做起

有一个咨询的个案,她主要的困扰是做班干部。到了大三,班干部也不竞选了,因为选的同学很少,班主任请同学自己报名给她要做什么班干部。她报名做团支部书记,结果班主任告诉她不能做团支部书记,只能做组织委员。她很生气地拒绝了,当组织委员能做什么呢? 她很委屈,觉得只有班长团支部书记才能锻炼自己。我问她:"你做团支书是想锻炼自己什么能力呢?"她的回答是"有很多会议呀,志愿者活动什么的,我觉得挺不错的,可以锻炼一下自己的组织能力。""如果做组织委员你觉得可不可以做一些类似的活动呢?""不能吧,团支部书记才能组织,组织委员只是组织春游、秋游之类的。"可以理解,在学生看来,团支部书记和班长是大干部,能参加很多的会议,组织很多的活动。但这里也有一个误区,认为组织委员不能锻炼自己的能力。

"勿以善小而不为,勿以恶小而为之。"每次说到只有从小事做起,慢慢积累才能成就大事。同学的回馈通常是"道理明白的,但是……"我通常也会问"如果明白这个道理,为什么不能做到? 是什么阻碍了你?"

这让我想到我的一个课代表,已经毕业多年了。她告诉我她是班级的铁杆课代表,就是每个学期都要做一个课代表。我问她有做过其他的班干部么? 她告诉我没有。她很喜欢做课代表,可以有很多的机会和老师接触,学习更加深入。做课代表也很锻炼自己,虽然大家觉得收发作业很简单,但是她每一次都会把大家的学号排好序,准时通知同学课程相关信息,每一个老师对自己的课代表工作都很满意。我相信她一定会是一个好医生,可以将琐碎的事情细致地做好。

四、生命的平等观

森田疗法提到了"生命的劣等感",若太过追求完美,希望自己以一个完美的形象出现在众人面前,势必给自己带来"不如他人"的劣等感。没有人可以在所有的方面都做到最好。给学生做过拓展活动"多元排队"。请同学们自己制定条件,几十个同学按照条件排队,比如:身高、体重、生日、家乡离嘉兴的距离、头发长短、英语四级成绩、声音响亮度、得奖学金情况、跑 800 米的速度……当大家晃来晃去,不断改变自己在队伍中的位置时,就意识到了自己的多元性。或许很多道理是我们头脑里已经懂了,但是要真正理解并做到,还是需要一些体验的过程的。

五、空碗求学

"空碗求学"这个小故事对我很有启示:一个小道士想去学习佛法,就把头发剃了以后来到寺庙,对老和尚说:"师傅,我是来学习佛法的。"老和尚看了看,没有讲话,拿了一只碗开始倒水,等到水满了还在继续倒,他很惊讶地说:"师傅,满了,满了。"但是,老和尚还在倒,结果水洒了一地。老和尚告诉他:"你是来学习佛法的,但是如果你的碗是满的,装满了道家的知识,佛学的知识就很难装进去了。所以,你需要先把自己的碗倒空。"

很多时候我们的碗在求学的时候是满的,这里满的不是指其他知识,而是指对学习的态度。读大学的时候我们三个班级近 150 人一起上课,等到上政治、哲学相关的课程时会选择坐在教室后面的座位,不是老师讲得不好,而是对课程的偏见。我觉得我是学医学的,这些知识学起来有什么用? 这样功利的态度,让我的碗在求学之前已经满了。于是大部分相关课程(政治经济学、毛泽东思想概论等)的课堂上我都在学英语或是复习专业课,自认为做得很对。直到考研究生的时候,因为要考政治,不得不学习了,又由于上学的时候没有好好学习,故只得报了一个政治辅导班。整个暑假都在学习,这个时候才发现,那些我觉得没有用的课,其实有很多的智慧,很多值得学习的知识。读研究生的时候,我非常认真地听完了《自然辩证法》这门课,非常受用。哲学的本意是"爱智慧",而不是当时读书的时候大家讨论的"折磨人的学问"。

在我成为老师后,在课堂上看到了同样的现象,同学们在学位课、必修课的时候,选择前面的座位,而选修课会坐在后面,戴上耳机,这让我仿佛回到了当年自己坐在教室里的时候。和大家分享空碗求学的故事,是希望有更多的同学认识到先把自己的碗倒空有多重要。如果只是功利地学习,临床医学的学生只要学习看病治病的知识就够了,那我们培养出来的不是医生,而是只会看病的机器。就像厨师如果只学切菜、做菜,的确学会了做很多菜,但是很难创造出有新意的菜,也很难在做菜的过程中体验到乐趣。

六、不求速胜

屠呦呦在 85 岁的高龄获得了诺贝尔奖,可见成功不能太过着急。拔苗助长的故事尽人皆知,但是遇到事情的时候人们都是希望一下子解决。在医患沟通课程上,给同学们做盲行的体验。两个人一组,一个戴上眼罩扮演盲人,体验一下病人的角色。另一个做盲人的拐杖,保证盲人搭档的安全,两个人合作完成一段旅程。结束时大家的分享通常是:戴上眼罩黑乎乎的,真想一把就摘下来,心里很着急想快点结束,能看见这个世界真好。在心理咨询工作中,也经常有人来咨询的时候神化了心理咨询这个职业,开口就问:"有没有什么办法,能让我一下子好起来?"可以理解,在我们遇到问题尤其是经历痛苦的时候,希望早日好起来的迫切心情。但很多问题是不能一下子好起来的。很喜欢曲伟杰老师的一个方法:来我们心理学校咨询的家长都很着急,当我们告诉家长孩子需要两个月的咨询,或者一周的心理训练时,通常的反应是:"这么长时间啊!会影响学习,来回一次半天时间没有了,别的同学得做多少道题。"后来曲老师问家长:"您的孩子是足月出生的吗?""10个月呀,足月出生。""那么你好有耐心,可以让孩子等到足月"。一句玩笑话,让家长立即意识到自己着急的心态。

七、现实本位

"as if"这个词我们并不陌生,很多时候我们喜欢假设:"如果……就好了"。现实本位是提醒我们,不能活在"as if"的世界里。有一次公选课结束,一位同学过来与我交流:"老师,我要是在美国就好了。"我很好奇:"为什么在美国就好了呢?""美国的教育好啊,我觉得挺适合我的,不会像中国这样的应试教育。"美国的教育真的很好吗?我没有去过,也无从证实,适不适合自己需要证实才可以。想起2007年的时候从黑龙江老家返回学校的火车上,30几个小时的车程,大家都会找上下铺聊聊天打发一下旅程。我上铺是美国人,在哈尔滨工业大学做外教。他告诉我和他的家人约好了,到上海集合去玩,他说:"我要让他们来看看中国是什么样子的。""在我刚刚申请来中国教书的时候,我们全家人都反对,好像中国是一个很危险的地方,不是饿死就会被别人打死一样。我来到中国一年了,很喜欢中国,中国的菜很好吃,所以我请他们一定要来看一看我工作的地方,不是他们想象的那样。"给我印象深刻的是他拿出了一本英文版的《道德经》,告诉我他很喜欢这本书,一直随身带着,还买了几本让爸爸带回国去看,那一刻内心一些民族的自豪感油然而生。或许我们没有去过的地方,在我们内心里留下了一些想象,但真相是什么只有自己去经历了才知道。

现实本位,是让我们活在真实的世界里,接受一切真相。在刚刚学习精神分析的时候,苏晓波老师说如果想学好心理学,要好好看看动物世界。当时觉得很奇怪,看动物世界有什么?爸妈最喜欢看的节目就是动物世界,我很少看,只是在他们看的时候凑个热闹。看到最多的是捕猎的镜头,整个画面都是奔跑或搏斗。从中让我深刻地理解了现实本位。现实就是羚羊总是被食肉动物捕杀的,但是没有一只羚羊在感慨,如果世界没有猎豹就好了,没有狮子就好了,没有……就好了,你能看到的就是羚羊在尽力的奔跑。面对现实,让我们更有力量去做自己能做的事情,而不是活在假设里。我也调整了自己的心态,之前会抱怨学校的要求好高,教学要有学生评分,还要经常接受督导的听课。除教学外,还有科研的压力,每年要完成多少任务,想想就变成了"如果不要求这些多好呀;如果没有科研要求多好呀"。但是再想想现实情况,我要离开这个学校吗?不要。既然我不要离开这里,那么这就是需要遵守的相关规则。这样的调整让我改变了很多。我不再抱怨工作,快乐自然也多了很多。

八、尽己之力,成为行动的主人

经常在电视上看到各种比赛选手的发言:"能来到这里已经很幸运了,不管结果如何,我已经尽力了。"同时我听过一句话:"如果不逼一下自己,永远不知道自己有多优秀。"当时不是很理解,难道人的潜能是无限的么? 在刚刚工作的时候,上课是我最痛苦的事情。一下子当了老师,不知道如何上课。第一次上课之前的一个星期已经把上课的内容全部准备好了,备课笔记就像一个速录笔记,甚至"同学们好,我们开始上课"类似的台词也要写上,可想而知我当时有多紧张。看到一起来的同事,都不是师范专业的,但是上课也都挺淡定的,为什么自己那么紧张,想来真是大学的时候课堂发言太少了,导致现在人多的时候说话会紧张。经过反复练习终于上课了,课间休息的时候坐在前排的一个同学悄悄跑过来说:"老师,我有点事情想和你说。""好的。""老师,你讲的内容挺好的,但是能不能不要走来走去了,走得我好晕。"这个时候才意识到自己原来一直在讲台上左边走到右边,右边走到左边没停下来过,难怪同学们要头晕了。这里很感谢我的同事们,听过很多他们的课,可以让自己对上课有了初步的理解。也很感谢我的爱人,听了一个学期的课,每一次都会有很多的意见提出来。大概经历了两年,慢慢上课的内容熟悉了,没有了那份紧张感。学校开始青年教师十佳讲课比赛了,35周岁以下一定要参加。先是小组比赛,胜出后整个医学院的老师听课评分,胜出后再和其他学院老师比赛,三轮比下来,如果没有获得十佳,下一年还要参赛。那个时候的愿望也很朴实,就是希望自己快点到35周岁,就不用每年参加了。难以置信的是,自己居然获得了十佳并能代表学校参加省级比赛。原来逼一逼自己,真的可以变得优秀一些,还是很感谢学校的讲课比赛,让我告别了发言紧张,告别了上课紧张。有一次去给武警支队做心理讲座,到了教室一个人都没有,心里还在想"怎么还没有人来呢?"快到时间了,队员们排着整齐的队伍走进教室,一排一排坐在自己的位置上,统一把帽子放在桌子上,坐姿非常端正。然后只听到对讲机的声音"××× 支队准备完毕、××× 支队准备完毕"。天呀,竟然还要现场直播,还第一次这样上课呢。

尽力而为,做行动的主人,这是森田疗法给予我的改变。以前总是想很多,做很少,所以也就是想想而已。我经常会和同学们分享,如果你想做一件事,就去想怎么能做成,然后就去做。不要成为思想的巨人、行动的侏儒。我现在经常用来调整自己的方法是,当一件事情的结果不尽如人意的时候先问问自己:"我有没有尽全力去做?"尽了全力也就没有什么好遗憾的了;如果没有尽到全力,又怎么能期盼幸运之神总是降临在自己的头上呢?

努力不一定成功,放弃一定会失败,一起加油,做行动的主人!

九、榜样的力量

记得小学时要以"我的好榜样"写一篇作文,一时大家都开始找班级里的好榜样来写作文,大了以后渐渐忽略了榜样的力量。经常有同学来咨询:"老师,我想能够把学习和生活处理好""我想和同学们都成为朋友,能有话谈得来""我想变得活泼一点""我想让我的大学生活过得有意义"……诸如此类的问题,我通常会问同学,在你生活的圈子里,有没有类似的人呢,他是怎么做到的?"有呀,我们班长,我觉得就挺好的。他总是很主动地帮助同学,大家有事情都愿意找他,所以人气很旺。他也很刻苦,上课从来都是坐第一排的。"如果他就在你的身边,可以尝试开始做,慢慢像他一样呀。当然模仿别人永远没有成为自己快乐,但在初期不知道如何达成自己的理想状态时,不妨在生活中找到一个榜样,最好是自己身边的人,可以经常看到,经常提醒自己该如何努力。

有很多同学说偶像能给自己的力量，所以把偶像的照片放在手机里。我认为偶像和我们的生活距离太遥远，有理想化的成分。而生活中的榜样，他和你的生活氛围一样，更有利于激励自己。

十、日新

日新对于我最大的帮助莫过于赶走了我的职业倦怠。刚刚开始工作时，一个同事的平行课特别多。所谓平行课就是一样的内容在不同的班级上课。有一天吃完饭的时候感慨："我今天 8 节实验课，就意味着我同样的内容说 8 次。教师这个行业真是一个体力活，我恨不得拿一个录音机把我第一节讲的录下来，然后到其他班级的时候，我只要说，同学们我们开始上课，然后打开录音机播放就行了。"想想也有点道理，同一门课，同样的内容，上好几遍，日复一日，年复一年，定会枯燥。直到接触了日新的观点，才让我看到，其实每天都是有变化的。生活中你一定有这样的经历，有一本书读了不止一遍，有一部电影看了不止一遍，但每一次都有新的体会。教书也是一样，虽然是同样的内容，但学生是不一样的。每一次上课都可以认识新的同学，都可以让自己对已知的知识有新的理解。有一次课程结束，有一个同学问我："老师，你有没有觉得自己是一个布道者？"我回答："没有，我更觉得我是一个分享者。"他还给我戴了个高帽：到底是心理老师，境界不一样。我想这的确是心理学带给我的改变，日新让我对重复的工作有了新的看法。

三点一线经常是学生对自己生活的描述，从日新的角度来看还是有区别的。我和同学们开玩笑："我们有没有一门课是这样上的，老师第一节课来了讲绪论，第二节课来了还讲绪论，讲一个学期的绪论。"虽然都是上课，但是不同的上课老师的风格是不一样的，同一门课每一讲的内容也是不一样的，总是有新的东西会出现。

十一、目的为准则

目的为准则来自森田疗法的理念——"带着症状去生活"，有一个赤面恐惧症的患者（因为和别人说话的时候感觉自己脸红而不敢和别人过多讲话），在社会实践期的时候，森田先生让他去店里买竹子，买回来以后很尴尬地和森田先生说，我的脸又红了。森田先生回应"你去做什么了？""买竹子。""脸红并没有影响完成买竹子的任务呀。"记得自己的目标，虽然实现的过程不一定一帆风顺。

目的为准则也提醒我们，不能本末倒置。举个例子，一个同学在咨询的时候很沮丧："老师，读大学真没有意思，不想读了。这都大三了，我们班比我强的同学都入党了，我想怎么也轮到我了。可到讲台上宣讲都三次了，还是没有选上。"我问她："你读大学的目的是什么？"她想了想："没什么目的呀，不都考大学么""如果现在想想呢？""也就是为了有个大学毕业的文凭，总不能拿高中毕业证去找工作吧。""这么说是为了有本科学历？""是呀""我怎么感觉是为了入党呢？如果不能入党，大学读的都没有意思了。"调侃之后，她说："我好像很多时候都是这样的，希望能做成的事情没有做成，就很爱发牢骚，想想也还好。这次选上的同学也不错，我平时和同学交流太少了，不能只是凭讲讲大家就选我了。"听过一个笑话：有一个人因为失眠找到医生治疗，等他把自己的症状叙述完后，医生告诉他，有一个办法最适合你这种类型的失眠，很多人试过了都很好用，就是数羊。数到 1000 只，保准你能睡着。第二天他又来找医生："你教我的方法一点都不好用。我躺在床上就开始数羊,数到快 500 只的时候实在困得不行了,起来喝了一杯咖啡,然后就再也睡不着了。"

十二、活在当下

我们可以问自己很多个为什么:"为什么要好好学习?""为什么要努力工作?""为什么要考研?""为什么要参加比赛?""为什么喜欢画画?"答案可以一直追问下去,但如果答案是"因为这样我觉得幸福",估计就不会有人再追问下去了,因为没有人会质疑"你为什么想让自己幸福?"可见,我们所做的一切最终的目标是为了让自己体验到幸福。哈佛大学的积极心理学是最受欢迎的选修课,主讲人泰勒博士提出:幸福＝意义＋快乐。幸福不只是为了到达山顶,也不是没有目的地绕着山转。幸福,是在朝向顶峰攀登中的体验。为了获得持久的幸福,我们就要在奔向那个我们认定有价值的目标的同时,享受这个旅途的过程。

幸福就在当下,如此而已。

很多年以前看过一个记者采访山里的放羊娃的故事:

"你为什么放羊?"

"赚钱。"

"为什么赚钱?"

"娶媳妇。"

"为什么娶媳妇?"

"生娃。"

"为什么生娃?"

"放羊。"

一开始只当这是一个笑话,觉得好有趣,如果仔细想想,如果我们不能在当下享受幸福的感觉,是不是生活和放羊娃是一样的? 我们的父母从小教育我们:"好好学习,考一个好大学;毕业找一个好工作;然后找一个好对象;生一个好孩子;孩子再好好学习,考一个好大学"……无异于放羊娃的节奏。我们习惯于将幸福和快乐寄托于未来的一点,而忽略了当下。

"等我……就幸福了",这个句式你熟悉吗?

高中的时候一直想着等考完了大学就幸福了,到了大学才发现,学习的内容及考试都比高中还多。大学的时候想着等毕业找到了工作就幸福了。签约成功的一刻感觉不错,有着落了,可以自己赚钱养活自己了,不用参加各种考试了。结果发现又要读硕士,硕士毕业了还要读博士。为了好好准备博士考试,拒绝所有的活动,每天的生活就是复习,似乎比高考还累。最后终于考上了,真的很激动。现在回想自己 8 年前考上博士的场景,心情已经十分平静了。

"等我考完大学就好了。"

"等我毕业就好了。"

"等我找到工作就好了。"

"等我考到这个资格证就好了。"

"等我完成这个订单就好了。"

"等我忙完这些工作,可以睡到自然醒就好了。"

......

这些可以给我们希望的"等我",也让我们忽略了等待的过程,其实可以让自己幸福的不仅仅是最终的结果。因为即便实现了,也只是在那一瞬间才会有幸福的体验。活在当下,发掘生活中普通事情的意义与快乐,我们自然会更幸福。通常人们对幸福的误解是,觉得某一样东西可以最终改变幸福感,但幸福的感受是很难通过别人给予的,只能在日常生活中不断提升自己感受幸福的能力。"知足常乐"大概也是此道理吧。

十三、幸福不等于没有不幸福

对于幸福我们还有一个理解,或者说美好的愿望是"一直幸福",或者"没有不幸福"。

生活的真相总会带给我们惊喜和不如意,就像中国文化中的太极图。幸福和不幸福也是相对的概念,试想一下,如果没有任何不幸福,那么幸福的体验又从何而来呢? 我们都不喜欢痛苦,如果没有痛苦的对比,也就没有了快乐的体验。

学生应用案例

10.1　尽力而为

"竭力掩饰自己身上的弱点与缺点,只将自己的长处展现在周围人的前面。其结果必然在自己身上压上一副理应如此的自我防卫的精神负担。"

高一时,从小疼爱我的外公走了,我第一次经历了亲人的离去。不舍、难过,眼泪哭干了,我告诉自己,我能挺过去,却一直没过去。从那时起,无法不去想,关于死亡的事情,感到人生太无常了。自然而然,想到了人活着是为了什么呢? 学习吗? 亲情吗? 友情吗? 爱情吗? 总觉得应该找个终身的目标为之奋斗。可好像这也不是,那也不是,这也是,那也是。有时又觉得只有强迫自己努力学习,高考考好了,才可以选择一个终身奋斗目标吧。但同时又有一个声音说:很多纯真的感觉如果不把握,即使高考考好了也是无法弥补的。这就是精神拮抗作用吗? 以至于无法全身心地学习,无法静下心来。

我试着让自己"顺其自然,为所当为"。该吃饭时吃饭,该交流时交流。这么做了,久违的平和心境也回来了,也就轻而易举地知道了此刻我要什么,该做什么,有了一种踏实的感觉。也明白了,有些事情不是一个人的力量能够控制的,个人能做的只有"尽力"而已。

10.2　以目的为准则

记得自己以前组织活动的时候,总是特别在意别人的想法。只要有人不满意,就给自己更苛刻的要求,做很多的努力让他们认可。可往往事与愿违,他们仍旧会坚持他们的观点。就算是最后结果出来相当成功,那些人仍旧说,如果采取我们的方法,也许会更成功。每当那个时候,我的心里总是会格外难受。我会怀疑自己的想法是不是真的不够完美,采取他们的方法是否会更加成功;我会质疑自己是否太过绝对,忽略了他们的内心;我会担心这件事是否会给他们蒙上阴影,从此我的意见他们都要吹毛求疵;我会担心我的坚持是不是伤了他们的自尊心,从此他们都不再给我提想法。事情往往已经结束,我的心理压力却更大。那些想法总是让我很烦心,以至于完全体会不到这件事情的成功带给我的喜悦和满足。我的心都被那些没有根据的猜想占据着,自己给自己设置了一个死胡同。我完全无法跳出来,会感觉欠了他们,觉得我应该做一些事情去弥补,于是顺理成章地接受他们的想法，直到最后事情出了差池自己才意识到，先前自己的想法是多么愚蠢，自己的行为是多么幼稚。然而我始终跳不出那个圈子，我一次又一次地轮回着这些，没法改变，没法解脱。直到我听到"以目的为准则"这句话，才有种豁然开朗的感觉，于是在事情到来的时候，我用这句话不断地勉励自己。我对自己说："我本来的目的就是把这件事情完成，现在它已经解决了，并且比先前想象得还要成功，我的目的已经达到，这件事情也就该圆满地结束，如果我还要把其他事情添加进去，那就永远都没法结束，除了给自己添加压力外，自己什么都得不到。"

10.3　从小事做起

平时，有很多机会让我去练习日语、韩语，去展示自己，但总是会因为各种原因让机会流逝，然后后悔不已。事后回想原因往往在于："不好意思去做，做错了怕被人家笑话。"在日本料理店做兼职，有很多日本人和韩国人。在他们面前说韩语当然让人不好意思，不过，反正你也只是在兼职，说错了又怎么样呢？ 大不了被人笑一笑，或者再用中文说一遍呗，所以每一次有机会和他们交流的时候，我都这么告诉自己，然后冲上去说了，经过一段时间的训练已经开始习惯了。在食堂买菜的时候，我很热情地对阿姨说了"谢谢阿姨！""你怎么说出来的呀，这种话？"同行的同学这么对我说。"这有什么不好意思的。我又不会少块肉，可能人家阿姨还高兴着呢。哈哈……"

想要辞掉兼职，但是怕对店里带来影响，一直没对老板说，一直拖到早已决定的最后一天才说。但还是被老板拒绝了。"不是做得好好的吗？ 怎么不做了？ 你突然说不做，我一下子从哪去找人呢？"其实早点说就不用这么被动了，都是不好意思惹的祸。

我和很多人一样，有很多想法，也想参加很多的活动。但是也跟很多人一样，会有一种不好意思的想法，然后犹豫徘徊于做与不做之间。到最后，机会就去了"好意思"的人手中。当初不好意思的自己到了这时，也只有后悔的份了。现在想来，究竟在不好意思什么呢？ 怕在人前做，不好意思？ 怕在人前出丑，不好意思？ 怕做错被人家笑话，不好意思？ 怕做对，被人家赞赏不好意思……可能都有。既然都有，那就不要后悔；既然后悔的话，那就只能通过厚脸皮做出来，才有被人家赞赏的机会，才有不让自己后悔的机会。

10.4　感受幸福

我想感受幸福，但是我感受不到。

为什么会有这样的感受呢？ 自从我进入大学以来，我一直都觉得自己是不太幸福的人，高考失败，父母离异，这些残忍的事实总是如阴影般跟随着我。和曾经的同学在一起时，我总是刻意避免谈论自己的大学，不去谈论自己的家庭，渐渐地，我开始和同学们疏远了。难道我真的不配得到幸福，难道我甘心这样的消沉？

七夕节的晚上，我闲着无聊，就一个人去逛街。走着走着，心里觉得空落落的，于是打电话给爸爸，让他来陪我逛街。在约定的地点等了十分钟左右，他很准时地出现了，看得出来爸爸很高兴。见了面，我拿出事先准备好的可乐，塞到老爸手里还说了一句："请你喝的。"他更开心了，一路上我们两扯东扯西，我也很开心，因为好久没有见到老爸这么开心的样子了。

因为七夕节，街上有很多人卖玫瑰花，我想让妈妈重温一下这种感觉，于是买下一支玫瑰。在路过一家唱片店的时候，给我最好的朋友买了一张他喜欢的新CD。

回到家门口，妈妈一打开门，我就伸手把玫瑰献上说："送给妈妈的。""哎呀，哪有儿子送玫瑰花的。"虽然她嘴上这么说,心里却藏不住的欢喜,此刻,我激动的心情更是不用多说了。

回到自己的房间,打开电脑在 QQ 上告诉我朋友说:"我帮你买了你最喜欢的唱片,正准备找时间送给你……"这时,我再也压抑不住自己激动的心情,眼泪像决堤一般,汩汩地涌出来,幸福的感觉如石块一般,堵在胸口,因为我不敢大声哭。

安安静静地坐在电脑前,安安静静地哭泣,是因为幸福还是悲伤,我自己也不太清楚。

从此之后,我才发现,只有真正地行动起来,去实现自己的愿望,才能感到最真切的幸福。

10.5　生命的平等观

随着年龄的增长,我发现自己变得越来越胆怯,似乎干什么都会被自己的胆怯束缚手脚,很讨厌这样的自己。以前一直都设想着,在大学里,我要当班干部,可就是在面对班级竞选时,我又退却了,在老师一遍又一遍"还有谁要上来试试的"的询问中,我还是没办法战胜自己的胆怯心理。我也时常对自己说:没事的,不就是讲个几分钟吗? 可是心里的另一个声音又会跑过来讲,不行,还是别上去了吧,万一一上台紧张得什么也讲不出来怎么办呢? 那不是让别人笑话你吗? 总是在这样的纠结中把自己给打败了。

我知道其实每个人在大众面前讲话都会紧张的,所以,首先我们不应该去逃避紧张感,而是努力去接受多种正常的情绪,否则若要抑制必然会出现更加严重心理现象,从而导致失败。我们应该顺其自然,告诉自己:我紧张是正常的。其次我知道了问题的根源在于关注。症状就像一块倾斜的大石头,而我们就是在下面拼命支撑它不倒的人。我们更应该把注意力放在手头上正在处理的事情上,而不是我们的紧张情绪上。

明白了这些,我对紧张和公开讲话的心态好了许多。在前几周的历史课上,被老师叫上讲台阐述某一历史事件。若是之前的我,肯定会紧张得不知所措。而现在的我不一样了,在走上讲台的过程中,我还是有些紧张,于是我深深地吸了几口气,又缓缓地将它吐出,当我走到讲台时,心情调整得挺平和了,便顺着自己的思路将这一历史事件完整地讲了下来。当我走下讲台的时候,才明白过来,刚刚在讲的时候,只想着我该怎样把这一历史事件讲清楚,根本没有像以前那样去问自己"怎么办? 我好紧张。"原来,我也可以像其他同学一样,坦然地畅所欲言,真有点受宠若惊。原来,做到在公众面前自如地讲话也并不是那么难。简单地全身心地融入所讲的过程中去,不去纠结,不去烦恼只做最简单的事结果并不会比我们想的差。

10.6　关于幸福

一直觉得幸福离自己很遥远,这不是说自己有多么不幸,而是自己一直在追求极端完美的自己。每天早起复习英语,为的就是能够有一天能考上厦门大学的研究生。

有人曾经问我:"你考上研究生之后想要做什么? 那时的你不是还要工作吗? 跟大学之后工作有什么区别吗?"我的回答是:"既然我当初做了这个决定,我就不会放弃。如果我现在放弃,以后我更有理由让自己放弃,你要我放弃自己吗?"如果坚持,请付出你的实际行动,梦想,或许会在一夜之间实现,但背后的努力不应该用"天"来衡量吧!

每天都是幸福的吧? 一天 24 小时,睡觉 6 小时,上课 5～6 小时,看书、走路、吃饭 8小时,剩下的呢? 很喜欢冥想,闭上眼,脑子浮现的还是黄昏的厦门白城。听海浪声的浑厚美感。一直觉得自己的身体里住了两个人,一个热情奔放的自己,一个沉思不搭理人的自己。每一次的冥想，仿佛两人之间的对话，激情、低沉、火花的迸发，在这零碎的时间里得到了片刻的释放。如果今天高兴，用文字记录那么美好的瞬间。如果伤心乱写一通，然后扔进垃圾桶，幸福不就是这样的"加减"过程吗？

曾经，我生命中有过一个很短的阶段叫做幸福，也许只有真正的体会并且战胜过艰难困苦，才会这样坦然而平静地说。那个阶段，由于骨折卧床三月，真的非常感谢老爸，你让我明白了什么是幸福，更重要的是，你让我明白了父爱，他鼓励我重新走路，脚踏实地地走路，每天我朝自己的目标迈一步。

圣埃克絮佩里创作的《小王子》里说得好："使沙漠显得美丽的是它在什么地方藏了一口井。"由于心中藏着永不枯竭的爱的源泉，最荒凉的沙漠也变成了美丽的风景。幸福不就是拥有这口井或看得到这口井吗？

10.7 慢生活

"觉得自己没有资格得到幸福"，这让我非常感同身受。很多时候，我就会有这样的想法：自己很多地方都不如别人，长得不如人就算了，还不会打扮；不会打扮就算了，读书也不好；读书不好就算了，性格也不讨人喜欢，总是冷冰冰的。这样的我，又有什么资格去获得大家都在追求的幸福？可是，我一直都很努力，努力读书，努力改变自己的性格，却发现很多时候越努力越烦躁，越努力越自卑，因为努力的过程太过漫长，我不知道自己能不能坚持到最后。

然而我很庆幸，老师让我们多做一些想做的事情，少做一些不得不做的事情的建议，这让我很受启发。一直以来，我都是以一种半强迫的心态来让自己学习、改变。愿意的时候在学习，不愿意的时候就强迫自己学习。原来这就是我经常不快乐的原因。所以这几天，我尝试着改变原来的生活方式，在我不愿意做这件事的时候，我就找另外的事做，或者找比较愿意做的事情来做（之所以说"比较愿意做"是因为毕竟专业课课业繁重，总不能老是由着自己，那就不叫寻找幸福，而是放纵和堕落）。比如，我在看书看累的时候，就起身去外面走走，发发呆，看看风景。有的时候也会打个电话回家，或者联系一些许久未联系的朋友。之前的我，总是觉得没事打人家电话有种"没事找事做"的感觉，可现在我觉得这也是必要的。因为有些朋友接电话时，口气里的惊喜与开心是藏不住的。以前的我确实让自己太忙碌了，满脑子的"司法考试"，满脑子的"考研"，把自己每天的生活都排得满满的，甚至连午睡的时间也没有，以为只要争分夺秒，就会有好的结果。可事实证明，没有午睡上课就会猛打瞌睡。没有适当的休息，会让自己很疲惫，甚至每天都不知道自己在干什么，只知道什么时候了应该干什么。没有适当的娱乐活动，会让自己"与世隔绝"，生活中没有了欢声笑语，只剩下无限的枯燥与乏味。

所以，现在的我可以很干脆地否认"争分夺秒"这一论断，而拥护课堂上关于"慢一点"的理论。吃饭时候慢一点，细嚼慢咽才能帮助消化，享受美食；走路的时候慢一点，不要忽略了路边美丽的风景，即使你感觉它们千篇一律，可仔细看了，就会发现它们那细微而又明显的变化；把自己心里的钟调慢一点，没有人拿着鞭子在后面赶你，合理安排时间，让自己过得快乐点。即使有很多事情我们必须要做，可对的时间做不对的事总好过不对的时间做不对的事，不是吗？

我想我能想到这些，做到这些，我应该就幸福了。我想只要在平淡的生活中，我始终以开心、乐观、"慢一点"的心情来面对，我应该就幸福了。

原来,这就是我一直在思考和追寻的。原来,只要退后一步,我就可以得到这种感觉。

10.8　幸福是什么?

幸福是什么? 我想这个问题在我们很小的时候就存在我们的头脑中,幸福是个谜,你让一千个人回答,就会有一千种答案。有人说过:"真正的幸福,是不能描写的,它只能体会,体会越深,就越难以描写,我以为真正的幸福,不是一些事实的汇集,而是一种状态的持续。"幸福不是给别人看的,与别人怎样说无关,重要的是,自己心中充满快乐的阳光,也就是说,幸福掌握在自己手里,而不是在别人眼中。幸福是一种感觉,这种感觉应该是愉快的,使人心情舒畅、甜蜜快乐的。

我很努力地学习,希望让大家把我看成优秀的孩子。我初中考上了省重点,"看,人家都上了高新一中,那不就是一只脚跨进了大学的门槛。"后来呢? 高中同学陆陆续续被父母送出国了,在眼巴巴地看着他们从美国、英国、加拿大发来的一张张欢笑的图片,"出国"已成为一个梦想,深深地进驻我的内心,但是究竟为什么要出国,出国了就一定是幸福吗? 却一点儿也没想过这些问题。

现在,我已经是一个20岁的大三学生了,我没有出国,我在现在的学校里平静地生活着,我有可爱的班级,我有关心我的朋友们,我有个很爱我的男孩。我每周会给家里打电话,听到妈妈在电话那头的声音,心里满满是温暖。不知不觉中,我已经把这里当作了我的第二个家。我常想:当初我出国了,现在会是怎么样;当初我估分没有失误,上了自己理想的大学,现在又会是怎么样;当初我不坚持离开家,现在又会是怎样? 当很多"当初如果我……现在又会……"出现在自己的脑海中时,现实的存在显得那么无力。在现实面前,我们的力量渺小又无助,唯一能做的,就是接受现实的自己,唯一能改变的就只有对未来道路的选择。"现实本位"是森田疗法里我最注重的一点。对现实的满足,对现实的接受,对未来的美好期待,都让我充满了满满的幸福感。你若问我现在很幸福吗? 我可以肯定地回答你:我很幸福。可你要问我将来会幸福吗? 我不知道。但我所知道并要做的是,努力让自己充实地度过每一天,用一颗积极、善良的心,对待生活,对待生活中遇到的每个人。活在当下,活出自我。

10.9　行动为准则

对我来说,最难克服的是在公众场合讲话。虽然在讲话前,我已经想好了怎么说,但还是会紧张。在讲话时,脑子一片空白,脸红结巴,结果又是一次失败,这个学期换了个日语老师,他每节课都要点到我答问,可是我的声音很小,一紧张就更没声了,老师通常要走下来听我回答。有一次,回答问题花了很长时间,我觉得很丢脸,还哭了。我知道,改变现状的唯一办法就是行动。我不知道我能否改变成功,但一定要行动。自从那以后,我上日语课都坐在前面,上课前尽量预习,现在上课的时候,已不会出现那种让我很窘迫的情况。另外在其他课上,为了回答问题,我也会听得很认真,在高级英语课上,我竟然举手回答问题,这是自初二以来,我第一次举手回答问题。商务口语课的小组作业要求上台表演,刚开始我不想去,像以前一样害怕,但有了前面的经验,我觉得我应该去,最差的结果不就是再次丢脸吗? 我反复练习了很多遍台词,表演的时候没有出现忘词之类的窘状,朋友说,这次我很正常。我的目标是,可以在公众面前演讲更加自如一些。

10.10　幸福要靠自己去争取

在班里我有一个很合得来的同学,只要一个眼神就知道对方要做什么,她带给我非常幸福的感觉,我很享受这种感觉。可是到了初二,她总是默默看书,对我不予理睬。那一学期她成绩突飞猛进,但对我也越加冷漠。每次我想做些有趣的事情,总找不到合适的人一起,向她求助往往又得不到反应,而且以前我们的成绩都差不多,维持在中等,现在她算是尖子生,而我却原地踏步,甚至还有退步的迹象。我从来没有感受过这么挫败的感觉,同样一个人,在带给你无比幸福的时候,又让你明白什么是孤立无援,什么是"不幸"! 那段时间,我过得很虚无,感觉什么都没劲,连我喜欢的语文也不能让我振作起来。直到有一天,班主任把我叫到办公室,他手里捏着那张打着 25 分的数学卷子,对我进行"狂轰滥炸"。本来不及格对我来说是家常便饭,左耳进右耳出,突然听到"看看你的好朋友这学期进步多大,门门 90 多分,你知道你们之间现在有多大差距吗?"我猛然间领悟到,幸福不是别人给你的,幸福也不是别人带给你的,这些感觉是自己带给自己的,消沉是自己允许自己的,想要幸福的话就要自己去争取!

接下来的那个学期,我翻出以前学过的数学课本,一步一个脚印,扎扎实实地从头开始,以前我一看到数学书就犯困,做起数学题就头疼,看到测验分就不断催眠自己,其实我只是没好好学而已,一旦认真了也是能拿高分的。我正视自己数学差的事实,允许自己接纳负面的体验。我特地到书店花了一小时,挑了一本带有 30 套模拟试卷的习题集,告诉自己,每星期做一套,无论结果好坏,只要能找到自己薄弱的地方就行。刚开始我的试卷上全是红叉叉,我忽视分数的多少,针对错误的地方,一点一点纠正答案,从书中找到相关知识点,进行详细阅读和深入理解,一段时间之后,试卷上的红叉叉减少了一半,碰到一些题目都会迅速回忆起它的知识点。一个多学期的坚持,终于让我从刚开始的寸步难行到现在的左右逢源,最后几套试卷只有为数不多的几个红叉叉。这样一路走过来,我过得相当充实,我尽自己的所能完成 30 套试卷,并且一直都在进步。我不再因为别人的冷落,别人的不以自己为中心而感到挫败和不幸! 每当深夜,我完成一套试卷后,我就会倒一杯温开水,打开窗户,对着宁静漆黑的夜,满满品味自己的收获! 我总是会留那么一小会时间让自己彻底地安静,提醒自己究竟该关注什么,如何去争取。

其实想要让自己幸福很简单! 无条件地接纳自己,放下过重的自尊,将外在激励转化成内在激励,不要单纯地以外物作为自己幸福的衡量标准,给自己一点空间,安静下来,这时候你就会发现许多惊喜。

10.11 幸福其实很简单

我觉得我很消极,遇到问题,总是往坏的方面想,总觉得这个世界很糟糕,糟糕地让我不敢想会有好事发生在我的身上。因为希望越大失望越大,所以不敢对任何的事或人抱太大的希望。如果我对某事或某人怀有太大的希望,而这件事或人远远不如我所想,这样的伤害远远比一开始就没有希望大很多,所以我选择对任何事或人不抱有希望,选择消极。

老师说过一句话:"幸福是相似的,不是各种各样的"。人生下来就应该幸福地生活下去,而幸福有时候很简单,转换一下观点就能得到。幸福是一种感觉,它不仅取决于人的生活状态,还取决于人的心理状态,感觉幸福的时候一切看起来都是那么美好。

今天,没有下雨,很开心,我是幸福的;上机课,我完成了精读的 furthing reading,好开心,我是幸福的;在回去的路上,一个人走着感受着嘉兴的风,凉凉的,我是幸福的。每时每刻都要告诉自己,我是幸福的,我很幸福。以前的自己太傻了,下雨时走在路上,都是水,觉得很不开心;上机课,因为没事在那里发呆,很郁闷;走在回去的路上,看到来来往往的人结伴,而我自己一个人,觉得很孤单而不开心。每每这些时候我都会觉得自己怎么那么不幸福。而现在,往好的方面想,就真的会觉得自己很幸福。幸福真好!

10.12　带着症状去生活

我到底怎么了? 有时候我会被一些症状搞得痛苦不堪,头晕、紧张,感到无形的压力。身体稍有不舒服便会怀疑自己得了什么不治之症。

以前,我总有一种想法,那就是如果产生了心理障碍、心理困惑,则必须要完全解决了以后才能继续后续的工作,否则便认为工作无法进行,而森田疗法给了我一种全新的生活理念,那就是"带着症状去生活"。

而现在,即使出现了不良情绪,我也会带着这种情绪去生活,不再将自己的情绪看作是最重要的了,而是按照森田疗法所指导的,以目的为本位,用行动来转变性格,经过了一段时间的实践后,我感觉自己收到了一些效果。

10.13　活在当下

"不问过去,注重现在。"有时会想起以前的沮丧和挫折,直到现在做一些事时也会不自信,忐忑不安,害怕悲剧会重演。有时也会想起那些快乐的事和那些美好的人,于是和现在的状况相比较,都是那么不一样,总是有些失落和伤感。森田疗法告诉我们要面对现实,不被过去的阴影所笼罩。过去就让它过去,现在的才是最好的。"不问症状,重视行动",以前经常打电话给好友抱怨自己没做好,没有去做什么,总是说:"我知道这样是不好的。"次数多了,好友反问我一句:"既然你知道什么不好,该怎么做,为何不去踏出第一步,行动起来呢?"无言以对,我是该行动起来了。行动将改变人生。当我们苦恼,感觉有着巨大压力时,是时候行动了。这时压力就会越来越轻,心情也就明朗了。

更多的时候是自言自语,扮演两个角色,一个说"自己不行",然后又换另一个说"有什么不行的,你很优秀,你很能干,这点怎么能难倒你……"给自己贴很多金之后,就闭上眼睛深呼吸,坦然一笑,压力感就消失了,觉得自己充满了力量。有时会笑自己太自恋,不过这样做,真的能很好地帮助自己调整情绪,也较好地处理了压力。

喜欢这样的生活:在美丽中欣赏美丽,在痛苦中觉醒痛苦;在烦恼中关照烦恼,在悲哀中超越悲哀。

10.14　不要等,要行动

仔细想想,如果我想去向老师咨询心理问题,解答我所想不通的事情。我会说:"等我……我也会……"也许自己想的会很好,给自己吃定心丸,满心期待着等自己渡过难关,然后庆祝自己的成功,但却发现,每一次的等待都是下一次的徘徊。真的是很考验一个人的毅力。

不要等,要去追求、感悟。如果一直这样徘徊下去,我们只是笼子里的小白鼠,是不停地追求,却不知自己是在原地不动,一点进步也没有,反而生活得更加有压力。

10.15　在生命过程中感受幸福

在相当长的一段时间里,我觉得我的心态一直没有调整好。我不喜欢这个城市,这个专业,甚至我周围的人。我的朋友都离我很远以至于慢慢地我不再了解他们的现状,不了解他们所生活的圈子,我觉得我大多数时间是被人遗忘的。我讨厌有些朋友用羡慕的语气说向往我所在的地方,向往我一个人独立的生活。于是,那么长的时间里,我更深切地发现了我实在是相当别扭的一个人。

这学期的心理减压课给我印象最深的是性格分析那节课，测出来的结果挺无语的，各种性格得分很相近，唯一区别的是旁观者型性格分数高了一点。顺带着想起以前气质测试时好像也是类似情况，最后结果是接近相反的两种气质混合。突然想到自己实在算是一个相当挑剔的人，把喜欢和不喜欢分得太过清晰，即使很多东西是与自己并不相关的。在这样挑剔的目光中，自己的行为未免太主观、太武断了。于是时刻提醒，当自己看不惯的时候，想一想自己的判断是否客观，是否有资格，是否自己也曾有过类似的行为，我觉得这种观念可能比较类似认知疗法。我一直希望自己可以努力做到当对面来的一个人以自己不喜欢的样子、不喜欢的音调出现时，我能给予的是尊重而不是偏见。正如不管曾经我多么不喜欢这个学校，以无比刻薄的语言挑剔这个专业的方方面面，然而我现在承认，是这所学校接受了我，而我如果如自己想象的那样留在本省并不会比现在获得更多。

我们要"在生命的过程中学会感受幸福"。可能有时会抱怨，有时会对幸福视而不见，但只要肯学习、肯感受，就一定能收获幸福。

10.16　自在练习

自在练习就是问问自己在干什么。以前，我从来都没有问过我自己在干什么，一发呆，一心烦就能持续很久很久。现在，我经常问自己在干什么。当自己在为了数学烦恼而开小差、玩手机时就问自己在干什么，一下思想也就回来了，这个方法很好用。问自己干什么的时候也会看看自己为什么要这么做，这么做的后果是什么。有时候，起床后对着镜子慢吞吞地洗漱，马上问自己在干什么，于是就又清醒过来，又飞一样地收拾收拾，拎包出去。现在"你在干什么"这句话已经像是一个不定时闹铃一样刻在脑子里，时刻提醒着自己。

10.17　在生活中学习

在以前，就发现其实是一个内心世界很混乱的人，很多话都没有可以说的对象，而且较内向，虽然没有达到一与异性交谈就脸红的地步，但也到了人多的时候，话明显减少的地步，而且有些话感觉不经过大脑就说出去了。仔细想一想，说错话的根本原因是有说话的欲望，有了这样的欲望，就会一有机会就开口而没有考虑这句话是否对别人有影响。所以对于我这样的人，首先得克制自己的欲望，然后再慢慢地增加说话机会。老师上课时候说："想要像别人那样善于言谈，就必须得去实践，去与别人交谈，无论是交谈什么。"平时也要多关注生活，发现一些事件，才会有谈论的话题。像王阳明说的：知行合一。现在发现：平时看看新闻，遇到一些有意思的新闻，就记下来，在日后的交谈中会很有用，会是谈话的切入口。虽然现在谈话的时候，说的话不一定是最多的，但是至少有谈话的切入口，不会很尴尬。

10.18　我有延迟症

我的一个问题，我称之为"延迟症"。就是我做事情喜欢拖拖拉拉，自己做好的计划也总是泡汤。比如，洗完澡后，会自己给自己找理由，刚洗完马上洗衣服会出汗，我就等晚自习回来之后再洗好了。可在自习回来之后，又会忘了，在寝室一直和室友聊天，一直到熄灯，去厕所刷牙洗脸时看到自己泡的衣服，想想太晚了，先睡好了，不然睡眠不足明天上课会没有精神的，到最后衣服今天还是没有洗成。如此之事，真的是太多了，总是想再拖几分钟也是好的。不知从何时起的，这竟成了习惯了，这实在不好。"为所当为"，其实如果我认为这件事我应该去做,就马上去做,没有一件事是在做之前解决了所有问题的,问题是可以边做边解决的。或许我缺少的是去做事的决心与勇气。我觉得最让我开心的事是这个学期我去学了二胡,这个乐器我很久之前便想学,可是总觉得自己没有时间、没有钱,拖了三年多。有些事其实做了之后才发现没有你想象的那么难。自己去找个乐器行,买好乐器,抽出时间,省下生活费,很开心地就学了。"拖"真的不是一个好习惯,改变它之后你会发现很多事情会变得很简单。洗衣服只需要十几分钟的时间,扫个地几分钟都不用,背一单元的单词只用一节课。思想只有通过行动才有力量。

10.19　现实本位

世界是你看的那样。

我在别人眼中大概是个活得挺自在的人,然而只有我自己知道,我其实是个特别敏感自卑的人。我不知道是我的偏激让我对自己的外表过分关注,还是外表的不令人满意加深了我的偏激,于是我变得有点沉默寡言,变得不愿意和过多的人接触,特别是异性。不是不想,而是心里有个声音在告诉我:别去,他们心里不会喜欢你,大概不会对你友好的。人变得敏感之后,接踵而来的就是人际交往问题。越是不喜欢和人交往就越是会让自己胡思乱想,而结果就是更不敢主动和人交流。简直是个恶性循环。

为什么我不能再长得高一点,我口才并不差,就是因为身高才不能参加主持人比赛的!为什么我不能长得漂亮点,要不然我就能和那些同学一起去做促销工作了!为什么我的家里不能再富有一些,这样我就不用为即将到来的大四忧虑了!为什么社会上有这么多不公平,为什么……各种各样的问题与幻想搞得我疲惫不堪。我知道自己有些问题,但我搞不清究竟是哪里出了问题,只能在别人对我的评价里找自己的问题:我对自己的要求高了?我太追求完美了……但结果总不能让人满意。

"现实本位",看着这四个字,我一瞬间觉得脑子里各种思绪千回百转,有点明白,有点释然,我在自己的本子上写下:"世界是你看到的样子。"和同学一路往回走,我一路想,突然就有点明白我究竟在敏感些什么,那些让我疲惫的自卑情绪是什么——是假想现实和真实现实之间的冲突。

当我开始去想为什么事情是这样不是那样,为什么我不能而别人可以……让我烦躁的事情时,我都会提醒自己:没办法,这是事实!一想这句话就马上可以让自己更加积极,自己心里也平衡了很多。

10.20　分清主次,学会排序

进入大学后,我按照之前的设想,积极参加学生会、社团等各种活动。竞选成为团支书,进入医学院学生办公室,投入"党员之家"的怀抱。我将大学生活定义成学习、工作两条线,希望自己的大学生涯能够多姿多彩。一段时间下来,能力是锻炼了,口才也有了提高,与人交往更自然了。可期间的压力是如此巨大,期中考试得低分时,我开始怀疑自己。每天不知道在忙些什么,难道我选择的方向错了。我想找个出口,给自己排压,可总是感觉没人可以理解那时的我。就这样背负着学习、工作的双重压力,我过完了大学的第一个学期,发现原来大学并不如想象中那样美好,那样轻松。

进入大一的第二个学期,我开始动摇了,我怕学习被落下,又不想失去工作中实现自我的机会。就在矛盾的十字路口,我做出了取舍,给自己减压。于是,权衡再三,我委婉拒绝了部门学姐提议我参加医学院双代会,竞选办公室主任的建议,退出了校级社团"党员之家"。我安慰自己,这样可以有更多的时间好好学习。但毕竟会有不舍,辛辛苦苦大半年,用工作证明了自己的实力,在可以提升一个级别的时候却选择放弃!我试着像老师讲的那样去倾诉,把自己的彷徨不安、犹豫不决告诉好朋友。有人赞成我的选择,把重心放回学习;也有人会觉得我傻,老师、部门学姐都认可你的能力了,你却傻傻地放弃。我把自己的不舍写在纸上,狠狠地撕碎它。我告诉自己,放弃工作上升职的机会不代表以后的工作就可以不努力,要勤勤恳恳做好现在该做的。我把自己的各种心情写进日志放在空间里,朋友们留言鼓励我,告诉我这条路没有选错,办公室主任的工作会有更大的压力,而我选择放弃,也就避免更大的压力。

放下了心头压着的大石后,学习的时间确实多了。竞赛获奖,期中成绩也还不错。更值得开心的是跟着学姐一起做科研。在同学们还在游戏、玩乐时,我已经在为将来考研铺路。我开始体会到了老师课堂上提到的"幸福是一种感受"。曾经的迷茫、犹豫、怀疑,在经历了取舍之后,换成了现在学习上一次一次的进步,我渐渐明白,原来自己一直在寻找、在等待的就是幸福的感受!

10.21　我有没有尽力?

刚进大学,希望自己有个丰富多彩的大学生活,希望自己在班级和校园得到锻炼,然后满怀信心地参加了各种学生会面试和竞选。可是,结果却也不如意,特别有挫败感。现在是对什么事、什么活动都提不起兴趣,就像看淡一切一样,觉得一切都是浮云。可是,在寝室是异常的无聊,会出现各种空虚寂寞。这让我非常苦恼,觉得自己一事无成。什么事也没干,该有的大学生活也没有体验,觉得自己特别没用,但有一次课上老师讲的内容改变了我的想法。

那就是当一件事让你有挫败感、有压力感的时候,你要质疑一下自己真的有尽力吗?如果没有,那么就不要抱怨现在的状态,而要行动起来,然后去改变现在的状态。因为努力即幸福。只要自己努力了,虽然过程中可能会有艰难和痛苦,忙碌或许压得自己透不过气,但事后你会发现,即使没有成功,但这个过程也会很快乐,有点成就感,当然也学习和积累了经验。

10.22　打理外形

第一个技巧是要牢记"打理外形"。以前在家的时候,我总是蓬头垢面的,衣服随意拿来就穿,房间里面也是乱糟糟的。在这样的环境下,每次想看书,却看不进去,想玩电脑休闲一下,却也浑身不自在……但是,现在我学会了"欲要整心,先整其形"。它的意思就是说想要改变自己的心态与境遇,就必须要改变自己的外在或所处的环境。现在的我改变了许多。每天清晨起来的时候,我总是把自己打扮得干干净净,选一件颜色合适的衣服,用不同的色彩来装点自己的心情。同时,我也会把寝室打扫得整整齐齐,拉开窗帘,让阳光照射在每一寸地方,我深吸一口气,感受到的是无比清新、无比自然的空气,这些空气进入我的身体,洗涤着我的心灵,顿时我会感到神清气爽、精力充沛……当我走在去往教室的路上,我会面露微笑,用甜美的笑容唤起我美好的一天。我发现只要我向他人微笑,他人同样也会给予我一个温暖而清新的微笑。

10.23　学习榜样

进入大学,我面临了一个巨大的挑战,那就是通过英语四级。在高中的时候,我的英语成绩不是特别理想。进了大学,通过英语四级就像是一块巨石一样阻挡了我前进的路,我知道我必须要通过它,但是我却不知从何做起。所以我一直非常迷茫,感受到了巨大的压力。但是,自从学会了"学习榜样"这一个减压技巧后,我的"英语之路"发生了改变。我仔细地观察周围同学学习英语的方法,慢慢地,我就把一个同学作为了我学习英语的榜样。课前,她总是认真的预习,把单词熟练地大声拼读;上课时,她总是按着老师的思维,理解课文,拓宽词汇量;课后,她总是会做一些课外练习来提升自己的英语水平。休息的时候,她总会听一些英文歌曲或是看一些英语电影,因为这样能提高英语听力和口语。自从我选择了她作为我的榜样之后,我开始学习她学习英语的方法,严格要求自己,不断督促自己要用正确的方法来学习。虽然有时候,会遇到一些难题,会有背不熟的单词,会有想要放弃的心情。但是,我时刻告诉自己要像"学习榜样"一样,当我想起我的榜样在图书馆里做着英语四级的真题卷时,当我听到她流利而又响亮地朗读着英语课文时,我顿时就会重新振作起来,重新捧起已经放下的英语书,再一次认真仔细地复习。"学习榜样"的力量是强大的,通过不断地奋斗与努力,我顺利地通过了英语四级。

10.24　跟随情绪的自然

以前,总觉得好像有很多事情要做,可是又不知道该从哪里下手。我会觉得自己很没有条理,什么事情都想做,都想让自己去尝试。现在,我会把我想做的事情全部都罗列出来,然后分好先后顺序。每个阶段,有每个阶段该做的事情,为自己制定目标,明确该怎么走,如何走,我想要的是什么。在大学期间,我要考哪些证;大三的时候,是选择考研,还是报考公务员,或者是其他的。当一切考虑清楚,我心中就有了一个定位。此时此刻,我知道自己该怎么走这条道路。既定的目标,我一定要达到它。其实,我以前总是想追求好的状态,对于坏的状态,总想抛弃。因为抛弃不了,所以总是感到懊恼。原来,状态像心情一样,时好时坏,这是一种规律,一个人不可能一直处于兴奋的状态,偶尔也会有低谷,不要拒绝坏的状态,一切顺其自然。

10.25　不求速成

在很多时候,大家都会希望自己想要达成的事能够"速成"。考前临时抱佛脚就是一个很好的例子。我就曾有过一次这样的经历。期末考以前发现还有一大堆没有掌握的知识,于是在一个星期内"恶补",试图"一口气吃成胖子"。然而事实证明,效果并不理想。在森田疗法中就提到了"不求速成",让我很受启发。凡事要一步一步来,不能急于求成。

10.26　学会分清主次

学会分清主次,让我压抑的 11 月减轻了不少压力。计算机等级考试、英语六级考试、专四复习准备、体育十二分钟跑测试、作为班长要处理的琐碎事情、入党积极分子推送情况、寝室卫生等,让我觉得快要疯了,时间严重不够用。可是一空下来又很迷茫,不知道先做什么后做什么,如何把握时间。听了老师所授的方法,我把所有的事情列在白纸上然后进行排序,把最重要的事情先解决了,剩下的按计划一件一件有条理地处理。思绪也渐渐明朗了,办事的效率也有明显的提高,进入了有条不紊的轨道里。

10.27　分清主次

这一项可能对我来说是最有用的,每个人可能对自己的人生有不同的规划,因此重点也就不一样,但只要分清主次就不会有那么多压力。生活就是生下来活下去!这应该最重要。

但是,我们有时候在处理问题的时候会忽略这一点。比如我有时会抱怨为什么自己会选一个不喜欢的专业，做着并不喜欢的事情，就会把自己的心情弄得很糟，这也许就是我太看重枝节了。我因为自己选的专业学不好就讨厌此专业。因为自己不去努力不去追求自己的爱好就说自己不务正业，这样肯定会有不理想的结果。学了森田疗法，我认识到其实自己上大学选专业都只是为了让自己的知识更丰富一点，出来看看不一样的人生，结果我的心偏了，只看重结果，看中别人的看法，搞得我每次都极其不开心，好想从此逃离这所学校。现在我又重新思考了一下自己想要的生活，也许我不能马上就调整过来，不过我相信只要自己有了这个意识，就迟早会适应的。

第十一章　生活发现会

"生活发现会"是森田疗法里的用词,大家分享在森田训练中的体会和学习,寓意生活是永远都发现不完的。在和同学们的交流过程中,惊奇地发现很多同学们的"自创秘籍"也很管用。"生活中不缺少美,缺少的是对美的发现。"每个人都不缺少心理减压的方法,只要不断地发现,总有一个方法适合你! 下面以学生应用案例介绍。

学生应用案例

11.1　压力排序

我是个上进、追求完美的人,然而我本质上也是个懒散的人,喜欢玩。在奋斗的过程中,我会一直强迫自己全身心投入,但由于这种爱玩的天性,让我在学习与放松之间不能平衡,这不仅让自己的神经很紧绷,也让自己的心理承受着很大的压力。我听着音乐,按着课件上所教的,一步一步地跟着做。忽然我的心里有种很久没有过的平静,感觉很舒服,心里亮堂多了。

随着时间越来越少,我也一天一天变得紧张起来。有时碰到复杂难懂的题目,让我百思不得其解时,我就不想再面对,转而就特别喜欢用食物来排解心中烦躁的情绪。我会买一大堆各式各样的食物,一直吃一直吃,吃到肚子撑,吃到已经忘了烦躁的感觉。当一段时间后,看着自己的体重飙升时,又给自己增添了更深一层的压力。然而不会的题目仍是不会。我把压力来源按着给我带来的压力从小到大排列,并给上分数:体重(40),"2+2"考试(60分)。然后我从体重开始分析,体重上升的确使我压力很大,但这也是可以改变的。我可以用喝水来代替吃食物,加上每天慢跑,这样体重就会慢慢下降了。经过我这么一想,我顿时就觉得体重已经不构成我的压力来源了。于是我又进一步分析考试,考试很难,竞争者也很多,但是考试的内容中,数学和英语是我的强项。通过这种心理减压方法,我的压力真的减少了很多。

11.2　告别神一样的期待

我曾经尝试过每一天都找一件能够让自己开心兴奋的事情,就好像它就是我那天存在的意义一样,期待着能够让自己充实一点,快乐一点。但是,我发现一旦那件事情过去之后,我就会变得迷茫,好像又回到了起点,不知道该去干些什么事情。在那一天的那件事情到来之前,我做的事情是等待那件事情的到来,在它到来之后,我做的事情还是等待,等待它之后的那件事情的到来。就这样,我似乎已经失去了生活的主动性。所以,在自己的印象中感觉那段时间蛮累、蛮辛苦的,还蛮黑暗的。就像让我在床上躺个三四天什么也不干,然后渴望做点事却发现什么也干不了的感觉一样。有人说,一个没有目标和追求的人就像行尸走肉一样在这个世间徘徊。我应该也是这群行尸走肉中的一员。一个人的最可悲之处就是不知道自己该干什么。

我无数次在电视里看到英雄角色突然醒悟，之后便惊天动地、天下无敌的场景，所以我也一直比较期待突然有一天我也醒悟过来，明白自己应该去干些什么。所以，我这几年干的事情都是等待，等待着神一样的人物能够给我神一样的提示，然后我能创造一个神一样的传说。

我对老师有一个神一样的期待，期待老师的一句话能够让我醒悟。不过，我遗憾地告诉老师，也同样告诉自己，好像我还是没有醒悟。但我已经明白了行动比知识更重要。所以，我不需要再等待什么提示了，我应该去做，用我的笔记录下我的快乐和难过，以及我对别人的好和别人对我的好。

11.3　我的减压本

进入大学之后，用郁闷和愤怒来概括自己的心理状态最合适。原因是这不是我想进的大学。请允许我的抱怨，因为倾诉也是一种减压方式。渐渐地，我开始感到"无地自容"，只想逃避。于是，我喜欢上了骑单车，也算是一种转移注意力的技巧，也可以说是运动减压法。其实也可以说是转移注意力。

有一天天气十分明媚，阳光灿烂。但我坐在寝室，闷到连玩游戏也觉得毫无乐趣的地步。因为我不知道应该干什么。没办法，我就出去骑车，一开始只是在城区随便转转，但到了晚上8点多，我在城市边缘看着道路的远方，不禁产生要骑过去看看的冲动。我想，当时我的潜意识一定是要逃避。这些就象征了心理上的隔绝，这种隔绝实在是太有必要了，因为在生活中我虽有自由，但心灵却无处不是枷锁，我需要暂时隔绝现有的生活，以一种陌生的方式与视觉对自己的生活状态做一次审视。

一个人骑车能干些什么呢？其实不过是不断胡思乱想，或叫自省。想想自己现在为什么会是这样，想自己从小到大的成长经历……而骑车过程中，我毫无方向，骑到哪算哪，毫无目的与方向。这不仅是我骑车的态度，也是当时我心理状态的一种映射。有时我看到公路边人家开的小店，我也十分羡慕，觉得他们都有自己的事可做，有目的，有目标。而我不过是一个外表像大学生，内心实为流浪汉的伪小子而已。现在懂得，我只是一时迷失而已，随着日升月落，我一定能找到自己的目标与归属感，不再彷徨和犹豫。而现在，我已经少有时间和精力去骑车，这是一种好现象。

但有机会我还是会去骑的。这就像自己的伙伴，不仅减轻了我的压力，也是我成长的一部分。

11.4　一切都会过去的

由于很多原因，以前的我处于一种自闭的心理状态，时常独来独往，不喜欢与人交流，总是活在自己的个人世界当中。时常一个人在发呆却不知道自己在想些什么。那个时候同学也很少会注意到我。父母一向也觉得我是个听话的孩子，很少会为我担心。我的身边没有朋友，旁边的人都觉得我怪怪的，都不喜欢和我说话。那时我也很少会去注意旁边的人在做什么，说什么。时常一个人在黑夜里会孤独地流眼泪，有时看见旁边的人很开心地笑，自己会觉得很伤心。同样是花一样的年龄，旁边的人可以笑得如花一样的灿烂，可我似乎找不到一点点的快乐。一直以来总是躲一个被忽视在角落里的。有一段时间甚至觉得年复一年、日复一日很没意思，别人白色的画布上总有五颜六色的颜料，而我的一直都只是白色上面加上一些黑色。只是随着时间慢慢地过去，上面的黑色慢慢地扩大。我不知道，如果黑色不断地扩大直到占满整张画布时意味着什么。可是，当一个朋友的出现，在我的画布上画上了一点红色时，一切慢慢地开始在改变。我上高中时认识了一个朋友，在大家都觉得我性格怪时，她却站在我的身边。因为不与旁边的人交流，什么事情都放在自己的心里，也许是压抑的事情太多，时常会突然发脾气，会突然伤心地掉眼泪，她来到我身边，耐心帮我，我对她发脾气，她也不说什么，等我发脾气之后又耐心地安慰我。在我伤心的时候她会叫上我到校园里跑一圈，或者说一些开心的事逗我。她时常说："你是我的一位朋友，你有心事可以对我说，如果不想跟我说，你可以写日记，心里不要放太多东西，会生病的。"我开始了写日记，每一天把自己的事写在本子上，偶尔也会对她说，她是一个很好的听众，总会耐心地听完我所说的每一件事。一开始我写的日记很长很长，但慢慢地我写的少了，一篇比一篇短，因为相对于写日记，我更喜欢和旁边的人讲话，我慢慢喜欢上与人交流，我的心里似乎因为她的到来发生了很多的变化。我慢慢地试着和旁边的人交流，和她们一起打闹，我有了一个又一个朋友，我开始用笑来面对生活。我慢慢地变得乐观，变得开朗。原本以为都是别人的生活，我也有了。现在回望那些黑色的日子里，我不知那些日子是怎么过来的，我只知道那片黑色已离我远去，而我的画布上黑色早已不在，覆上了很多鲜活的颜色。

11.5　快乐的含义

我开始思考"快乐"的含义。

老师告诉我，"每个人都有不快乐的权利"，这其实是在告诉我们一个面对这种情绪的态度。无论如何，人有开心的时候，自然就有不快乐的时候。认识到这点，我们便不会去排斥这种情绪。

首先，应该想到的是整理东西这种方式。每逢周末，虽是比较疲惫的时刻，但看到一周以来堆在桌子上的杂乱的物品，仍能站起来迅速行动。先把脏衣服泡在盆里，然后慢慢将书籍归类整理，将床铺整理好，清扫一下房间，泡一杯清茶。然后去洗衣服，等衣服洗完了，坐在干净的书桌前喝我泡的茶。看着这整齐的书、床、干净的房子，一周以来的困乏早已不见了踪影，心情立刻晴朗了。

其次，选一个天气不错的午后出去走走，这是我较为喜欢的放松方式。我有一辆破单车，我会经常骑着它出去，没有目的地，或去繁华的街区，或去充满泥土气息的郊外，总之，骑着骑着，所有的压抑心情会随着阳光而蒸发。

11.6　做自己的心理调节师

我不知道自己用了什么疗法，或者说根本没有什么疗法，但这是我自己亲身经历的事。

大一整整一学期，我感觉都是灰色的，做什么都没心情，没心情认识新同学，没心情参加社团，也没心情学习。所以日记本里的心情除了郁闷还是郁闷。我也知道，这种状态非常糟，可是不知道该怎么办，或者说"郁闷"已经成为一种惯性。惯性，那是最可怕的！就像掉进沼泽，边害怕，边往下陷，却无能为力。

看到一句话：把抱怨环境的心情化为上进的力量。我忘了是哪位名人讲的。只记得它贴在教室东面的墙上。一看到它就感觉这句话是为我量身定做的。总之看到这句话，我脑子亮了一下。回去后就把它抄下来贴在桌前。有力气抱怨，不如省点力气去追求你想要的。

但是生活不是小说，一句话还不能完全改变我。

于是第二件事发生了。大一寒假，和几个好友相聚，不免聊起了大学生活。A说现在在当团支书，工作得有声有色，B在做兼职，靠自己赚钱买了一台相机，笑得很开心，C和D一起吃遍了学校的"美食街"，然后轮到我时却只能干笑。那一天，忽然发现了自己很"痛苦"。为什么自己和自己过不去？看她们如此快乐忙碌充实地生活，我为什么不可以呢？我有什么理由再"郁闷"下去呢？这件事让我从心底迫切希望自己快乐起来，充实起来，想改变现状，想为未来奋斗。带着这份心情，我开始规划未来，虽然不能明确详细地确定以后到底该做什么工作，但有了轮廓，做好几种准备，就会有事可做，不会每天过得无聊了。虽然有时会很懒散，但是知道以后自己要做什么，有了一个方向，就不会再感到害怕。只要脚踏实地地做好眼前该做的，就没必要担心未来了，因为"未来"都是建立在"现在"的基础上的。

一要允许自己抱怨、发泄，但不允许自己气馁；二要敢于面对现实；三要始终怀有一颗向往美好的奋斗之心；四要制定目标，确定方向。

11.7　宽容和鼓励

拓展训练教练给我们讲过他的一个经历：在前一期的训练中，是嘉兴市某银行经理和员工来参加训练。其中有一名员工在进行高空单杠项目时，由于害怕，爬到一半就抱着杆不动了，这时经理说："快点爬，不然扣你这个月的奖金。"这名女员工还是不爬。又过了10分钟，经理说："再不爬，扣你一个季度的奖金。"由于害怕，这名女员工还是不爬，而且在高空哭了。又过了一会儿，经理又说："你一年的奖金都不想要了吗？还不快点爬！"可是这个女员工还是没有爬。这时，她的一个同事告诉她："假如有一天，你家着火了，而8米高的顶空正是你的儿子，你是不是要去救他？"这时，这名员工迅速地爬上高空，抓住单杠跳了下来，完成这项任务才不到两分钟。通过这个例子，让我们深深地感受到，在一个人心理脆弱的时候，宽容和鼓励要远远比惩罚有效得多。

11.8　音乐的力量

其实一直很困惑，明明知道自己的问题，却无法解决，不是因为不知道怎么去解决，而是不敢去面对。特别是大学之后感觉到不快乐的时间总比快乐的时间多一些。每个月总有那么一两次会突然心情郁闷，然后谁也不想理。这个时候就特别想回家，觉得哪里都不如家里好，而自己跟这里的一切格格不入。总是觉得周围的一切跟我想要的不一样，于是，特别地想逃离这个地方。又会时常觉得学习没什么意思，即使毕业了，也不能找到一份好的工作，还不如现在就去工作，还可以积累经验。待在学校里，只会永远像个孩子一样，成熟不起来。身处在这样矛盾的境地是一件很痛苦的事情。有时，看到其他同学那么努力地学习，我惊讶于他们为何如此勤奋，看到他们如此紧张地学习，自己也不得不抓紧一点。自己的学习成绩并不差，可是已经厌倦了这种你争我赶的学习生活。但我讨厌这种竞争气氛，一方面对自己有一个要求，另一方面对学习又厌倦了。更多的时候还是一种孤独感。在大学，自己没几个朋友，更不用说好朋友了。而周围的同学又不是自己理想中的朋友。所以宁可把自己封闭起来。其实在与人交际的时候应该看到别人的闪光点的；但同时也看到了他们身上功利的一面。我为此而懊悔，觉得人不应该是这个样子。在班里，学校里的有些现象我不能接受。虽然我知道这些现象等我走上社会也依然存在着，而且是愈演愈烈。我会因为自己不适应这个社会而产生恐惧感。我会很想回到小时候，或者一下子跃到自己事业有成、家庭幸福的那个阶段。而我之所以会这么想,只是因为自己想逃避现实。当自己处在一种失落的情绪,也会想起爸爸妈妈,觉得太对不起他们了,觉得自己很没用,然后这种失落感又转化为彻彻底底的失败感。总之,所有的一切,糟糕的人际关系,对学习的厌倦,对未来的恐惧,对父母的内疚等把自己推到了一个进退两难的境地。每当我处在这种痛苦的状态时,我就会一直听悲伤的音乐,上课也听,睡觉也听。我会认为这个世界什么都没有了,只有音乐是属于我的,听着听着,一天或者两天之后,突然又会豁然开朗。然后等到下一次抑郁的时候又是这个样子。也许这就是我释放压力的一个方式吧。但那些问题一直存在着,每次心情不好又会全部跳出来。

11.9　平均率

最有用的方法,对我来说是"平均率"。由于中国的人口基数大,应届毕业生当然数量也大。如果用平均率来算,失业人口率绝对低于30%。根据平均率,我未来会失业的概率很小,所以我很乐观。我这个人很会瞎操心,身在学校,我怕爸爸妈妈会出什么事,每当听到有人出车祸了,我就联想到爸爸会不会今天回家也出事。有时听到有人得了癌症,我会担心自己或家人会不会也得病了。像这样的担心有很多时候让我心慌,难以平静。后来有一句话清除了我90%的忧虑。这句话就是"根据平均率,这种事情不会发生"。我想了想,自己为了几百分之一,甚至几千分之一的平均率弄得自己心绪不宁的确是太划不来了。我觉得平均率对大学生清除期末考试的压力也有很大的效果。上学期期末时,我一直担心自己会挂科。然后,我用平均率一算我们班共40位同学,根据以往老师的评分看,最后每个班大概有一两个人不及格。难道我会是那1/40或2/40吗? 所以,最后怀着很平静的心情度过了期末考试。

还有一种解决忧虑的万能公式,也很管用!

(1) 问你自己:"可能发生的最坏情况是什么?"

(2) 如果你别无选择的话,就准备接受它。

(3) 镇定地想办法改善最坏的情况。

比如,期末考试,可能发生的最坏情况是不及格。可不及格对我的毕业证书不会有丝毫影响,我要接受它。如何改善? 只有补考了。补考通过的概率又这么高,要是一不小心又没过,那就重修再考,也没什么大不了的。再比如,找工作,最坏的情况是找不到工作。如何改善。一是放低档次,找份比理想中差的工作,要是这样还找不到,最坏的情况就是要爸妈养我了。当然这种情况下,还可以再去开个服装店,或者化妆品店,那还有什么好担心的呢?

这是我减轻压力的两种基本方法。

11.10　面对现实

在我还很小的时候,我的父母就离异了。

直到有一天,妈妈带着一个陌生的男人来到我面前,让我叫他"叔叔"。后来这个男人成了我的继父,我和妈妈住进了他的家。

我觉得就是这个男人破坏了我和妈妈的感情。所以我拒绝喊他,拒绝和他交流,拒绝他给我买的任何东西,拒绝他的关心,甚至不愿意和他打照面,见到他就离得远远的。妈妈对这些都看得很清楚,也想了很多办法来改变我和继父的关系。她让我拿东西给他,我就推辞或者走到他身边一丢。她让我喊他吃饭,我就站在远处对他喊"喂,吃饭了"。那种冷淡的语气现在我才明白会有多么的伤人。经过这些事,我变得不爱说话了。妈妈发现了这些问题,她几次想和我说话,而我一听与继父有关就不愿再听下去了。妈妈很无奈。有一天,学校发了电影票让我们叫上妈妈去看电影。那部影片叫《妈妈,请不要离开我》。看完电影,妈妈安抚我的心情,我就靠在妈妈的怀里,我们打开了自己的心结。妈妈跟我说了很多。我也向妈妈坦白了心里的想法。从妈妈的口中我了解了继父的艰辛,也了解了母亲对我的爱丝毫不减。那天以后,我对继父的态度有了好转,我看到了他听我叫他"叔叔"时那开心的脸庞和妈妈会心的笑。由于心态放开了不少,我也恢复了往日的笑,学习也开始有了劲头,越来越好。妈妈曾试图想让我喊他"爸爸",但这个词对我却太陌生了。我不愿意。妈妈也就不好勉强。大家在一个屋檐下可以相处比较融洽了,虽然我依然和继父保持着一定的距离。

小学四年级的时候,我参加了学校的民乐队。我们每天都要训练到很晚。妈妈不放心我一个人回家,继父就自告奋勇地要求接送我。从此,在工作之余,他又多了个任务。他下班比较早,每次都要等我很久,我觉得有些过意不去,多次向他提议自己回去,但都被他拒绝了。后来我也就习惯了每次训练完在远处就看见继父等待我的身影。日子一天天地过,继父也风雨无阻地接送我,一直到了冬天。因为要参加一个重要的比赛,训练比平时更紧了,放学也就更晚了。有一次训练结束已经7点多了。我一走出校门,就看见继父在寒风中缩紧身体,踱来踱去,不时地呵一口热气暖暖手。那一刻,我的心里涌起一股暖流。继父看到我出来,马上把一件夹袄拿过来给我披上,说:"天太冷了,快穿上,肚子一定饿了吧,我们现在就回家!"听他一句句关心的话,我的眼眶湿润了。"恩,爸爸,我们回家!"我能感觉到,他为我披衣服时手颤抖了下,也看到他的眼眶慢慢变红,慢慢湿润。靠在继父的背后,我相信我真正感受到了什么是父爱。在那个温暖的冬夜,我真正感受到了一家人的幸福。

一个人,学会去接受,去包容,勇敢面对现实,那么一切都会变得美好很多。

11.11　不要标签

学院让我辩论赛当二辩,我很乐意地接受了,虽然我之前当的都是四辩,但我相信我当二辩不会到哪里去的。但是随着讨论的深入,我的思维好像停滞了一样,陷入了死胡同,怎么都想不出质询问题,就连别人问我问题我也一下子回答不出来。比赛前一天,大家最后一次讨论,我坐在那里,脑袋空空,任他们在那谈得火热,我就想死人一样,一句话也说不出。这一切,都在队长的眼里,晚上,她给我打电话,询问我的情况,对我这几日的努力做出了肯定,并提议将我换下来,我那个时候整个人迷迷糊糊的,没怎么考虑就答应了,全没想到后果,结果第二天的比赛,我们输得十分惨烈。

自此,我一直消沉。我不跟同学说话,不打电话,不发短信,上课也坐最后一排,默默不语,让同学们很担心。我一直认为,这次失败是因为我,我是罪人,是我这一环出了问题,才导致这样的后果。我沉浸在自责中,不敢见到我的队友,也不敢跟他们打招呼。就这样,过了很长一段时间。好几个晚上,我一直在向自己:为什么那个时候精神状态那么差?为什么不阻止错误的换人?为什么那个时候鼓不起勇气以哀兵的态度去拼一拼,反而懦弱的撤退?一想到这些,我就甚感伤心,甚至大半夜流出了眼泪。

首先,"配标签"。我现在的精神包袱,来自于比赛的失败,因为比赛输了,而我又认为失败是我的责任,所以消沉。我经常想到这件事,经常内疚,压力也越来越大,就算时间过了那么久,也依然放不下。之后,我便开始了思考,是不是自己想多了呢? 所有的同学说这不是我的责任,而我硬要把责任揽在自己身上,不顾别人的内心感受,是不是太以自我为中心了? 是不是太自作多情了? 是不是太自以为是了? 或许别人压根就不会把没有上场的我作为矛盾的所向,他们关注的只是场上的四个人的表现。说到底,这是我畏惧挫折、害怕失败的表现啊。为什么不顺其自然,而要拼命折磨自己呢?

因为这件事,我的生活节奏都被打乱了。我要相信,我并不比别人差,我也可以做得更好。于是,我拼看书,拼命学习,因为比赛只是比赛,学习才是主干。我试着让自己"两耳不闻窗外事,一心只读圣贤书"。我不去想那场比赛,也不想以后会怎么样,我说服自己"胜败乃兵家常事",我要做自己,走自己的道路。我尽自己所能努力地生活,不让别人担心。其实我非常感激这群朋友,在我消沉的时候,安慰我,鼓励我,比赛结束第二天又恰巧是我的生日,我又收到了许多祝福短信。现在想来,因为他们的存在,我才不至于孤身一人,他们真心为我好,我不能辜负他们,我要用实际行动回报他们。

我就这样顺着自己的路子走,随着时间的流逝,也逐渐释然了。每天都是新的一天,每天都有新的进展。现在,我已经不再把失败放在心上了,我要做我应当做的事情。我的生活节奏重新被找回,自由的生活又重新开始了。

天不会塌下来,现在我终于明白了这句话的真正含义。我们有时候把自己弄得太复杂,反而迷失了自我。我们有时候想太多,却忽略了最本质的东西。

11.12　改变思维方式

心理减压技术,不一定是说针对心理有问题的个人,任何人在一生中会遇到各种各样的压力,有来自外部环境的,也有来自自己思维认识的。我也一样,压力总是在不经意间存在。

对我来说,过于细腻的处事方法,虽然给我带来某些好处,但无形中增加了自己的压力。有时候,如果明天有什么重要的事情需要早起时,比如旅游、考试等,自己就会告诉自己,晚上一定要早点睡,以保证明天有充足的体能和精力。但越是如此,越有可能睡不好,甚至导致失眠,因为我想让一切事情都朝着我想要的事态发展,越是想准备足够充足,但最终结果都不如我愿。

当遇到不顺心的事,我便放下电脑,拿起杂志,跑到阳台上看。通过这种方式,以达到给自己减压的目的,使自己的阅读面更加宽广。我开始有了品茶的爱好。也习惯了慢跑这种减压技术。对我而言,虽然运动时间不多,但每周我都会去操场上慢跑十几分钟,对于身心健康是百利而无一害的。

退一步海阔天空,静看云卷云舒,花开花落,这是一种何等坦然的处事方式。生活中我们太注重"十"号的存在,而忽视了"一"号的作用,没有什么东西是我们拼死也一定要得到的,但却有很多事情是我们不愿放下的。

11.13　写日记

那是离考试很近的时候,有一天和同学聊天,她说,课本笔记都看了三四遍,问我看了几遍,我当时听了心里一阵紧张,天哪,我连一遍都还没有看完呢! 我突然有一种心力交瘁的疲惫和焦虑。一想到自己还有那么多书要看,头就疼得要命,甚至还想到了放弃。当天晚上,倍感压力,不想看书,于是就拿出好久没翻的日记本,写下这样一段话:现在的我不应该被周围的压力打倒,而应该勇敢面对这些压力,要相信自己是最后的胜利者。写完日记后感觉很轻松,紧张和焦虑一扫而光,又拿出课本看,不知不觉就看到了深夜。睡觉前,我又拿出日记本,在上面写道:今天战胜了自己,值得鼓励,希望明天再接再厉。从此之后,我把日记当成调整心理、消减压力的一种方式,效果非常好。

11.14　自我安慰

走在大学的路上,一路下来,偶尔看见几个成双结队约好出门逛街的人,偶尔看见一对情侣手牵手轻声细语,也有落单的人落寞地走在路上。每个人都怀着不同的心境,或开心,或幸福,或郁闷,或苦涩。

我偶尔也会心情郁闷。以前,心里不舒服,就会嚼泡泡糖,吹很大的泡泡,然后告诉自己世界上吹泡泡吹的最大的就是自己。

其实,我心里减压的方法,主要是转移注意力和自我安慰。

有时感觉郁闷时,会自己安静地收拾桌子、衣柜、房间,当东西全部被分门别类整理干净时,我就会产生一种自豪感,然后就会开心,一开心我就会忘了原先的郁闷。

自我安慰法我最常用了。比如上面收拾房间的例子,收拾完以后很开心,过会儿又想起前面郁闷的事不开心了怎么办?比如先前是和人吵架,我就会想我能把房间收拾得干干净净,她能吗?她当然不可能,她的房间一定一团糟,东西乱放。她肯定没我这么勤快又会收拾的,我比她强很多。这么一想,心里就舒坦了。

自我安慰法在考试中最好用了。考前很多人都会紧张,我也是。通常这个时候我就会和自己说:"怎么说我也是坚持去上课的人,虽然有时候不太认真,开了点小差,但总体还是好的,我要是都过不了,那些逃课的,上课只知道玩手机、下课就知道玩电脑的不是挂科到西伯利亚去了!"这么一想,我心里又舒坦了,考试也就不太紧张了。

11.15　倾诉与暗示

我感觉压力很大的时候,我或许会找好朋友倾诉一下。或是向妈妈讲讲,让妈妈提出点意见。有时候不想让妈妈与好朋友担心,我会看个视频或是看个笑话,让自己开心一下,能暂时忘记烦恼。

还有一个方法,当我感觉压力太大的时候,我或许会饱饱地吃一顿饭菜或是水果,让自己有种满足的感觉。身体是吃重了几斤,但是,忧虑也可能因此消化了一大部分。然后给自己足够的心理暗示:我很棒,而且你看,现状多好。

11.16　身体锻炼

临渊羡鱼,不如退而结网。我把它作为QQ的个性签名,每当打开QQ准备聊天或是玩游戏时,总是能看到这句话,回味一下后,稍玩一下便放下鼠标继续看会书。慢慢地,打开电脑后,我便只听歌、上网页和偶尔聊天。戴上耳机后,便沉溺于自己的看书世界里。细细回想,自从上了大学后,就很少有自觉地坐下认真看会书、做会作业了。高中那忙碌而充实的学习生活变成了现在的空虚而放纵的生活,似乎想把小时候没玩够的全部补回来,却发现自己已是一只脚踏入深渊的人了。看着那满池的鲜鱼,我多想拥有它,把它抓上来驾上篝火肯定是美味。可是空想着,却是依旧饿着肚子,唯有回去织网,才有捕上鱼的可能。正如我先前幼稚的想法,不用学习以后也会有工作,俗话说:船到桥头自然直。可是,如果你的船很小,很破,也许谁也不会让你停啊,而像泰坦尼克号般的巨轮,总有许多码头抢着要它去停吧,而且那码头也是一个比一个好。

我一直坚持洗冷水澡。而洗冷水澡前总要进行一顿热身运动,跑跑步或跳跳高,等身体有点热了再一鼓作气扑进冷水里冲洗。那种冷到心扉的感觉,让我瞬时集中了全部的注意力,大声地呐喊和疯狂地原地跳跃,不遗余力地疯狂冲洗,感觉全身都爆发了,一天的迷茫和痛苦抱怨全化为灰飞烟灭,只剩一具渐渐回暖的身体。洗冷水澡和热水澡是刚好相反的两种感觉。热水澡是洗时舒服洗后更怕冷;而冷水澡则是刚洗时冰冷入骨,而后渐渐回暖的超级享受。就如两段不同的人生,享受在前的人生总是会在后半辈子更加曲折;而童年或少年努力刻苦的人,往往能为以后的人生打下坚实的基础,换来更灿烂的笑容。同时,洗冷水澡和洗热水澡最大的区别是,冷水澡对身体更好,能更加促进心血管系统的循环,为以后的老年健康生活打下坚实基础。

冷水澡锻炼了身体,也是对意志的考验。在如此寒冷的天气里洗冷水的勇气就已是对心灵的历练了。心灵越是坚强,才能面对更多的挫折和挑战,心理的压力也就越少。用对身体的磨炼来使心灵愈加的坚强,让心理的压力和负担更小,从而达到心理减压的目标。虽然过程需要花费大力气或坚持不懈的努力锻炼,但心理的健康和身体的健康一举两得还是非常合算的。同时这也是我觉得至今最有效的心理减压法。

11.17　直面生活的压力

乔吉拉德曾说过:不逃避的人有奖励,可以看到自己的勇气和希望。直面生活给予的压力与磨难,看似简单,其实是一种生活态度质的转变。

在这接近20年的时光里,我安静地活在自己的世界里,没有当过班委,没有主动参加过比赛,有一堆一起傻呵呵的朋友,在这么久的时间里,我一直觉得这才是生活的节奏与真谛。

也许是父母突然在某一秒出现了老态,也许是女朋友对我说"你活在自己的世界里!"也许要填简历却发现没有社会承认的头衔与能力。我恐慌的像是第一次来到这个世界。生活永远不是绕着你转。你的生活也永远不可能是你一个人的。我害怕又惶恐地度过了一段时间,不知如何重新定位自己,不知从哪开始新的生活,不知哪部分的我是对的、哪一部分是错的。生活突然揭开了隔层,让我看到了每个人的努力与挣扎。我想帮助他们,却是那么生疏、无力。

直面生活的压力与磨难。压力有时是遥远而无形的东西,重时像铅,轻时如空气。你永远逃避不了来自生活的压力与磨难。因为每个人的生活不同,前进的障碍也只有自己能体悟到。你永远绕不过自己的生活,逃避只会使压力与磨难落入身心的背篓,相伴随行。我开始直面生活的压力与磨难。当然,一开始陷入了到处想找大事干的误区,感到浪费了一天又一天,没做有意义的事。后来,我懂得,生活总归是平凡,琐碎的事占大部分,所谓的大事也不过是小事积累后的爆发,需要积聚,我开始着手做所有力所能及的事。我每个节假日都问候父母朋友,照顾好自己的生活,帮助正在困惑的人,也参加了一些比赛,小有成就。现在的生活很好。我能控制我生活的节奏,平凡但可奏出乐章。

11.18　一句话调节

"你想走得快,你就自己走;你想走得远,大家就一起走。"听到这句话时,我太喜欢了,这句话消除了我的困惑,我组织了一个五个人的团队,有时我很烦恼,大家不能同一条心时,我就无能为力了,是我一个人自己努力,还是督促大家一起努力呢?原本我觉得在大学里不应该逼迫别人去做什么,大家都已过18岁了,我没有权力去管别人,但我现在明白了要想走得更远,大家就必须严格遵守团队规则,所以我组织了一个会让大家谈谈关于这个问题的想法,进行了一些交流,问题终于解决了。我非常感到幸运——我能听到这么有哲理的话。

11.19　找事做

高考考完的那个暑假,我有将近三个月的长假,没有作业,不用复习。这对一个刚从高三生活中摆脱的人来说就像沙漠中遇见了绿洲,可以尽情地享受。不少的同学就选择去旅游,我记得在刚考完的当天,我的一位朋友就坐上了去海南的飞机。我与她不同,旅游需要长途跋涉,我不愿意浪费时间、精力、体力,而是一头扑向我最爱的电脑,我已经不记得有多长时间没碰它了。起初的几天,玩得相当痛快,渐渐地发现我厌倦了,无聊了。本来以为这个假期可以随心所欲,现在看来,也不过如此,单调乏味地坐在电脑前,无所事事。

这时候,一个电话打破原来的苍白。"我们去学车吧!趁着大好时光。"我一想:对啊,以后念了大学,假期里说不定就有其他事来干扰,不如趁现在。于是,我的生活从黑白变成了彩色。有了目标就是不一样了,虽然在酷暑中我坐在温度比外界还高的破车里"蒸桑拿",但我觉得一切都充实了,没有浪费生命的感觉。当我拿到驾照的那一刻,有一种新生的感觉。很快,我又有了下一个目标——看几本好书。

生活中,很多情况下不是事找人,而是人找事,所以善于发现事儿去做,可以摆脱空虚、无聊。

11.20　不要抱怨

"不要抱怨,抱怨只能让你失去成长的动力。"最初听到老师讲这句话,没有很触动,但细细体会了一下,却发现不抱怨的人生会豁达很多。我总会很自然地将老师的话套到自己身上。或许是因为还太年轻,未经历过大风大浪,所以情绪很轻易波动,或许只是因为一件小事而很介意,以致总放在嘴上抱怨,以狭隘的目光看待面前的事,殊不知,在这些抱怨声中,我们失去了成长的动力,错过了成长的机会。

"活在当下。"记得老师让我们做过一个"两分钟"的情景模拟——"小A,请你原谅我的斤斤计较"。当时,我很动容,眼眶一热,泪就差点下来。其实是教我们要珍惜情感,但我觉得是要珍惜当下的情感,别到来不及了才去后悔。那段时间,恰逢一个朋友来嘉兴看我,由于一些因素,他半夜到嘉兴。于是忙着和他打电话、发短信,指挥他找宾馆。然后到很晚才睡下,睡前给他一条短信:"终于能安心地睡觉了。"第二天他却和我说谢谢,说是很久没有过这么温暖的感觉了,说他会永远记得这条短信。之后我突然领悟到这个,朋友的情谊是难得的,每个人都会有让人厌恶的一面,但作为朋友更需要的是记得对方的好,而非抓着缺点不放,让自己遗憾和难过。

我很赞同老师的话:"只有在同一个时间和空间里,才能想做什么就做什么。"子欲养,而亲不在的遗憾是为大多数人所叹的,所以我们应该在能做些事情的时候多做些,别吝啬自己的言行和感情,就好像山野的歌那样"爱要大声说出来,爱要早些说出来"。

11.21　美丽人生自己把握

我性格内向,不爱发言。

进入大学以来,几乎每个礼拜我都有两三天是愁眉苦脸的。因为我的专业,因为我一直因未来而迷茫,因为以后买车买房的现实问题要我解决,然而我一无是处,没有什么是我所擅长的,以至于我被他人谑称"怨妇"(叙述者是男生)。因为我抱怨一切,抱怨社会的不公；跟着别人一起，抱怨教育体制不好。这让我在别人眼中成为一个有些颓废的孩子：没有梦想，没有未来，没有快乐……其实我也不想这样。

值得庆幸的是，我后来开始使用森田疗法的核心观念：顺其自然，为所当为。我喜欢上了道教文化、佛教文化。因为这丰富了我的内心世界，也让我有了养生的意识。

现在的我开朗多了。我努力让自己改变以前不良的学习态度、不好的生活习惯与个人作风。着眼现实，不再幻想。给自己一个远大的梦想与一份职业人生规划，一点一点前行。

一次又一次的反思也是有用的，我知道了要珍惜眼前人，要发现他人的美，学会欣赏他人。

大一迷茫的我，从大二开始走在找寻真理的路上，发现了沿途风景的美丽，让我有了积极乐观去迎接未来的挑战的勇气。慢慢地长大，我不着急，一切都会有的。美丽的人生需要我自己去把握！

11.22　发泄

我常常会觉得自己很忙，却又不知道该忙什么。一堆小事摆在我面前，我就会觉得很烦躁。不过现在我已经知道该怎么处理了。将这些事情逐一地写在白纸上，对比其重要性，逐个比较理出时间先后，然后就知道该怎么做了，也就不会烦躁了。

我是一个有点小情绪化的人，可能会莫名其妙的感觉难过。但现在我不会再把这些小情绪憋在心里了，那会有内伤的。只有把它释放出来才能解决问题。或是向朋友倾诉，或是在无人的空旷处大吼，或是哭出来，总之是要把它发泄出来。

11.23　自我调节法

我认为我是一个有点焦虑的人，只要有一些不合自己心意的事，我就会很焦虑。比如，考试前一晚我会常常焦虑到睡不着。如果要我当着全班面发言做自我介绍，我会焦虑老半天，心怦怦直跳，已经听不见其他人的声音了，脑海里浮现的都是"该讲什么，怎么办，声音不够响亮怎么办……"在进入大学之后的第一周，我就把我多年遇事焦虑的习惯给打破了，那就是竞选学生会选干事这件事。

我报名竞选校学生会干事，之后我马上后悔了。焦虑的情绪开始慢慢发酵，尤其是距离招新演讲还有两天时，情况开始变得严重。起初只是在空闲时，脑海中会突然冒出来招新演讲的事。本来平静放松的心情突然紧张起来，然后玩玩手机，过一会自然就忘记了，可是后来，一旦浮现出这档子事，光靠玩玩手机转移注意力已经没法解决，越想越担心紧张，脸都涨得通红，心里很乱，手足无措。室友和我打招呼时，也只能"嗯"匆忙附和一声，一直处于不安的状态。在参加招新演讲的当天下午，我开始准备，但只是翻来覆去地念写好的演讲稿。在寝室里走来走去，也不顾室友的询问，那时就好像只有我一个人在寝室，其他人和物都已经隐形了。我在前往越秀校区的路上，感觉时间过得好快，路好近啊。真希望一直在路上，一路伴随我的只有不安和焦虑，甚至连准备好的演讲稿内容也记不清了，偶尔忘记时拿出来看一下，越看越烦，越看越紧张。不一会儿就到目的地了，站在第四教学楼的门口，心里紧张得整个人都好像在发抖，看着一个人欢声笑语地进去，我感觉很奇怪。他们怎么这么淡定，难道都不紧张吗？可是都已经来了，难道不去吗？在我犹豫的时候，室友一把拉着我到了指定教室门口。我大吃一惊，人好多呀，大家互相交流着，而我却躲在角落记着那几句词，要是放在平时，早就记住了，可是现在就是记不住。

当我还沉浸在自我介绍的台词时，从教室出来一个工作人员，报了几个人的名字。不幸的是，我在其中。正当我们要被工作人员带进面试室时，我听到了两个人的对话，一个女生说："我有点紧张，怎么办？""紧张有什么用，顺其自然，大不了就白来一趟，认识几张脸而已。"另一个回答道。听了这句话，我突然感觉心跳不那么剧烈了，脑海中反复回想那句话。进入教室，顿时呆了，十几个人坐一排，我猜想那是要面试我们的人吧，我偷瞄一眼，个个表情严肃。我被安排在最后一个演讲，当第一个人演讲时，我又开始紧张了。这时，脑海中想起进门前那个同学说的"顺其自然"，我开始默默暗示自己"一切顺其自然，不要紧张"，然后深深地吸了一口气，那时的我沉浸在自己的世界里，完全没听到其他人在讲什么。随着不停地暗示自己，我的心情逐渐平静下来，紧张感也不那么强烈了，然后将双手背在后面不停地搓手，来分散注意力。终于轮到我上台自我介绍了，刚开始，我的声音比较小，面试人员大声地说："没听到，声音大点，再来一遍。"我傻了一下，心脏怦怦乱跳，不过深吸一口气，心想："没什么大不了，不要紧张"。我抬头挺胸提高了嗓音，重讲了一遍，虽然讲到中间时忘记接下去的词了，但是也没有太慌张，瞎讲了几句，直接结束。在面对提问时，也克服着紧张回答了，结束面试后，感到一身轻松，原来演讲也不是那么难啊，心情顿时放松下来。几天后，令我意外的是，我被录取了。通过这次的事，我发现，在遇到心里焦虑紧张时，自我的调节和暗示能很大程度上帮助自己缓解焦虑和不安。

11.24 目标锁定

进入大学之后，一直觉得自己所在的大学和想象中的大学有很大的差距。以前认为大学生会有很多的个人空间和时间，但现实中我却发现除去上课的时间，还是有那么多琐事。以前以为大学生活会让我放松一下，不用紧绷着神经，但现实中还是有许多压力，以前我只要考虑一件事情，就是好好学习。现在一下子却有很多问题要我去面对。关于人际交往，关于学习，关于个人以后的出路。因为大学是父母帮我选的，专业也是被调配过来的，所以都不太喜欢。而且一开始，我也十分害怕学习跟不上别人，因为我语文和英语的写作比较薄弱。我擅长的是数学，但这个专业关于数学方面的学科全部没了，让我无所适从。进入大学后，我最大的问题就是没目标。以前在高中学习目标就是为了考上一个好大学。进入大学后，上课也没有高中时那么认真了，也不会在课外去主动学习了。更多的空余时间都是在玩中度过的，每天如此，得过且过。即使再忙，我也不知道每天在忙什么。后来我有了目标，就是要努力地学习，争取转专业的名额。这么努力了几天，看到周围同学聊天玩手机，我又会忍不住，也加入聊天玩手机的行列中。我是属于比较没有自制力的人，但自认为为了转专业我还是比室友认真一些的。但成绩出来以后，我也并没有比他们高多少，这让我有些挫败感。因为我比他们在平常付出的更多，却没有得到相应的回报。期末成绩也处于不上不下的尴尬位置。我知道转专业必须成绩更好才可以。但是排在我面前的同学似乎看起来比我更加有天赋，更努力。我知道我必须更加努力才可以，但是我又觉得像他们那样努力我是做不到的。学了心理减压法后，我渐渐地认清了自己。以前总是在心里想要做什么事，但却没有行动，就像这次的目标——转专业一样。

我不能这样过一天算一天，我要坚定我的目标，做一些我应该做的事，而那些不必要做的事要学会放弃。生活给予我什么，我就应该去接受它。就像我来到这个大学，进了这个专业，我现在暂时不能去改变，那么我就只能学着去接受它，不抱怨。等到自己有能力再去改善它。少一点抱怨，心境也就开阔了。

11.25　告别过去

我从省重点高中毕业，来到嘉兴学院。所有人都认为我应该很不甘心，很受打击，自尊心很受挫，身边的人小心翼翼呵护着我那可笑的自尊心。我确实很不甘心，但是我淡定面对结果。

我觉得一个好的心理调节过程是要按一定顺序来完成的，最少对我来说是如此。我是一个感情比较丰富的人，碰到一些事相对比较敏感。但对于当时只是初中生的我来说学业是我的一切，所以我的一切目的都是为了让我有一个好的精神状态面对学习。每当我碰到一些让我不开心的事情时，我总是会为了学习而想让自己有一个好的状态，所以我养成了一个习惯：任何坏的事情都要想其好的一面。例如，如果某次测试的成绩不如意，我会想，这是前段时间的学习效率的反映，我应该好好反思最近的学习方法。成绩不如意的好的一面就是它给我上了一堂课，让我明白我的不足。又比如，与某同学的关系不和时，我会想他好的一面，并说明自己这次与他相处的方式是不对的。我甚至会想，蚊子出现在这世界上好的一面在于"它增加了地球物种的多样性"。当然，这是我上了高中之后总结的，这只是第一步。

当第一步过后，往往我的心理就会好受许多，接下来的第二步就是逼着自己去反思，让自己觉得这件事其实并没有想象中那么坏。

如果还是放不下，我就会对自己说："一切都已经过去了。"我一直认为最聪明的人不是智商很高的人，而是善于从错误中学习的人，所以这样的调节方式让我受益良多。

11.26　我的大学

其实我内心深处对嘉兴学院并没有过多的好感，嘉兴学院并不是名牌大学，没有设备良好、舒适的公寓，离我心中的大学相差太远。如果高考没有失常，可能现在我并不在这里。现在，我明白了既然我已经来到了这里，来到了嘉兴学院，那么我就要从心里接受它，喜欢它，尽管它有不如人意的地方。诚如老师举的例子一样，浙大、厦大这些学校再好，也只是我们人生路上擦肩而过的一道亮丽的风景。曾经的我们已经与它们擦肩而过，那么我们的现在就与它们毫无联系。也许当我们出去旅游时，我们会看到曾经心中梦想的大学，感叹一声"这学校真的很美！"但是感叹赞美之后，我们仍要回到属于我们自己的大学，毕竟，在这里我们要重新起航，找到人生的方向；在这里收获知识，挥洒我们的汗水；在这里我们或许还会找到人生的知己或伴侣；在这里我们从一只不起眼的蛾蛹变成美丽的蝴蝶。在嘉兴学院，留下了我们最美好的青春回忆。人生苦短，大学四年一眨眼就过去了，如果在这宝贵的时间内，我们还在纠结一些已注定的事情，那会不会太可惜。为此，我们应该热爱我们的大学，从心底认可它，接受它，在这里留下一个无悔青春。

11.27　我的另类减压

首先，我最喜欢就是泡个热水澡，在热水中浸泡30分钟以上，顺便放一些轻音乐。泡澡除了是件令人愉悦的事情外，也是一项轻松且极享受的运动。在适当的温度下，让水分子尽情地在皮肤上跳跃，然后，渐渐穿透全身，让每个毛细孔充分扩张开来，尽情呼吸，进而达到身心舒展的效果，有助于减少压力，放松心情，洗澡水的能量会通过扩张你的血管降低你的血压。我个人是十分喜欢泡中药澡的。妈妈年纪大了，心思繁重，晚上失眠，休息不好，有段时间脸色暗淡发黄把我给吓坏了，后来，我带她一起去泡澡，当天泡完，睡眠质量就提高了。我真的觉得十分有效。

其次，就是充满你的肺。什么叫充满你的肺呢？就是深吸一口气，数六下，然后再放松。这可以帮助你放松和伸展身体，但是这样做不要超过五口气，否则你会有些眼花的。然后在脑中设想你内心的平静之路，想象世界上你最喜欢的地方，然后闭上眼睛，设想你就在那里，放松并保持快乐。一天这样做两三次，每次十分钟，你就可以冷静下来，消除压力了。

最后，我要讲一种比较另类的压力，这种压力来源于生活的平淡，如果我说太没有压力也是一种压力你相信吗？我想大家都看过《北京青年》。里面的主角就是这样，他觉得自己的人生循规蹈矩，连感情也是平平淡淡，每天就是单位和家两点一线。那么怎么解决这种压力呢？其实，缺乏激情和刺激是一种抑郁剂，有可能它会使你感觉孤独而离群。为了避免这样，你需要投入到一些新的事物当中，一样能够消耗你的大脑创造力的事物，去大胆地做一些曾经你没有做过的事情。你会感觉打破沉闷会异常轻松。

11.28　保持一颗纯真的心

曾经，有一次寝室同学一起聊天时说到一个问题：如果你再次和以前的朋友见面，你希望对方评价你变了还是没有变？

这样一个看似很简单的问题，竟让我一时难以回答，思考了很久还是无法在两者之间做出抉择。说变了，似乎很中听的样子，随着年龄的增长，角色的转换，逐渐深厚的阅历终于让你成长了，可是潜台词似乎是：你早已失去了那颗纯真的心；说没变，又不免被当成一个还很幼稚的人——难道这么多年的生活经历没有让你学到任何经验吗？实在是左右为难的问题！

回答一个问题前，有充分的时间思考；可是人生，没有思考的时间。当我还停留在原地思考下一个岔路口该左拐还是右拐的时候，别人离终点又近了一大步。可是，我真的忍不住去思考，我是应该迎合这个社会还是坚持自己内心的纯真？

每个人，小时候的生活都是无忧无虑的。只要看着天空，枕着白云就觉得拥有全世界，脑海中从来不会有"未来""生活"这样沉重的词汇，不用为生活而奔波，不必为前途而担忧，有人保护着，不会被伤害，自然也不会去伤害别人。甚至不知道"纯真"是什么，但确实比任何群体都纯真。长大了，拥有的更多，却觉得越来越匮乏，想得越来越多，担心得越来越多，烦恼自然也随之而来。渐渐地，想法不敢说，建议不敢提，玩笑不敢开，因为怕说错，怕得罪人，怕无心的玩笑话被有心人放大歪曲传播；渐渐地，世界笑了，于是我们合群地一起笑了，生活变成了一种规则并非选择，我们没有忘记纯真，我们也时常自问是否还纯真，但得到的答案往往是无奈的——不纯真，还能怎么样呢？

"保持一颗纯真的心"这一个调解法，就像是为我点燃了一盏指明灯，指引着我走出了思想的重重迷雾。

不要忘了自己最初的梦想，然后适当和世界妥协，最后用自己想过的方式，养活自己。有时候，只有坚持初衷，才能无畏无惧，看见最美的风景。

11.29　记住别人的好

在一次赶往食堂买早餐的路上，我突然注意到食堂旁的草坪上结了薄薄的一层霜，我惊喜地拉着一位室友看，可谁知，她冷冷地说了声："要不要这样一惊一乍啊？"当时就觉得好委屈，美美的一个小心情就被她这么给破坏了，当时就后悔不该和她分享这样的心情。从那时开始，我也在内心告诉自己，以后再也不跟她分享这样的小心情了。

随后再路过一号楼处的草坪时,她指着草坪上的白雾用冷嘲般语气对我说:"你可以尖叫了。"可那刻的自己已经没了欣赏的心情,匆匆地拿手机拍了张相片就往教室走去,也不想多去搭理我的室友。

不知怎么的,有了这次误会后,感觉一切变得更加敏感。感觉我更加不想和她对话了,甚至走路也不想去正视她,她在自己的心目中的形象瞬间变成了一个冷冰冰的人物,好害怕跟她再深一步接触。于是食堂吃饭时自己也渐渐地避开她。

从那之后的几天里,感觉自己好累,总是闷闷不乐的。尽管自己尝试着像以往一样去相处,但又觉得既然不喜欢一个人还要装着若无其事地去搭讪的行为好虚伪。可是,内心深处的自己好像在盘问自己:是不是把问题想得太极端了。

静下心来,我开始回忆,回忆我们一起生活的点点滴滴。

记得在大一时自己钱包被偷,她和其他的室友一起帮我网上查询火车票是否能够补办;晚上睡觉时,她也总会帮我关上我这边的灯(因为我不适应灯光下睡觉,而她们总是比我晚睡);买了吃的东西她会叫我们一起吃。

虽然有些时候感觉有点冷漠,但是大学一年多的时间她已经改变了好多,记得刚上大学的时候,自己有时会忘带钥匙,当她来开门时,脸上总会写满不满,而且抱怨说"你要不要总不带钥匙啊",平时有人敲门也懒得去开门;但现在大家都没空时,她会主动去开门,寝室地面脏的时候拿起扫把也不时扫一下。

真像课中所学,对于一个问题过分关注时,它总会萦绕在你的脑海里,就像跟室友们的小小误会,被渐渐放大,差点破坏我们之间的关系。

经过此事之后,我自己从内心告诉自己说:其实每个人都有属于自己的个性,我们每个人都可能犯过错,但我们不能总把他人的过错像标签一样贴在他人身上,这是对他人的不公平。

是啊,生活中我们应该尽量地记住一个人的好,所有不开心就让它像生活中的一个小插曲,过去就让它过去吧!开心地过好每一天,身边的每个人都是我快乐的分享者。

11.30　坐车减压

有一次和一个朋友聚餐回来,在路上聊天的时候,谈及最近烦心事特别多的时候,我问他:"你如果遇到烦心事的时候,你会怎么做?"他说,要么就是和朋友一起唱歌发泄下,要么出去和朋友吃饭,心情会好不少。这个我还是非常理解的。但之后他说有一次他心情特别糟糕,也不想和其他人说话,只是想一个人待着,他就用走路的方法来排忧。我当时很好奇,就问了他。他说他在晚上十一二点的时候心情特烦,然后会沿着一条直的路一直走一直走,他说走直线不会迷路,然后有好几次都是走到半夜三点。当时听了觉得很不可思议,又很惊讶,但他说效果很不错。他的性格也属于不太喜欢向别人吐露的方式,渐渐地我喜欢上了一种属于我自己排解压力的方式:如果心情不好了,就到车站去等车,坐一辆较空的公交车,无论是开往哪个方向的,然后就坐在车里看着周围环境在后退的感觉,心情会好不少,这就是我觉得对我比较有用的方法。

11.31　善用标点

每个人的一生都可以在标点符号的圈子里,找到属于自己的符号,而且对于我们的大学生来说最希望的是句号,圆满而充实。但是,句号不仅仅代表完美,更代表着一个新的开始。课堂上,老师放了一段张泉灵在北大毕业典礼上的演讲,向我们很好地诠释了句号的含义。她讲到了自己在演讲之前去的 29 楼,在那照的一张像对她的人生的影响。她说,那一张照片一直在桌上不换,是对那天的不忘,它像一个句号,句号意味着一个完美的结束,更意味着重新从零开始。这对实际生活很有意义,这是一种态度,一种对生活的态度,对于我们从中考到高考再到大学,这不就是一次又一次转折点,一次又一次从零开始吗?虽然大学有四年之久,听起来很长,但等我们真正毕业后,才会意识到,时间过得如此快。人生是没有后悔药可以吃的,但我们可以把握当下,掌握自己的命运与前进的方向。因此,在实际生活中,一定不能自暴自弃,要有自己的目标,不要让自己的人生像省略号一样没有目标、没有结局,这样的人生只会虚度。生命总有一天会有完结,但是我们应该在这完结之前画上一个让自己满意的句号,让自己毫不遗憾。不要虚度光阴,给自己定个目标,为了这个目标努力前进,不气不馁,就算经历一个又一个句号,一个结束另一个开始,但我相信只要自己努力了、奋斗了,人生终将圆满。

11.33 转移注意力

平常,我会遇到许多问题,也许和我自己的性格有关系,一出现不顺心的事就会胡思乱想,导致自己不能控制自己的情绪,失落一整天。但自从我找到了适合我的方法——转移注意力,我可以轻松地解决一些问题了。举个例子,记得有一次,我身体不舒服,便准备在宿舍睡一下午,和我宿舍的同学,关系应该是相当不错了,想如果点名的话应该会叫我的,于是便没有请假,安心地睡去了。结果到了下午,等到他们回来的时候才告诉我点名了,全班就我一个人没有到。可是事后我才知道,其他人都是接到点名的通知了才赶过去的,这样一下我心里就难受了,为什么他不叫我?平时我觉得和他关系已经很好,可是却没有通知我,我得知此事时,也不好意思问他,结果我还是去补了请假条。事情虽小,但我感到十分难受,他为什么不叫我?别人都可以做到,为什么他不叫我呢?那几天我心情十分不好,也没怎么和他说话,因为满脑子都是他对我的伤害,为什么会这样呢?按道理来说他应该会叫我的啊,平时他需要我做什么事,我都会尽全力帮他解决,可为什么会这样?于是,这些问题每天都缠绕在我的脑海里,那时我的心情遭到了极点,他似乎也觉察到了这一点,那段时间里,我俩的关系也有点僵,我也试着想结束这样的尴尬局面,可是满脑子还是这件事,但自从知道了转移注意力这种方法后,我开始找其他的事情来做,让自己没有空闲的时间来想这些问题,平常会和同学去打篮球、羽毛球,就这样,这件事慢慢淡忘了,渐渐地,我们也和好了。虽然我对他仍有一丝阴影吧,但至少我走出来了。而且现在我也想明白了,他也许是为了我好,想让我好好休息而已,这样一想便释怀了许多。现在,我俩仍是很好的朋友,而且彼此更多了一份理解、一份信任。

参考书目

[1] 泰勒·本-沙哈尔. 幸福的方法[M]. 北京:当代中国出版社,2009.

[2] 维克多·弗兰克尔. 活出生命的意义[M]. 北京:华夏出版社,2013.

[3] Brian Luke Seaward. 压力管理策略[M]. 北京:中国轻工业出版社,2008.

[4] 许宜铭. 原来可以这样爱[M]. 北京:中国广播电视出版社,2007.

[5] 长谷川,洋三. 行动转变性格——森田式精神健康法[M]. 北京:人民卫生出版社,2008.

[6] 朱德庸. 绝对小孩[M]. 北京:现代出版社,2010.

[7] 许宜铭. 活出自己:让生命拥有一切可能[M]. 北京:北京时代华文书局,2014.

[8] 欧文·亚隆. 直视骄阳:征服死亡恐惧[M]. 北京:中国轻工业出版社,2015.

[9] 姚数桥,杨彦春. 医学心理学[M]. 北京:人民卫生出版社,2013.

[10] 真荣城,辉明. 内观疗法[M]. 北京:人民卫生出版社,2011.

[11] 心理咨询师(三级)国家职业技能鉴定国家职业资格培训教程[M]. 北京:民族出版社,2015.

[12] 心理咨询师(二级)国家职业技能鉴定国家职业资格培训教程[M]. 北京:民族出版社,2015.

[13] 乐嘉. 跟乐嘉学性格色彩[M]. 长沙:湖南文艺出版社,2011.

[14] 马建青,王东莉. 心理咨询流派的理论和方法[M]. 杭州:浙江大学出版社,2006.

[15] 施旺红. 战胜自己:顺其自然的森田疗法[M]. 西安:第四军医大学出版社,2015.

[16] 杨滨. CSMP 性格测评. http://yishujia.findart.com.cn/167848-blog.html.

图书在版编目（CIP）数据

做自己的心理压力调节师 / 王凤华,石统昆著.
—杭州:浙江大学出版社,2017.8(2023.2重印)
ISBN 978-7-308-16034-6

Ⅰ.①做… Ⅱ.①王… ②石… Ⅲ.①心理压力－心
理调节－通俗读物 Ⅳ.①B842.6-49

中国版本图书馆 CIP 数据核字（2016）第 151579 号

做自己的心理压力调节师
王凤华　石统昆　著

责任编辑　王元新
责任校对　杨利军　王安安
封面设计　林智广告
出版发行　浙江大学出版社
　　　　　　　（杭州市天目山路 148 号　邮政编码 310007）
　　　　　　　（网址:http://www.zjupress.com）
排　　版　杭州青翊图文设计有限公司
印　　刷　广东虎彩云印刷有限公司绍兴分公司
开　　本　787mm×1092mm　1/16
印　　张　13.75
字　　数　345 千
版 印 次　2017 年 8 月第 1 版　2023 年 2 月第 3 次印刷
书　　号　ISBN 978-7-308-16034-6
定　　价　33.00 元
